Rezeptbuch für Faserstoff-Laboratorien

Rezeptbuch für Faserstoff-Laboratorien

Mikroskopische und chemische Textiluntersuchungen

Zusammengestellt von

Prof. Dr.-Ing. Paul-August Koch

Mit 49 Tabellen und Bestimmungsschlüsseln

Springer-Verlag Berlin Heidelberg GmbH

1960

ISBN 978-3-662-12922-7 ISBN 978-3-662-12921-0 (eBook)
DOI 10.1007/978-3-662-12921-0

Ursprünglich erschienen bei Springer-Verlag OHG., Berlin/Göttingen/Heidelberg 1960
Softcover reprint of the hardcover 1st edition 1960

Vorwort

Die Rezepte und Tabellen für mikroskopische und chemische/färberische Textiluntersuchungen sind im vorliegenden Laboratoriums-Nachschlagbuch nach den wichtigsten Arbeits- bzw. Aufgabengruppen geordnet. Um bei den vielerorts nötigen Verweisungen auf andere Gruppen das betreffende Arbeitsgebiet sofort erkenntlich werden zu lassen, wurden die einzelnen Gruppen nicht mit Zahlen, sondern mit Buchstaben bezeichnet, die dem Stichwort des jeweiligen Gebietes entsprechen. Die gleichen Buchstaben weisen auch in der einleitend gegebenen Übersicht über alle benötigten Chemikalien auf deren Verwendungsgebiete hin. Diese Übersicht soll damit zugleich ermöglichen, je nach dem Arbeitsbereich die zu beschaffenden Chemikalien auszuwählen.

Die einzelnen Aufgabengruppen sind wie folgt abgekürzt:

H: **H**ilfsmittel zur Vorreinigung u.a.,

M: Reagenzien und Hilfsmittel für **m**ikroskopische Untersuchungen,

E: **E**rkennung einzelner Faserstoffe (spezifische Reaktionen),

U: **U**nterscheidung von Faserstoffen,

A: **A**nalyse von Fasermischungen (quantitativ),

B: Prüfung auf Faser-**B**egleitstoffe,

S: Prüfung auf Faser-**S**chädigungen.

Aus der Vielzahl der in der Literatur angegebenen Reaktionen sind nur die praktisch erprobten und eindeutigen übernommen. Mehrere unterschiedliche, aber gleich zweckdienliche Unterscheidungs- und Analysenmöglichkeiten wurden aber wiederholt zur Auswahl nebeneinander angeführt.

Nicht aufgenommen sind Bestimmungsmethoden für Farbstoffe, Appretur- und Textilhilfsmittel an sich, sowie quantitative Analysen für Faserbegleitstoffe und Faserschädigungen. Bezüglich dieser größtenteils schwierigen und Spezialkenntnisse erfordernden Untersuchungsverfahren wird auf die angeführte Literatur verwiesen.

Wennschon die Methodik der einzelnen Reaktionen usw. und deren Ergebnisse genau beschrieben werden, soll und kann dieses Nachschlagheft kein Lehrbuch ersetzen. Insbesondere müssen für die Durchführung eines Teiles der chemischen Reaktionen Grundkenntnisse der chemischen Laboratoriumstechnik vorhanden sein. Auch werden die normalen mikroskopischen Erkennungsmerkmale der verschiedenen Faserstoffe als bekannt vorausgesetzt und deshalb nur in einer Tabelle zusammenfassend wiedergegeben. Die wichtigsten Fachbücher des gesamten Arbeitsbereiches sind am Schluß für spezielle Studien zusammengestellt.

Netstal (Schweiz)/Krefeld, im Herbst 1959

P.-A. Koch

Inhaltsverzeichnis

Chemikalienübersicht

Reagenz	Formel bzw. Farbstoff-Nr.[1]	Aufbewahrung, Haltbarkeit[2]	angewendet für	Gruppe[3]
Aceton	$CH_3 \cdot CO \cdot CH_3$	! [†]	(1) „Typ-Reaktionen" auf Mischpolymerisat-Fasern (2) Gruppentrennung der Faserstoffe (3) quantitative Analyse von Mischungen mit $(2^1/_2)$-Acetatfasern (4) Nachweis von Harnstoff in Kunstharzappreturen	E U A B
(Äthyl) alkohol *[Äthanol]*	$C_2H_5 \cdot OH$	!	(1) Herstellung von Farbstofflösungen (Tinkturen) (2) Extraktion von Fetten, Ölen usw. (komb.) (3) Quellungsmikroskopie synthetischer Faserstoffe (komb.)	H H, B U
Äthyläther s. Diäthyläther				
Äthylendiaminhydrat	$H_2N \cdot CH_2 \cdot CH_2 \cdot NH_2 + H_2O$	†	(1) Herstellung von „Kuæmin" (komb.) (2) Erkennung von nachchlorierten Polyvinyl-Faserstoffen (Reagenzglasversuche)	M, S E
Ätzkali s. Kalilauge				
Ätznatron s. Natronlauge				
Aktivin (p-Toluolsulfonchloramidnatrium = Chloramin)	$CH_3 \cdot C_6H_4 \cdot SO_2 \cdot N{<}{}^{Na}_{Cl} \cdot 3\,H_2O$		Entschlichten und Beuchen	H
Albigen A	(B. A. S. F.)		Abziehen von Färbungen	H
Alizarin	$C_6H_4{<}{}^{CO}_{CO}{>}C_6H_2 \cdot (OH)_2$ [S 1141/C.I. 58000]	0	(1) Nachweis von Metallsalzen (Erdalkaliseifen), sowie von Kaolin (komb.)	B

[1] Farbstoff-Nr. nach Gustav Schultz: Farbstofftabellen, 7. Aufl. von L. Lehmann. Leipzig: Akademische Verlagsgesellschaft 1931, 1932, 1934, 1939 [„S"], sowie nach dem „Colour Index" [„C"] bzw. Second Edition 1956 der Society of Dyers and Colourists, Bradford (England) und der American Association of Textile Chemists and Colorists, Lowell, Mass. (USA.) [„C.I."].

[2] Es bedeuten: ! = feuergefährlich; !! = explosiv; † = giftig (lt. Schweizerische Giftliste bzw. [„Warnliste"] – siehe E. Rüst und A. Ebert: Unfälle beim chemischen Arbeiten, 2. Aufl. S. 146–259. Zürich: Rascher 1948); x = ätzend; 0 = vor Licht schützen (in brauner Flasche aufbewahren!); k = kühl aufbewahren; ~ = nicht haltbar!

[3] In der Spalte „Gruppe" wird auf Rezepte und Tabellen der folgenden Abschnitte verwiesen: A = **A**nalyse von Fasermischungen (quantitativ), B = Prüfung auf Faser-**B**egleitstoffe, E = **E**rkennung einzelner Faserstoffe (spezifische Reaktionen), H = **H**ilfsmittel zur Vorreinigung u. a., M = Reagenzien und Hilfsmittel für **m**ikroskopische Untersuchungen, S = Prüfung auf Faser-**S**chädigungen, U = **U**nterscheidung von Faserstoffen.

„(komb.)" weist darauf hin, daß das betr. Chemikal in Kombination mit anderen angewendet wird.

Chemikalienübersicht (Fortsetzung)

Reagenz	Formel bzw. Farbstoff-Nr.	Aufbewahrung, Haltbarkeit	angewendet für	Gruppe
Alizarin	[S 1141/C I. 58000]		(2) Tüpfelreaktion auf Aluminium	B
Alizarinsaphirol B	[S 1187/C.I. 63010]	0	Unterscheidung von Schafwolle und Kaseïnfaser	U
Aluminiumacetat	$Al(CH_3 \cdot COO)_3$		Prüfung von Erschwerungen auf Naturseide (komb.)	B
Aluminiumammoniumsulfat	$Al(NH_4) \cdot (SO_4)_2 \cdot 12\,H_2O$		Mikroskopie der Naturseide (komb.: Eisenhämatoxylin)	M
Aluminiumchlorid	$AlCl_3 \cdot 6\,H_2O$	(!) x	quantitative Analyse von Baumwolle/Schafwolle bzw. /Naturseide	A
Ameisensäure, konz.	$H \cdot COOH$	† x	(1) Abziehen von Färbungen (komb.)	H
			(2) „Typ-Reaktionen" auf verschiedene Chemiefaserstoffe	E
			(3) Gruppentrennung der Faserstoffe	U
			(4) Unterscheidung der Polyamid-Faserstoff-Typen	U
			(5) quantitative Analyse von Baumwolle/ oder Schafwolle/Regeneratzellwolle	A
			(6) quantitative Analyse von Mischungen mit Polyamid-Faserstoffen	A
Ammoniaklösung, konz. (etwa 25%ig, d = 0,910) [*Salmiakgeist* ist etwa 10%ig]	NH_4OH	† x	(1) Abziehen von Färbungen	H
			(2) Herstellen von „Kuoxam" (komb.)	M
			(3) Prüfung von Makobaumwolle (komb.)	U
			(4) Unterscheidung von Bastfasern (komb.)	U
			(5) Unterscheidung von Hartfasern (komb.: Swettsche Reaktion)	U
			(6) Nachweis fetter Öle (komb.: Molischs Reagenz)	B
			(7) Farbstoffnachweis auf der Faser	B
			(8) Viskositätsmessungen (komb.)	S
Ammoniumalaun s. Aluminiumammoniumsulfat				

Chemikalienübersicht (Fortsetzung)

Reagenz	Formel bzw. Farbstoff-Nr.	Aufbewahrung, Haltbarkeit	angewendet für	Gruppe
Ammoniumchlorid	NH_4Cl		Nachweis von Aluminium bei Tonerdeerschwerung	B
Ammonium-(hepta)molybdat	$3\,(NH_4)_2O \cdot 7\,MoO_3 \cdot 4\,H_2O$		(1) Tüpfelreaktion auf Phosphate (2) Nachweis von Melamin-Kunstharzen (komb.)	B B
Ammoniumnitrat	NH_4NO_3		Nachweis von anorganischen Elementen und Radikalen (komb.)	B
Ammoniumoxalat	$\begin{matrix}COO \cdot NH_4\\ \vert \\ COO \cdot NH_4\end{matrix} + H_2O$		Fällung von Calcium bei Magnesiumsilikat-Nachweis	B
Ammoniumpersulfat	$(NH_4)_2S_2O_8$		Nachweis von Mangan auf der Faser (komb.)	B
Amylacetat (= Essigsäure-Isoamylester)	$CH_3 \cdot COO \cdot C_5H_{11}$	(†)	(1) Quellungsmikroskopie synthetischer Faserstoffe (komb.) (2) Nachweis von Eulan-Behandlung (komb.)	U B
Amylalkohol, Iso- s. Isoamylalkohol				
Amylase s. Diastase				
Anethol (= p-Propenyl-anisol)	$C_6H_4<\begin{matrix}O \cdot CH_3\\ CH:CH \cdot CH_3\end{matrix}$	o	Bestimmung von Lichtbrechungsexponenten	M
Anilinblau	[S 792/C.I. 42775]	o	Erzeugung von Dichroismus auf Faserstoffen	M
Anthralanrot 3 B	[S Erg. I, S. 68/ C.I. 68215]	o	Unterscheidung von Schafwolle und Kaseïnfaser	U
Anthron	$C_6H_4<\begin{matrix}CO\\ CH_2\end{matrix}>C_6H_4$		Nachweis von Glyceriden (komb.)	B
Auramin „Geigy“	[S 752/C.I. 41000]	o	Nachweis von Mitin-Behandlung	B
Bariumchlorid	$BaCl_2 \cdot 2\,H_2O$	[†]	Feststellung organischer Appretauflagerungen	B
Bariumhydroxyd	$Ba(OH)_2 \cdot 8\,H_2O$	[†]	(1) Bestimmung der Bariumaktivitätszahl von mercerisierten Waren (2) Nachweis von Pektinschlichten	U B
Baumwollblau (≡ Helvetiablau)	[S 815/C.I. 42780]	o	(1) Nachweis von Pilzsporen und -mycelien (komb.)	M

Chemikalienübersicht (Fortsetzung)

Reagenz	Formel bzw. Farbstoff-Nr.	Aufbewahrung, Haltbarkeit	angewendet für	Gruppe
Baumwollblau (≡ Helvetiablau)	[S 815/C.I. 42780]	0	(2) Unterscheidung von Polyamid-Faserstoff-Typen	U
			(3) Nachweis von Wollschädigungen (komb.)	S
Benzidin	$H_2N \cdot C_6H_4 \cdot C_6H_4 \cdot NH_2$	†	Tüpfelreaktion auf Chrom (komb.)	B
Benzoazurin G	[S 497/C.I. 24140]	0	Erzeugung von Dichroismus auf Faserstoffen	M
Benzobraun B	[S 689/C.I. 35010]	0	Erzeugung von Dichroismus auf Faserstoffen	M
α-Benzoinoxim	$C_6H_5 \cdot CH(OH) \cdot C(:NOH) \cdot C_6H_5$		Tüpfelreaktion auf Kupfer (komb.)	B
Benzol	C_6H_6	! !! †	(1) Extraktion von Fetten, Ölen usw.	H
			(2) Bestimmung des spezifischen Gewichtes von Faserstoffen	—
			(3) quantitativ-physikalische Analyse von Faserstoffen	A
Benzopurpurin 10 B	[S 489/C.I. 24100]	0	(1) Mikroskopie der Baumwolle (komb.)	M
			(2) Nachweis von Wollschädigungen	S
Blei(II)-acetat	$Pb(OOC \cdot CH_3)_2 \cdot 3\,H_2O$	†	(1) Unterscheidung von tierischen Haaren und Naturseiden bzw. Kaseïnfaser (komb.)	U
			(2) Farbstoffnachweise auf der Faser (komb.)	B
			(3) Feststellung organischer Appretauflagerungen (komb.)	B
Blei(II)-oxyd	PbO	†	Feststellung organischer Appretauflagerungen (komb.)	B
Blutlaugensalz, gelbes s. Kaliumeisen-(II)-cyanid				
Blutlaugensalz, rotes s. Kaliumeisen-(III)-cyanid				

Chemikalienübersicht (Fortsetzung)

Reagenz	Formel bzw. Farbstoff-Nr.	Aufbewahrung, Haltbarkeit	angewendet für	Gruppe
Borax s. Natriumtetraborat				
Brenzcatechin (o-Dioxybenzol)	$C_6H_4(OH)_2$	0	(1) Feststellung verholzter Zellmembranen (komb.) (2) Nachweis von Titandioxyd als Mattierungsmittel (komb.)	U B
Brillantwollblau FFR extra	[S Erg. I, S. 74/ C.I. 42735]	0	Unterscheidung von Faserstoff-Arten (komb.)	U
1-Bromnaphthalin [α-...]	$C_{10}H_7Br$	0	Bestimmung von Lichtbrechungsexponenten	M
Bromoform	$CHBr_3$		Quellungsmikroskopie synthetischer Faserstoffe (komb.)	U
Bromwasser	$Br_2 + H_2O$	† 0 ~	(1) Nachweis von Eulan-Behandlung (2) Nachweis von Wollschädigungen	B S
n-Butylalkohol	$C_4H_9 \cdot OH$	(!)	Entfernen von Leinölschlichte (komb.)	H
γ-Butyro-lacton (= Sesolvan NK B. A. S. F.)	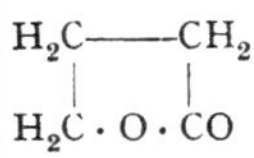		Unterscheidung von Polyamid-Faserstoff-Typen	U
Calciumchlorid	$CaCl_2$		quantitative Analyse von Cellulose-/Regeneratcellulosefasern (komb.)	A
Campher s. Kampfer				
Canadabalsam			Einbettung von Dauerpräparaten	M
Carbazol (Diphenylimid)	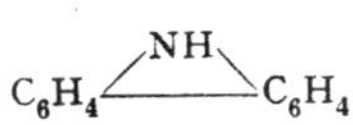		(1) Erkennung von Kaseïnfaser (2) Feststellung verholzter Zellmembranen (3) Nachweis von Formaldehyd (4) Nachweis von Celluloseglykolaten auf der Faser	E U B B
Carbolsäure s. Phenol				
Cellitonechtgelb GR Pulver	[S Erg. I, S. 75/C.I. –]	0	Unterscheidung von Faserstoff-Arten (komb.)	U
Cellitonechtgelb RR	[S II, S. 45/C.I. 10345]	0	(1) Nachweis von Kunstharzappreturen	B

Chemikalienübersicht (Fortsetzung)

Reagenz	Formel bzw. Farbstoff-Nr.	Aufbewahrung, Haltbarkeit	angewendet für	Gruppe
Cellitonechtgelb RR	[S II, S. 45/C.I. 10345]		(2) Identifizierung von Kunstharzen (komb.)	B
Cellitonecht-marineblau BR	[S Erg. I, S. 76/ C.I., S. 1730]	0	Erzeugung von Dichroismus auf Faserstoffen	M
Cellitonrosa R	[S Erg. I, S. 76/ C.I. 60505]	0	Unterscheidung von Faserstoff-Arten (komb.)	U
Celloidin s. Collodium				
Cerium(III-)nitrat	$Ce(NO_3)_3 \cdot 6\,H_2O$		Glättungsmittel für Faserquerschnitte (komb.)	M
Chicagoblau 6 B	[S 510/C.I. 24410]	0	(1) Mercerisationsdiagramm (Baumwolle) (2) Feststellung der Ungleichmäßigkeiten in Viskosekunstseide (3) Nachweis von Celluloseätherschlichten	U U B
Chinalizarin	$(OH)_2 \cdot C_6H_2{<}^{CO}_{CO}{>}C_6H_2 \cdot (OH)_2$		Nachweis von Magnesiumsilikat (komb.)	B
Chloralhydrat	$CCl_3 \cdot CH(OH)_2$		(1) Aufhellung von mikroskopischen Präparaten (2) Unterscheidung von Polyamid-Faserstoff-Typen	M U
Chloramin s. Aktivin				
Chloramingelb M	[S 935/C.I. 19555]	0	Unterscheidung von Faserstoff-Arten (komb.)	U
Chloraminorange G	[S 706/C.I. 40003]	0	Unterscheidung von Faserstoff-Arten (komb.)	U
Chlorantinlichtgrün BLL	[S Erg. I, S. 78; Erg. II, S. 146/C.I. 34045]	0	Unterscheidung von reifer und unreifer Baumwolle (komb.)	U
Chlorbenzol (Mono-)	$C_6H_5 \cdot Cl$	†	„Typ-Reaktionen“ auf verschiedene Chemiefaserstoffe	E
Chloroform	$CHCl_3$	† 0	(1) Gruppentrennung von Faserstoffen (2) Quellungsmikroskopie synthetischer Faserstoffe (komb.) (3) quantitativ-physikalische Analyse von Fasermischungen	U U A

Chemikalienübersicht (Fortsetzung)

Reagenz	Formel bzw. Farbstoff-Nr.	Aufbewahrung, Haltbarkeit	angewendet für	Gruppe
Chlorpersäure s. Perchlorsäure				
Chlorwasser		÷ 0 ~	(1) Unterscheidung von Flachs/Hanf und Jute (komb.)	U
			(2) Nachweis von Wollschädigungen (von Allwördensche Reaktion)	S
Chlorzink s. Zinkchlorid				
Chlorzinkjodlösung	(Rezept Merck, s. S. 39)	0	(1) Einbettung von Faserstoffen	M
			(2) Erkennung und Unterscheidung von Polyamid-Faserstoffen	M, U
Chromotropsäure	$(HO)_2C_{10}H_4(SO_3H)_2$		Nachweis von Formaldehyd (komb.)	B
Chrysophenin	[S 726/C.I. 24895]	0	Unterscheidung von Baumwolle und Flachs (komb.)	U
Codeïn	$C_{18}H_{21}O_3N$	†	Nachweis von Formaldehyd (komb.)	B
Collodium		!	Umschließen von Fasern für Querschnitte	M
Congorot s. Kongorot				
Cyanin (Chinolinblau)	[S 921/C 806/C.I. –]	0	(1) Prüfung auf „Leitelemente" bzw. Seidenbast	M
			(2) Unterscheidung von Baumwolle und Flachs	U
Cyankalium s. Kaliumcyanid				
Cyclohexanol	$CH_2 \cdot CH_2 \cdot CH \cdot OH$ / $CH_2 \cdot CH_2 \cdot CH_2$ (Ring)	[†]	Nachweis von Phenolverbindungen (komb.)	B
Cyclohexanon	$CH_2 \cdot CH_2 \cdot CO$ / $CH_2 \cdot CH_2 \cdot CH_2$ (Ring)	[†]	„Typ-Reaktionen" auf verschiedene Chemiefaserstoffe	E
Decrolin lösl. konz.	(B. A. S. F.)		Abziehen von Färbungen (komb.)	H
Detex [Farbstofflösung]	(CIBA)	0	Unterscheidung von Faserstoff-Arten	U

Chemikalienübersicht (Fortsetzung)

Reagenz	Formel bzw. Farbstoff-Nr.	Aufbewahrung, Haltbarkeit	angewendet für	Gruppe
(Diäthyl)äther*	$C_2H_5 \cdot O \cdot C_2H_5$	!!*[†]0k	Extraktion von Fetten, Ölen, Wachsen	H, B
Diaminreinblau FF ≡ Chicagoblau 6B				
Diastafor	(Diamalt AG.)		Stärke-Entschlichtung	H
Diastase	– Enzym –		Stärke-Entschlichtung	H
Diazobraun G	[S II, S. 76/C.I. 35210]	0	Erzeugung von Dichroismus auf Faserstoffen	M
2:6-Dibromchinon-chlorimid	$O : C_6H_2Br_2 : NCl$		Nachweis von Phenolverbindungen (komb.)	B
Dichloräthylen	$CH_2 : CCl_2$	! (†)	Extraktion von Fetten, Ölen usw.	H, B
o-Dichlorbenzol	$C_6H_4Cl_2$	! †	„Typ-Reaktionen" auf Polyester-Faserstoffe	E
Dimethylformamid	$HC(=O)N(CH_3)_2$		(1) „Typ-Reaktionen" auf verschiedene Chemiefaserstoffe	E
			(2) Unterscheidung der Polyamid-Faserstoff-Typen	U
			(3) quantitative Analyse von Mischungen mit Polyacrylnitril-Fasern	A
			(4) Farbstoff-Nachweise auf der Faser	B
Dimethyl-glyoxim	$CH_3 \cdot C(=N \cdot OH) — C(=N \cdot OH) \cdot CH_3$		Nachweis von Nickel auf der Faser	B
Dioxan	$O{<}{CH_2 \cdot CH_2 \atop CH_2 \cdot CH_2}{>}O$	†	(1) „Typ-Reaktionen" auf verschiedene Chemiefaserstoffe	E
			(2) Quellungsmikroskopie synthetischer Faserstoffe (komb.)	U

* Achtung: In mit Aldehyd verunreinigtem Äther bilden sich mit der Zeit Peroxyde, die beim Abdestillieren solchen Äthers – auch schon in Kleinversuchen! – zu heftigen Explosionen führen können. Erkennen der Peroxyde durch „Kaliumjodidstärke-Papier" [s. Gruppe „H"], das mit 2n-Salzsäure befeuchtet war; bei Anwesenheit von Peroxyden färbt sich das Reagenzpapier nach wenigen Sekunden braun und nach einer Minute dunkelviolett. Beseitigung (Reduktion) der Ätherperoxyde durch „Zink-Kupfer-Schwamm" [s. Gruppe „H", 2]; Stabilisieren des Äthers nach Beendigung der Reduktion durch Zusatz von Diphenylamin (2 mg/Liter) als Inhibitor. – Siehe H. E. Fierz-David: Die Gefahr der Ätherperoxyde. Chimia *1* (1947), 246–248. Weitere Literatur in Berl-Lunge: Chemisch-technische Untersuchungsmethoden 8. Aufl., III. Band, S. 900 u. 902. Berlin: Springer 1932.

Chemikalienübersicht (Fortsetzung)

Reagenz	Formel bzw. Farbstoff-Nr.	Aufbewahrung, Haltbarkeit	angewendet für	Gruppe
Dioxan	$O<\begin{smallmatrix}CH_2\cdot CH_2\\CH_2\cdot CH_2\end{smallmatrix}>O$	†	(3) Feststellung organischer Appretauflagerungen	B
Diphenylamin	$(C_6H_5)_2\cdot NH$		(1) Inhibitor zum Stabilisieren von Diäthyläther (2) Erkennung von Nitratkunstseide bzw. Cellulosenitrat (komb.) (3) Erkennung von Polyacrylnitril-Faserstoffen (komb.) (4) Nachweis von Zinkseifen auf der Faser (komb.)	H E, B E B
Diphenylcarb-(ohydr)azid	$(C_6H_5\cdot NH\cdot NH)_2\cdot CO$		Nachweis von Cadmium auf der Faser (komb.)	B
Diphenylechtrot 5 BL Supra 1	[S Erg. II, S. 84/ C.I. 28160]	0	Unterscheidung von reifer und unreifer Baumwolle (komb.)	U
Diphenylthiocarbazon (Dithizon)	$/NH\cdot NH\cdot C_6H_5$ $C{=}S$ $\backslash N{=}N\cdot C_6H_5$ (E. Merck)		Tüpfelreaktion auf Quecksilber bzw. Zink	B
α,α'-Dipyridyl	$NC_5H_4\cdot C_5H_4N$		Nachweis von Eisen auf der Faser	B
Direkthimmelblau grünlich s. Chicagoblau 6 B				
Duranolbrillantgelb 6 G 300	[C.I. 58900]	0		
Echtblausalz B	[S 490/C.I. 37235]	0	Unterscheidung von Oxy- und Hydrocellulose (komb.)	S
Echtgelbsalz GC	[S 49/C.I. 37000]	0	(1) Unterscheidung von Schafwolle und Kaseïnfaser (2) Nachweis von Wollschädigungen	U S
Eisen(III)-ammoniumsulfat *[Eisenalaun]*	$(NH_4)Fe(SO_4)_2\cdot 12\,H_2O$		Mikroskopie der Naturseide (komb.: Eisenhämatoxylin)	M
Eisen(III)-chlorid *[Ferrichlorid]*	$FeCl_3\cdot 6\,H_2O$		(1) Nachweis von Eiweißkörpern (komb.) (2) Nachweis von Tanninbeize (3) Nachweis von Wachsen und Harzen (komb.) (4) Prüfung von Erschwerungen auf Naturseide (komb.)	U B B B

Chemikalienübersicht (Fortsetzung)

Reagenz	Formel bzw. Farbstoff-Nr.	Aufbewahrung, Haltbarkeit	angewendet für	Gruppe
Eisen(III)-chlorid *[Ferrichlorid]*	$FeCl_3 \cdot 6\ H_2O$		(5) Feststellung organischer Appretauflagerungen (komb.)	B
			(6) Nachweis von Stickstoff (komb.)	B
			(7) Nachweis von Eulan-Behandlung	B
Eisen(II)-sulfat *[Ferrosulfat]*	$FeSO_4 \cdot 7\ H_2O$		Nachweis von Stickstoff (komb.)	B
Eisessig s. Essigsäure, konz.				
Elektrolytkupferstaub s. Kupfer				
Eosin (= Eosin extra wasserlöslich)	[S 881/C.I. 45380]	0	(1) Unterscheidung von Faserstoff-Arten (komb.)	U
			(2) Unterscheidung von Viskose- und Kupferkunstseide (komb.: Zartsche Lösung)	U
Eriochromcyanin R	[S 840/C.I. 43820]	0	Tüpfelreaktion auf Aluminium (komb.)	B
Essigsäure, konz. *[Eisessig]*	$CH_3 \cdot COOH$	†	(1) Abziehen von Färbungen (verd.)	H
			(2) Erkennung von Acetat- bzw. Polyamid-Faserstoffen	E
			(3) Unterscheidung der Polyamid-Faserstoff-Typen	U
			(4) quantitative Analyse von Mischungen mit Acetat- bzw. Polyamid-Fasern	A
			(5) Farbstoff-Nachweise auf der Faser	B
Eugenol (Nelkenöl)	$CH_2:CH \cdot CH_2 \cdot C_6H_3<\begin{smallmatrix}OH\\OCH_3\end{smallmatrix}$	0	Bestimmung von Lichtbrechungsexponenten	M
Fenchelöl		0	Bestimmung von Lichtbrechungsexponenten	M
Fermasol	(Schweiz. Ferment-AG.)		Stärke-Entschlichtung	H
Ferricyankalium s. Kaliumeisen-(III)-cyanid				
Ferrocyankalium s. Kaliumeisen-(II)-cyanid				

Chemikalienübersicht (Fortsetzung)

Reagenz	Formel bzw. Farbstoff-Nr.	Aufbewahrung, Haltbarkeit	angewendet für	Gruppe
Flußsäure (Fluorwasserstoffsäure)	H_2F_2	†	Bestimmung von anorganischen Faserstoffen (auch komb.)	U
Formaldehyd	$H \cdot CHO$	† x	Feststellung organischer Appretauflagerungen (komb.)	B
Fuchsin (Rosanilin)	[S 780/C.I. 42510]	0	(1) Unterscheidung von Baumwolle und Flachs (komb.)	U
			(2) Unterscheidung von tierischen Haaren und Naturseiden (komb.: Dreaperscher Reagenz)	U
Furfurol	$C_4H_3O \cdot CHO$		Nachweis von Harnstoff in Kunstharzappreturen (komb.)	B
Gelatine			(1) Einbettung von Fasern zum Auszählen unter dem Mikroskop	M
			(2) quantitativ-mikroskopische Analyse von Fasermischungen	A
Gerbsäure s. Tannin				
Glaubersalz s. Natriumsulfat				
Glycerin	$HO \cdot CH_2 \cdot CH(OH) \cdot CH_2OH$		(1) Einbettung von Fasern zur Mikroskopie	M
			(2) Einbettung für Dauerpräparate (komb.: Glyceringelatine)	M
			(3) Einbettung von Fasern für Querschnitte (komb.: Glyceringummi)	M
			(4) Unterscheidung pflanzlicher Fasern (komb.: Glycerinschwefelsäure)	M
			(5) Bestimmung von Lichtbrechungsexponenten	M
			(6) quantitative Analyse von Schappeseide/Zellwolle (komb.)	A
Glyoxylsäure	$OHC \cdot COOH$		Nachweis von Eiweißkörpern (komb.)	U

Chemikalienübersicht (Fortsetzung)

Reagenz	Formel bzw. Farbstoff-Nr.	Aufbewahrung, Haltbarkeit	angewendet für	Gruppe
Gold(III)-chlorid	$AuCl_3$	0 (†)	(1) Erzeugung von Dichroismus auf Faserstoffen	M
			(2) Nachweis von Oxycellulose (komb.)	S
Guineagrün B ≡ Säuregrün				
Hämatoxylin	$C_{16}H_9O(OH)_5 \cdot 3\,H_2O$ [C.I. 75290]	0	(1) Anfärben mikroskopischer Präparate	M
			(2) Mikroskopie der Naturseide (komb.: Eisenhämatoxylin)	M
Harnstoffnitrat	$CO(NH_2)_2 \cdot HNO_3$		Entfernen von Kunstharzappreturen	H
Helvetiablau ≡ Baumwollblau				
Hostapon T	(Hoechst)		Netzen und Waschen von [Textilgut	H
Hydrosulfit s. Natriumhyposulfit				
Hydroxylaminchlorhydrat (Hydroxylaminhydrochlorid)	$NH_2OH \cdot HCl$	(!) †	(1) Nachweis von Wachsen und Harzen (komb.)	B
			(2) Nachweis von Celluloseestern auf der Faser (komb.)	B
Indanthrenbrillantviolett RK Pulver	[S 1223/C.I. 63365]	0	Prüfung auf tote Baumwolle (komb.)	U
Indanthrenrubin B	[S Erg. II, S. 204/ C.I. 67100]	0	Kontrastierung bei Faser-Abquetschbildern	M
Indigocarmin	[S 1309/C.I. 73015]	0	Nachweis von Wollschädigungen	S
Intraminorange R	[C.I. –]	0	Farbstoff-Nachweise auf der Faser	B
Invadin BL konz.	(CIBA)		Einnetzen von Textilien vor dem Färben	H
Isoamylalkohol	$C_5H_{11} \cdot OH$	(†)	Unterscheidung von chemischen Eiweißfasern (komb.: Morse-Test)	U
Isopropylalkohol	$C_3H_7 \cdot OH$		Entfernen von Leinölschlichte (komb.)	H
Jod	J	† 0	(1) Herstellung von Kaliumjodidstärke-Papier	H

Chemikalienübersicht (Fortsetzung)

Reagenz	Formel bzw. Farbstoff-Nr.	Aufbewahrung, Haltbarkeit	angewendet für	Gruppe
Jod	J	† o	(2) Herstellung von Chlorzinkjodlösung als tingierendem Einbettungsmittel für Pflanzenfasern (komb.) sowie zur Quellungsmikroskopie synthetischer Faserstoffe (auch komb.)	M U
			(3) Unterscheidung von Viskose- und Kupferzellwolle (komb.: Jodazid)	M
			(4) Herstellung von Jod-Jodkaliumlösung zur Mikroskopie und zur Untersuchung von mercerisierter Baumwolle, zur quantitativen Auszählung von Mischungen mit Zellwolle, sowie zum Nachweis von Stärkeschlichte bzw. von Eulan-Behandlung (komb.)	M U A H, B B
			(5) Herstellung von Jodlösung zum Nachweis von Polyvinylverbindungen	B
Jodkalium s. Kaliumjodid				
K siehe auch C!				
Kalilauge	KOH	† x	(1) „Typ-Reaktionen" auf Polyvinylidencyanid-Faserstoffe	E
			(2) Prüfung von Makobaumwolle (komb.)	U
			(3) quantitative Analyse von Baumwolle/Schafwolle bzw. /Naturseide	A
			(4) Nachweis fetter Öle (komb.: M o l i s c h s Reagenz)	B
			(5) Nachweis von Säureschädigungen an Schafwolle (komb.)	S
Kaliumbichromat (..-di-..)	$K_2Cr_2O_7$	† x	(1) Macerieren monokotyler Faserbündel (komb.: Chromsäure)	M
			(2) Unterscheidung von Naturseiden (komb.: Chromsäure)	U

Chemikalienübersicht (Fortsetzung)

Reagenz	Formel bzw. Farbstoff-Nr.	Aufbewahrung, Haltbarkeit	angewendet für	Gruppe
Kaliumbisulfat (. . -hydrogen- . .)	$KHSO_4$		(1) Entfernen von Formaldehydbasis-Appreturen	H
			(2) Acroleïnprobe auf Fette	B
			(3) Nachweis von Titandioxyd als Mattierungsmittel (komb.)	B
Kaliumchlorat	$KClO_3$	!! †	Macerieren von Bastfaserbündeln (komb.: Schulzesches Macerationsgemisch)	M
Kaliumchlorid	KCl		Nachweis von Zinksulfid (komb.)	B
Kaliumcyanid	KCN	††	volumetrische Kupfergehaltsbestimmung von Kuoxam-Ansätzen	H
Kaliumeisen(II)-cyanid *[. . -ferro- . . ; gelbes Blutlaugensalz]*	$K_4[Fe(CN)_6] \cdot 3\,H_2O$	(†)	(1) Prüfung auf Makobaumwolle (komb.)	U
			(2) Bestimmung von anorganischen Faserstoffen (komb.)	U
			(3) Nachweis von Eisenbeizen (komb.)	B
			(4) Tüpfelreaktion auf Aluminium (komb.) bzw. Eisen	B
			(5) Nachweis von Melaminkunstharzen	B
Kaliumeisen(III)-cyanid *[. . -ferri- . . ; rotes Blutlaugensalz]*	$K_3[Fe(CN)_6]$	(†)	Nachweis von Zinkseifen auf der Faser (komb.)	B
Kaliumhydroxyd s. Kalilauge				
Kaliumjodid	KJ	0	(1) Herstellung von Kaliumjodidstärke-Papier	H
			(2) Herstellung von Jod-Jodkaliumlösung zur Mikroskopie und zur Untersuchung von mercerisierter Baumwolle, zur quantitativen Auszählung von Mischungen mit Zellwolle, sowie zum Nachweis von Stärkeschlichte bzw. von Eulan-Behandlung (komb.)	M, U, A, H, B, B

Chemikalienübersicht (Fortsetzung)

Reagenz	Formel bzw. Farbstoff-Nr.	Aufbewahrung, Haltbarkeit	angewendet für	Gruppe
Kaliumkobalticyanid s. Kobalt(III)-kaliumcyanid				
Kaliumnatriumcarbonat	$KNaCO_3 \cdot 6\,H_2O$		Nachweis von Bariumsulfat bzw. Magnesiumsilikat als Mattierungsmittel (komb.)	B
Kaliumnatriumtartrat *[Seignettesalz]*	$KNaC_4H_4O_6 + 4\,H_2O$		(1) Nachweis von Leim- und Gelatineschlichten (komb.: Fehlingsche Lösung)	B
			(2) Feststellung organischer Appretauflagerungen (komb.: Fehlingsche Lösung)	B
			(3) Nachweis von Oxy- und Hydrocellulose (komb.: Fehlingsche Lösung)	S
Kaliumnitrat *[Kalisalpeter]*	KNO_3		Nachweis von Antimonbeize (komb.)	B
Kaliumpermanganat	$KMnO_4$	0	(1) Feststellung verholzter Zellmembranen (komb.: Mäulesches Reagenz)	U
			(2) Feststellung des Mercerisiergrades durch Hydrolysierzahl	U
Kaliumrhodanid	KCNS	[†]	Nachweis von Eisenbeizen sowie allgemein von Eisenverbindungen auf der Faser (komb.)	B
Kampfer (d-Campher)	$C_{10}H_{16}O$		Nachweis geölter Fasern	B
Kanadabalsam s. Canadabalsam				
Katigengelbbraun GR extra	[S II S. 137/C.I. 53090]	0	Erzeugung von Dichroismus auf Faserstoffen	M
Kitonrot G	[S 40/C.I. 18050]	0	(1) Unterscheidung von Schafwolle und Kaseïnfaser	U
			(2) Nachweis von Wollschädigungen	S
			(3) Erkennung gechlorter Schafwolle	S
Kobalt(III)-kaliumcyanid	$K_3[Co(CN)_6]$		Nachweis von Zinksulfid (komb.)	B
Kobalt(II)-nitrat	$Co(NO_3)_2 \cdot 6\,H_2O$		Farbstoff-Nachweise auf der Faser	S

Chemikalienübersicht (Fortsetzung)

Reagenz	Formel bzw. Farbstoff-Nr.	Aufbewahrung, Haltbarkeit	angewendet für	Gruppe
Kolophonium		!	Herstellung von Krönigschem Deckglaskitt	M
Kongorot	[S 360/C.I. 22120]	0	(1) Untersuchung von Chemiefaserstoffen	M
			(2) Erzeugung von Dichroismus auf Faserstoffen	M
Kristallponceau 6 R extra	[S 126/C.I. 16250]	0	Identifizierung von Kunstharzen (auch komb.)	B
Kristallviolett	[S 785/C.I. 42555]		Identifizierung von Kunstharzen (komb.)	B
Krönigscher Deckglaskitt s. Kolophonium				
Kupfer als Elektrolytkupferstaub bzw. Kupferdraht	Cu	[†]	Herstellung von „Kuoxam" (komb.)	M
			Nachweis von Chlorverbindungen	B
Kupfer(II)-hydroxyd	$Cu(OH)_2$	[†]	Herstellung von „Kuæmin" (komb.)	M, S
Kupfer(II)-sulfat *[Kupfervitriol]*	$CuSO_4 \cdot 5\,H_2O$	†	(1) Bildung von Zink-Kupfer-Schwamm zum Stabilisieren von Diäthyläther (komb.)	H
			(2) Herstellung von „Kuoxam" (komb.)	M
			(3) Erkennung von Polyacrylnitril-Faserstoffen (komb.)	E
			(4) Nachweis von Eiweißkörpern (komb.: Biuretreaktion)	U
			(5) Feststellung des Mercerisiergrades durch Hydrolysierzahl (komb.: Fehlingsche Lösung)	U
			(6) quantitative Analyse von Baumwolle/Schappeseide bzw. Schappeseide/Zellwolle (komb.)	A
			(7) Nachweis von Leim- und Gelatineschlichten (komb.: Fehlingsche Lösung)	B

Chemikalienübersicht (Fortsetzung)

Reagenz	Formel bzw. Farbstoff-Nr.	Aufbewahrung, Haltbarkeit	angewendet für	Gruppe
Kupfer(II)-sulfat *[Kupfervitriol]*	$CuSO_4 \cdot 5\,H_2O$	†	(8) Feststellung organischer Appretauflagerungen (komb.: Fehlingsche Lösung)	B
			(9) Nachweis von Thioharnstoff	B
			(10) Viskositätsmessg. (komb.)	S
			(11) Nachweis von Oxy- und Hydrocellulose (komb.: Fehlingsche Lösung)	S
Lanthannitrat	$La(NO_3)_3 \cdot 6\,H_2O$		Feststellung organischer Appretauflagerungen	B
Lavendelöl		0	Bestimmung von Lichtbrechungsexponenten	M
Leonil DB	(Hoechst)		Netzen von Textilien vor dem Färben	H
Magdalarot	[S 976/C.I. 50375]	0	Erzeugung von negativem Dichroismus auf Faserstoffen	M
Malachitgrün	[S 754/C.I. 42000]	0	Unterscheidung von Baumwolle und Kapok (komb.)	U
Marseiller Seife (reine Olivenölseife)			(1) Entschlichtung (komb.) bzw. Entbasten	H
			(2) Bestimmung des Seidenbastgehaltes	B
Mercurichlorid s. Quecksilber(II)-chlorid				
Methylblau ≡ Baumwollblau				
Methylenblau 2 B bzw. D	[S 1038/C.I. 52015]	0	(1) Differenzierung bei Quellungsuntersuchungen von Baumwolle	M
			(2) Feststellung gechlorter Schafwolle	M
			(3) Nachweis von Wollschädigungen	S
Methylenchlorid	CH_2Cl_2	†	(1) Erkennung von Polyvinylchlorid-Faserstoffen	E
			(2) quantitative Analyse von Mischungen mit Polyvinylchlorid-Fasern	A
Methylgrün*	[S 788/C.I. 42590]	* 0	Mikroskopie der Naturseide (komb.)	M

* Vorsicht wegen Augenerkrankungen!

Chemikalienübersicht (Fortsetzung)

Reagenz	Formel bzw. Farbstoff-Nr.	Aufbewahrung, Haltbarkeit	angewendet für	Gruppe
Milchsäure	$CH_3 \cdot CH(OH) \cdot COOH$		(1) Nachweis von Pilzsporen und -mycelien (komb.: Lactophenol) (2) Unterscheidung von Polyamid-Faserstoff-Typen (komb.: Lactophenol) (3) Nachweis von Wollschädigungen (komb.: Lactophenol)	M U S
α-(Mono)bromnaphthalin s. 1-Bromnaphthalin				
Monochlorbenzol s. Chlorbenzol				
α-Naphthol	$C_{10}H_7 \cdot OH$	0	Unterscheidung von Schafwolle und Kaseïnfaser (komb.)	U
β-Naphthol	$C_{10}H_7 \cdot OH$	0	Unterscheidung von tierischen Haaren und Naturseide (komb.)	U
1,5-Naphthol-sulfosäure [α- . . . (5)]	$HO \cdot C_{10}H_6 \cdot SO_3H$		Nachweis von Mitin-Behandlung	B
Natriumacetat	$CH_3 \cdot COONa \cdot 3\,H_2O$		Nachweis von Cadmium auf der Faser (komb.)	B
Natriumammonium-o-phosphat *(Phosphorsalz)*	$NaNH_4 \cdot HPO_4 \cdot 4\,H_2O$		Farbstoff-Nachweise auf der Faser	B
Natriumazid	NaN_3	† (!!)	(1) Unterscheidung von Viskose- und Kupferfaserstoffen (komb.: Jodazid) (2) Nachweis von Mercaptanverbindungen (komb.)	M B
Natriumbicarbonat (..-hydrogen-..)	$NaHCO_3$		Ansatz von Trypsinlösung für (1) Mikroskopie der Tierhaare (komb.) (2) quantitative Analyse von Schafwolle/Kaseïnfaser (komb.)	M A
Natriumcarbonat *[Soda]*	$Na_2CO_3 \cdot 10\,H_2O$		(1) Macerieren von Bastfaserbündeln	M

Chemikalienübersicht (Fortsetzung)

Reagenz	Formel bzw. Farbstoff-Nr.	Aufbewahrung, Haltbarkeit	angewendet für	Gruppe
Natriumcarbonat *[Soda]*	$Na_2CO_3 \cdot 10\,H_2O$		(2) „Typ-Reaktion" auf (Calcium)-Alginatkunstseide (3) Nachweis von Ölschlichten	E B
Natriumdiäthyldithiocarbamat	$S{=}C{<}^{N(C_2H_5)_2}_{SNa} + 3\,H_2O$ (E. Merck)		(1) Unterscheidung von Viskose- und Kupferfaserstoffen (2) Nachweis von Kupferspuren bei gummierten Stoffen	U B
Natriumhydroxyd s. Natronlauge				
Natriumhypochlorit-Lösung (Aktivchlor-Gehalt etwa 15%) *[Eau de Javelle]*	NaOCl		(1) Ausbleichen von Farbstoffen (2) Aufhellung gefärbter Pflanzenteile (3) Unterscheidung von Hartfasern (komb.) (4) quantitative Analyse von Schafwolle/Zellwolle	H M U A
Natriumhyposulfit (= Natriumdithionit) [vulgär „*Hydrosulfit*"*]	$Na_2S_2O_4 \cdot 2\,H_2O$		(1) Abziehen von Färbungen (auch komb.) (2) Farbstoff-Nachweise auf der Faser (komb.: blinde Küpe)	H B
Natriumkaliumcarbonat s. Kaliumnatriumcarbonat				
Natriumnitrit	$NaNO_2$	(!!) †	(1) Unterscheidung von tierischen Haaren und Naturseide (komb.) (2) Unterscheidung von Schafwolle und Kaseïnfaser (komb.) (3) Nachweis von Harnstoffharzen (komb.) (4) Nachweis von Wollschädigungen (komb.: Paulysches Diazoreagenz)	U U B S
Natriumnitroprussiat (Nitroprussidnatrium, Natriumpentacyanonitrosoferrat)	$Na_2[Fe(CN)_5NO] \cdot 2\,H_2O$	†	Erkennung tierischer Wollen und Haare	E

* Über die unterschiedlichen Bezeichnungen s. Textil-Praxis **5** (1950), 600.

Chemikalienübersicht (Fortsetzung)

Reagenz	Formel bzw. Farbstoff-Nr.	Aufbewahrung, Haltbarkeit	angewendet für	Gruppe
Natriumperborat	$NaBO_3 \cdot 4\,H_2O$		Entfernen von Leinölschlichte (komb.)	H
Natrium-o-phosphat, sec.	$Na_2HPO_4 \cdot 12\,H_2O$		Nachweis von Magnesiumsilikat	B
Natriumsulfat *[Glaubersalz]*	$Na_2SO_4 \cdot 10\,H_2O$		(1) Mercerisationsdiagramm von Baumwolle (komb.)	U
			(2) Nachweis von Calciumsulfat	B
Natriumsulfid	$Na_2S \cdot 9\,H_2O$	†	(1) Nachweis von Leinölschlichte	H, B
			(2) Nachweis von Zinnerschwerung	B
Natrium(su)peroxyd	Na_2O_2	(!!) [†]	Tüpfelreaktion auf Chrom (komb.)	B
Natriumtetraborat (..-bi-..) *[Borax]*	$Na_2B_4O_7 \cdot 10\,H_2O$		Nachweis von Phenolverbindungen (komb.)	B
Natriumthiosulfat *[„Antichlor"]*	$Na_2S_2O_3 \cdot 5\,H_2O$		Entchloren nach Ausbleiche von Farbstoffen	H
Natronlauge	NaOH	† x	(1) Entfernen von Formaldehydbasis-Appreturen	H
			(2) Abziehen von Färbungen (komb.)	H
			(3) Macerieren von Bastfaserbündeln	M
			(4) Pilzkopfreaktion an Baumwollfasern zum Schädigungsnachweis	M, S
			(5) Unterscheidung von Baumwolle und Regeneratzellwollen	M
			(6) Prüfung von animalisierter Zellwolle	M
			(7) Faser-Abquetschbilder	M
			(8) Nachweis von Eiweißkörpern (komb.: Biuretreaktion)	U
			(9) quantitative Analyse von Baumwolle/ oder Schafwolle/Zellwolle (komb.)	A
			(10) quantitative Analyse von Flockenbast/Zellwolle	A
			(11) quantitative Analyse von Baumwolle/Schappeseide bzw. Schappeseide/Zellwolle (komb.)	A
			(12) Viskositätsmessungen bei regenerierten Cellulosen	S

Chemikalienübersicht (Fortsetzung)

Reagenz	Formel bzw. Farbstoff-Nr.	Aufbewahrung, Haltbarkeit	angewendet für	Gruppe
Natronlauge	NaOH	† x	(13) Nachweis geschädigter Schafwolle	S
			(14) Nachweis geschädigter chemischer Cellulosef.	S
Nekal BX	(B.A.S F.)		Netzen von Textilgut	H
Nelkenöl s. Eugenol				
Neocarmin W Neocarmin B	(Dr. Gossler GmbH., Heidelberg)	0	(1) Unterscheidung von Faserstoff-Arten	U
			(2) Identifizierung von Kunstharzen	B
		0	Unterscheidung von Baumwolle und Flachs	U
Neocarmin MS		0	Unterscheidung synthetischer Faserstoffe	U
Neolandunkelgrün B	[S Erg. II, S. 216/ C.I. 13361]	0	Mikroskopie der Baumwolle	M
Neolanschwarz WA extra N	[S II, S. 154/C.I. 15711]	0	Schwarz-Weiß-Kontrastierung von Mischungen Baumwolle/ oder Zellwolle/ Schafwolle	U, A
Neovadin AN konz.	(CIBA)		Abziehen von Färbungen	H
Neumethylenblau GG	[S 1027/C.I. 51195]	0	Nachweis von Neutralfett	M
Nilblau A	[S 1029/C.I. 51180]	0	Nachweis von Kalkseife und Fettsäuren auf der Faser	B
Ninhydrin (Triketohydrindenhydrat)	$C_6H_4{<}^{CO}_{CO}{>}C(OH)_2$ (Schwangerschaftsreagenz Bayer)		(1) Nachweis von Eiweißkörpern bzw. chemischen Eiweißfasern	U
			(2) Nachweis von Eulan-Behandlung (komb.)	B
p-Nitranilin	$O_2N \cdot C_6H_4 \cdot NH_2$	†	Feststellung verholzter Zellmembranen	U
o-Nitrobenzaldehyd	$O_2N \cdot C_6H_4 \cdot CHO$		Unterscheidung von Polyamid- und Polyester-Faserstoffen	U
Nitrobenzol	$C_6H_5 \cdot NO_2$	†	quantitative Analyse von Mischungen mit Polyester.	A
p-Nitro-phenylhydrazin	$O_2N \cdot C_6H_4 \cdot NH \cdot NH_2$		Nachweis von Fetten	B
Nitroprussidnatrium s. Natriumnitroprussiat				
Olivenöl			(1) Bestimmung von Lichtbrechungsexponenten	M
			(2) Unterscheidung von Baumwolle und Flachs	U

Chemikalienübersicht (Fortsetzung)

Reagenz	Formel bzw. Farbstoff-Nr.	Aufbewahrung, Haltbarkeit	angewendet für	Gruppe
Osmium(VIII)-oxyd (Osmiumtetroxyd)	OsO_4	†	(1) Nachweis von Fett im Zellkanal	M
			(2) Nachweis von Fetten	B
„Osmiumsäure" s. Osmium(VIII)-oxyd				
Oxalsäure	HOOC · COOH	†	Ablösen der Erschwerung bei Naturseide	B
Oxaminblau 4 R	[S 473/C.I. 23705]	0	Erzeugung von Dichroismus auf Faserstoffen	M
Oxaminrot X	[S 416/C.I. 22306 bzw. S Erg. II, S. 30]	0	Unterscheidung von Baumwolle und Kapok (komb.)	U
Oxycarnit	(Böhme Fettchemie)		Farbstoff-Nachweise auf der Faser	B
8-(Hydr)oxychinolin (ortho) [„Oxin"]	CH : CH HO · C_6H_3 | N CH (E. Merck)		Unterscheidung von Baumwolle und Flachs (komb.)	U
Palatinscharlach 3 R	[S 129/C.I. 14920]	0	Unterscheidung von Faserstoff-Arten (komb.)	U
Paraffin [Schmelzp. 50 °C]	—		(1) Herstellung von Faserquerschnitten	M
			(2) Farbstoff-Nachweise auf der Faser	B
Paraffinöl	—		Einbettung von Fasern	M
Perchlorsäure (Chlorpersäure)	$HClO_4$	!! † x	Nachweis von Eiweißkörpern	U
Petroläther	—	!	Extraktion v. Fetten, Ölen usw.	H, B
Phenol (Carbolsäure)	$C_6H_5 \cdot OH$	† x	(1) Nachweis von Pilzsporen und -mycelien (komb.: Lactophenol)	M
			(2) Unterscheidung von Polyamid-Faserstoff-Typen (komb.: Lactophenol)	U
			(3) Nachweis von Wollschädigungen (komb.: Lactophenol)	S
Phenol, verflüssigt [DAB. 6]	$C_6H_5 \cdot OH$ fest + + etwa 15% H_2O	† x	(1) Erkennung einzelner Faserstoffe	E
			(2) „Typ-Reaktionen" auf Polyester-Faserstoffe	E
			(3) Gruppentrennung von Faserstoffen	U
			(4) Quellungsmikroskopie synthetischer Faserstoffe	U

Chemikalienübersicht (Fortsetzung)

Reagenz	Formel bzw. Farbstoff-Nr.	Aufbewahrung, Haltbarkeit	angewendet für	Gruppe
Phenylhydrazin-p-sulfosäure	$H_2N—NH \cdot C_6H_4 \cdot SO_3H$	†	Unterscheidung von Oxy- und Hydrocellulose (komb.)	S
Phloroglucin	$C_6H_3(OH)_3$		(1) Feststellung verholzter Zellmembranen (komb.) (2) quantitative Analyse von Baumwolle/Kapok (komb.)	U A
Phosphormolybdänsäure	$P_2O_5 \cdot 24\,MoO_3 + x\,H_2O$		Tüpfelreaktion auf Antimon	B
Phosphorsäure, ortho-	H_3PO_4	†	Farbstoff-Nachweise auf der Faser	B
Pikrinsäure	$C_6H_2 \cdot OH \cdot (NO_2)_3$ [S 9/C.I. 10305]	(!!) † x	(1) Feststellung organischer Appretauflagerungen (2) Nachweis von Melaminkunstharzen	B B
Pikrolonsäure (p-Nitrophenyl-nitro-methyl-pyrazolon)	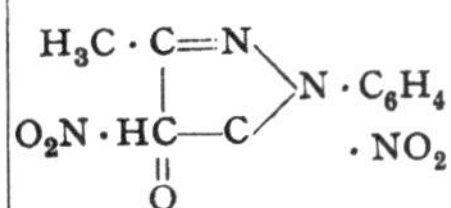		Nachweis von Bariumsulfat als Mattierungsmittel	B
Phosphorsalz s. Natriumammonium-o-phosphat				
Propylalkohol, Iso- s. Isopropylalkohol				
Pyridin	C_5H_5N		(1) Feststellung organischer Appretauflagerungen (2) Nachweis von Eulan-Behandlung (komb.)	B B
Quecksilber	Hg	†	(1) Nachweis von Eiweißkörpern (komb.: Millons Reagenz) (2) Unterscheidung von Naturseide und Kunstseide (komb.: Millons Reagenz) (3) Nachweis von Leim- und Gelatineschlichten (komb.: Millons Reagenz)	U U B
Quecksilber(II)-chlorid (Mercurichlorid, *Sublimat*)	$HgCl_2$	††	Feststellung organischer Appretauflagerungen	B
Reservedirektschwarz D	[S II, S. 184/ (C.I. 30245)]	0	Schwarz-Weiß-Kontrastierung von Mischungen Baumwolle/ oder Zellwolle/ Acetatzellwolle	U, A

Chemikalienübersicht (Fortsetzung)

Reagenz	Formel bzw. Farbstoff-Nr.	Aufbewahrung, Haltbarkeit	angewendet für	Gruppe
Resorcin	$C_6H_4 \cdot (OH)_2$		Nachweis von Phthalaten (komb.)	B
Rhodankalium s. Kaliumrhodanid				
Riganhimmelblau G	[S. II, S. 185/C.I. Direct Blue 40]	0	Egalisierungsversuch bei streifig färbenden Viskosefaserstoffen	U
Rizinusöl	—	0	Bestimmung von Lichtbrechungsexponenten	M
R-O-X-Bettungsmasse (I für Wollen, II für Viskosef. usw.)	(Chroma Gesellschaft, Stuttgart-Untertürkh.)		Halbeinbettung von Faserstoffen	M
Rosanilins. Fuchsin				
Rubidiumchlorid	RbCl		Nachweis von Zinnbeizen (komb.)	B
Rutheniumrot (Rutheniumammoniumoxychlorid)	$Ru_2(OH)_2Cl_4(NH_4)_7$ 3 H_2O	0	(1) Differenzierung bei Kuoxam-Reaktion (2) Untersuchung von Viskosefaserstoffen	M M
Säurefuchsin	[S 800/C.I. 42685]	0	Mikroskopie der Naturseide (komb.)	M
Säureschwarz D	[S II, S. 190/C.I. Acid Black 10]	0	Schwarz-Weiß-Kontrastierung von Schafwoll/Acetatzellwoll-Mischungen	U, A
Safranin	[S 967/C.I. 50240]	0	(1) Anfärben von Fasern für mikroskopische Präparate (2) Differenzierung bei Quellungsuntersuchungen an Baumwolle (3) Erzeugung von Dichroismus auf Faserstoffen (4) Unterscheidung von Baumwolle und Flachs (komb.)	M M M U
Salicylsäuremethylester (*„Wintergrünöl“*)	$HO \cdot C_6H_4 \cdot COO \cdot CH_3$		(1) Bestimmung von Lichtbrechungsexponenten (2) Unterscheidung von Faserstoff-Arten	M U
Salpetersäure	HNO_3	† x	(1) Macerieren von Bastfaserbündeln (komb.: Schulzesches Macerationsgemisch)	M

Chemikalienübersicht (Fortsetzung)

Reagenz	Formel bzw. Farbstoff-Nr.	Aufbewahrung, Haltbarkeit	angewendet für	Gruppe
Salpetersäure	HNO_3	† x	(2) „Typ-Reaktion" auf Polyacrylnitril-Faserstoffe	E
			(3) Nachweis von Eiweißkörpern (komb.: Millons Reagenz)	U
			(4) Prüfung von Makobaumwolle (verd.)	U
			(5) Unterscheidung von Hartfasern (verd.; komb.: Amoa-Prüfung)	U
			(6) Unterscheidung von Naturseide und Kunstseide (komb.: Millons Reagenz)	U
			(7) quantitative Analyse von Mischungen mit Polyacrylnitril-Fasern	A
			(8) Nachweis von Leim- und Gelatineschlichten (komb.: Millons Reagenz)	B
Salzsäure	HCl	† x	(1) Entfernen von Kunstharzappreturen	H
			(2) „Typ-Reaktionen" auf Regeneratcellulose-Faserstoffe	E
			(3) Unterscheidung von Naturseiden	U
			(4) Quellungsmikroskopie synthetischer Faserstoffe	U
			(5) Nachweis von Harnstoffkunstharzen (komb.)	B
			(6) Nachweis von Eisenbeizen (komb.)	B
Sandelholzöl, westindisches		0	Bestimmung von Lichtbrechungsexponenten	M
Schwefelnatrium s. Natriumsulfid				
Schwefelsäure	H_2SO_4	† x	(1) Unterscheidung von Pflanzenfasern (komb.: (Glycerinschwefelsäure)	M
			(2) Quellungsreaktion an Pflanzenfasern	M
			(3) Macerieren monokotyler Faserbündel (komb.: Chromsäure)	M
			(4) Mikroskopie der Tierhaare (komb.)	M

Chemikalienübersicht (Fortsetzung)

Reagenz	Formel bzw. Farbstoff-Nr.	Aufbewahrung, Haltbarkeit	angewendet für	Gruppe
Schwefelsäure	H_2SO_4	† x	(5) „Typ-Reaktionen" auf verschiedene Chemiefaserstoffe	E
			(6) Erkennung von Nitratkunstseide (komb.)	E
			(7) Gruppentrennung der Faserstoffe	U
			(8) Prüfung von Makobaumwolle	U
			(9) Unterscheidung von Naturseiden (komb.: Chromsäure)	U
			(10) Bestimmung von anorganischen Faserstoffen (auch komb.)	U
			(11) Quellungsmikroskopie synthetischer Faserstoffe (auch komb.)	U
			(12) quantitative Analyse von Baumwolle/ oder Zellwolle/Schafwolle	A
Seignettesalz s. Kaliumnatriumtartrat				
Sesolvan NK s. γ-Butyro-lacton				
Shirlastain [Farbstofflösung]	(I.C.I.)	0	Unterscheidung von Faserstoff-Arten	U
Silbernitrat	$AgNO_3$	0 (x)	(1) Erzeugung von Dichroismus auf Faserstoffen	M
			(2) Unterscheidung von Baumwolle und Flachs (komb.)	U
			(3) Nachweis von Chrombeizen (komb.)	B
		ammoniakalisch !!	(4) Nachweis von Oxy- bzw. Hydrocellulose	S
			(5) Nachweis von Bewetterungsschäden an Schafwolle	S
Siriuslichtblau B	[S Erg. I, S. 131/ C.I. Direct Blue 68]	0	(1) Unterscheidung von Faserstoff-Arten (komb.)	U
			(2) Unterscheidung von Viskose- und Kupferfaserstoffen (komb.: Zartsche Lösung)	U
Siriuslichtscharlach BN	[S–/C.I. Direct Red 95]	0	Farbstoff-Nachweise auf der Faser	S

Chemikalienübersicht (Fortsetzung)

Reagenz	Formel bzw. Farbstoff-Nr.	Aufbewahrung, Haltbarkeit	angewendet für	Gruppe
Soda s. Natriumcarbonat				
Stannochlorid s. Zinn(II)-chlorid				
Sublimat s. Quecksilber(II)-chlorid				
Sudan III	[S 532/C.I. 26100]	0	Nachweis von Leinölschlichte	H, B
Sudanrot 7 B	[S–/C.I. 26050]	0	(1) Nachweis von Leinölschlichte (2) Identifizierung von Polyester-Faserstoffen	H, B M
Sulfanilsäure (p-Anilinsulfonsäure)	$H_2N \cdot C_6H_4 \cdot SO_3H$		Nachweis von Wollschädigungen (komb.: Paulysches Diazoreagenz)	S
Tannin (Gerbsäure)	$C_{14}H_{10}O_4$		Nachweis verschiedener Schlichten (auch komb.)	B
Terpentinöl		! †	(1) Bestimmung von Lichtbrechungsexponenten (2) Bestimmung des spezifischen Gewichtes von Faserstoffen	M —
Testex s. Detex				
Tetracarnit TN	(Böhme Fettchemie)		Farbstoff-Nachweise auf der Faser	B
Tetrachlorkohlenstoff [„Tetra"]	CCl_4	† 0	(1) Extraktion von Fetten, Ölen usw. (2) quantitativ-physikalische Analyse von Faserstoffen (3) Feststellung organischer Appretauflagerungen	H, B A B
Thoriumnitrat	$Th(NO_3)_4 \cdot 6\,H_2O$		Glättungsmittel für Faserquerschnitte (komb.)	M
Titan(III)-chlorid	$TiCl_3$		Nachweis von Tanninbeize	B
Toluol	$C_6H_5 \cdot CH_3$	! †	(1) „Typ-Reaktion" auf nachchlorierte Polyvinylchlorid-Faserstoffe (2) Quellungsmikroskopie synthetischer Faserstoffe (komb.) (3) Nachweis von Acrylaten	E U B
p-Toluolsulfonchloramidnatrium s. Aktivin				

Chemikalienübersicht (Fortsetzung)

Reagenz	Formel bzw. Farbstoff-Nr.	Aufbewahrung, Haltbarkeit	angewendet für	Gruppe
Trichloräthylen [„Tri"]	$CHCl : CCl_2$	† 0 x	Extraktion von Fetten, Ölen usw.	H, B
Triketohydrindenhydrat s. Ninhydrin				
Trypsin	– Ferment –		(1) Mikroskopie der Tierhaare (komb.)	M
			(2) quantitative Analyse von Schafwolle/Kaseïnfaser (komb.)	A
Überchlorsäure s. Perchlorsäure				
Uranylacetat	$UO_2(CH_3 \cdot COO)_2 \cdot 2\,H_2O$	†	Nachweis von Formaldehyd (komb.)	B
Victoriablau B	[S 822/C.I. 44045]	0	Mikroskopie der Baumwolle	M
Victoriablau 4 R	[S 793/C.I. 42563]	0	(1) Mikroskopie chemischer Cellulosefaserstoffe	M
			(2) Unterscheidung von Spezial-Viskosezellwollen und Kupferzellwolle	M
Wasserstoff-(su)peroxyd	H_2O_2	(!!) [†] x	(1) Unterscheidung von chemischen Eiweißfasern (komb.: Morse-Test)	U
			(2) Nachweis von Titandioxyd als Mattierungsmittel	B
			(3) Farbstoff-Nachweise auf der Faser	B
Wintergrünöl s. Salicylsäuremethylester				
Xylol (Dimethylbenzol)	$C_6H_4(CH_3)_2$	! †	Herauslösen von Paraffin aus Querschnittspräparaten	M
Z siehe auch C!				
Zedernholzöl	—	0	(1) homogene Immersion bei Immersionsobjektiven	M
			(2) Bestimmung von Lichtbrechungsexponenten	M
Zimtöl	—	0	Bestimmung von Lichtbrechungsexponenten	M

Chemikalienübersicht (Fortsetzung)

Reagenz	Formel bzw. Farbstoff-Nr.	Aufbewahrung, Haltbarkeit	angewendet für	Gruppe
Zinkchlorid	$ZnCl_2$	[†] (x)	(1) Herstellung von Chlorzinkjodlösung als tingierendem Einbettungsmittel für Pflanzenfasern (komb.) sowie zur Quellungsmikroskopie synthetischer Faserstoffe (auch komb.)	M U
			(2) Unterscheidung von Naturseiden	U
			(3) quantitative Analyse von Baumwolle/ oder Schafwolle/Zellwolle (komb.)	A
			(4) quantitative Analyse von Schafwolle/Naturseide (komb.)	A
Zinkoxyd	ZnO	[†]	quantitative Analyse von Baumwolle/ oder Schafwolle/Zellwolle (komb.)	A
Zink(staub)	Zn	[†]	(1) Bildung von Zink-Kupfer-Schwamm zum Stabilisieren von Diäthyläther (komb.)	H
			(2) Nachweis von Antimonbeizen	B
Zinn(II)-chlorid (Zinnchlorür, Stannochlorid, *Zinnsalz*)	$SnCl_2 \cdot 2\,H_2O$	†	(1) Tüpfelreaktion auf Wolfram	B
			(2) Farbstoff-Nachweise auf der Faser (komb.; zur Reduktion)	B
Zitronenöl	—	0	Bestimmung von Lichtbrechungsexponenten	M

Tabelle 1. *Einteilung der Faserstoffe* mit

I. Naturfaserstoffe

a) Pflanzliche Faserstoffe

1. **Pflanzenhaare**	2. **Bastfasern**	3. **Hartfasern**
Baumwolle	Flachs	Sisal
Kapok	Hanf	Henequen
Akon	Jute	Manila (Abacá)
	Sunn	Phormium (Neuseeland-Faser)
	Kenaf	Yucca
	Ramie	Kokos

II. Chemiefaserstoffe*

a) aus pflanzlichen Rohstoffen

1. **auf Cellulose-Grundlage**

(† Nitrat-)
Kupfer- (*Bemberg, Cupresa/Cuprama, Kuseta, Bemsilkie*)
Viscose-**
Acetat-($2^1/_2$-)**
Triacetat- (*Arnel, Courpleta, tri-a-faser, Trialbène, Tricel, Trilan*)
verseifte Acetat- (*Fortisan*)

Papiergarn

2. **aus Alginsäure**

Alginat-

3. **aus Kautschuk-Latex**

Gummifäden

4. **aus Pflanzen-Eiweiß**

(Sojabohnen-)
Mais- = Zeïn- (*Vicara, Zycon*)
Erdnuß- († *Ardil*)

b) aus tierischen Rohstoffen

aus tierischem Eiweiß

Caseïn- (*Fibrolane, Lanital S, Merinova*)

c) anorgan. Herkunft

Glas- (*Fiberglas, Fibreglass, Gevetex, Silionne, Veranne, Vetrotex, Vitron*)
Schlacken-
Gesteins-
Lava-

Metall-

---

[1] Koch, P.-A.: Faserstoff-Tabellen: Faserstoffe. Textil-Rdsch. **11** (1956), 31. Ergänzt nach dem Stand von Mitte 1958.

* Herstellungsformen der Chemiefaserstoffe:

Kunstseiden, Kunstfäden = nach verschiedenen chemischen Verfahren erzeugte Garne, die *aus einer gleichbleibenden* (der Anzahl der Düsenlöcher entsprechenden) *Zahl praktisch endloser, feiner Einzelfäden* bestehen und in dieser Form weiterverarbeitet werden [die aus *regenerierter* Cellulose bestehenden Kunstseiden unter a) 1. werden „Rayon" (England, USA) bzw. „Reyon" (Deutschland) bzw. „Rayonne" (Frankreich) genannt].

Stapelfasern, Kunstfasern = nach verschiedenen chemischen Verfahren erzeugtes, *aus kurzen Fasern* zumeist gleichmäßiger Länge *bestehendes flockiges Spinngut*, das nach einem der mechanischen Spinnverfahren zum Gespinst versponnen wird [die auf Cellulosegrundlage erzeugten Stapelfasern unter a) 1. werden „Zellwolle" (Deutschland) bzw. „Fibranne" (Schweiz, Frankreich) genannt].

„Spinnband" = unter Wahrung der Parallellage auf Stapel unterschiedlicher oder praktisch gleicher, endlicher Länge getrenntes Kabel (tow).

Kunstroßhaar einschließlich feiner Monofile.

Kunststichelhaar bzw. *Kunstborsten.*

Kunstbändchen.

Bändchenfasern bzw. *Schnittfasern.*

** Zahl der Fabrikate zu groß, um sie einzeln zu benennen.

*** Die Fabrikate vom Caprolactam-Typ (= Polyamid 6) sind mit + bezeichnet. Die übrigen Fabrikate, vom Nylon-Typ, bestehen aus Polyamid 6.6, mit Ausnahme von *Rilsan* (Polyamid 11).

† = nicht mehr hergestellt.

§ mit mindest 85 % Acrylnitril-Gehalt

Übersicht über Arten und *Fabrikate*[1]

b) Tierische Faserstoffe

1. Wollen und Haare

Schafwolle
Mohair
Angora(kanin)-
Schafkamel-
Kamel-
Roßhaar
Tierhaare
Borsten

2. Naturseiden

Echte Seide
Tussahseide
Eriaseide

Spinnenseide
Muschelseide

c) Mineralischer Faserstoff

Asbest (Serpentin- und Hornblende-)

d) synthetisch erzeugt („Synthetische Faserstoffe")

1. aus Polykondensationsprodukten

Polyester- (*Dacron, Diolen, Svitlene, Lanon, Tergal, Terital, Terlenka, Terylene, Tetoron, Trevira*)

Polyamid-*** (+*Amilan*, +*Bodanyl*, +*Caprolan*, +*Dayan*, +*Delfion*, +*Enkalon*, +*Forlion*, +*Grilon*, +*Kapron*, +*Lilion*, *Nailon*, +*Nylenka*, *Nylon*, *Nylsuisse*, +*Ortalion*, +*Perlon*, +*Polan*, *Poliafil*, *Rhodianil*, +*Silon*, +*Steelon*; +*Eftrelon* [6.6/6-Mischpolyamid]; *Rilsan* [Polyamid 11])

Poly-urethan- (*Dorlon*)

2. aus Polymerisationsprodukten

Polyäthylen- (*Courlene*)

Polytetrafluoräthylen- (*Teflon*)

Polyvinyl-

- Polyvinylchlorid- (*Fibrovyl, Movil, PCU-Faser, Rhovyl, Rhovyl-Fibra, Rhovyl-Thermo, Sniol, Teviron, Thermovyl, Vinyon HH*)
  - Polyvinylchlorid, nachchloriert (*PeCe-Faser*)
- Polyvinylidenchlorid- (*Kurehalon, Saran, Velon*)
- Polyvinylacetal- [Polyvinylalkohol-Derivat, japan. = *Vinylon*] (*Cremona, Kuralon, Mewlon*; *PVA-Faser*)
- Polyacrylnitril- § [= Polyvinylcyanid-] (*Acrilan, Courtelle, Creslan, Crylor, Dolan, Dralon, Nymcrylon, Orlon 42, PAN endlos, Redon, Tacryl, Wolcrylon, X-51, Zefran*)
- Polyvinylidencyanid- (*Darvan*)

Mischpolymerisat- (*Dynel, Verel*)

Hilfsmittel zur Vorreinigung u. a. [„H“]

(Äthyl)alkohol (Äthanol) zur Herstellung von Farbstofflösungen; mit Diäthyläther als Extraktionsmittel für Fette, Öle usw.; mit Benzol zum Abziehen von Färbungen auf Acetatfaserstoffen (Sdp. 78 °C).

Aktivin zum Entschlichten.

Albigen A zum Abziehen von Färbungen.

Ameisensäure mit Decrolin lösl. konz. zum Abziehen von Färbungen.

Ammoniak zum Abziehen von Färbungen.

Benzol als Extraktionsmittel für Fette, Öle usw. (Sdp. 80 °C).

n-Butylalkohol mit Isopropylalkohol zum Entfernen von Leinölschlichte.

Chlorlauge (Chlorbleichlauge) s. Natriumhypochloritlösung.

Decrolin lösl. konz. zum Abziehen von Färbungen.

(Diäthyl)äther als Extraktionsmittel für Fette, Öle usw. (Sdp. 35 °C) [s.a. diesbezügliche Anmerkung in der „Chemikalienübersicht"].

Diastafor für Entschlichtung bei Vorliegen von Stärkeschlichte.

Diphenylamin zum Stabilisieren von Diäthyläther.

Fermasol für Entschlichtung bei Vorliegen von Stärkeschlichte.

Harnstoffnitrat zum Entfernen von Carbamidharz-Appreturen.

Hostapon T zum Netzen von Textilgut.

„Hydrosulfit“ s. Natriumhyposulfit.

Invadin BL konz. zum Netzen von Textilgut.

Isopropylalkohol, mit Butylalkohol zum Entfernen von Leinölschlichte.

Jod-Jodkalium-Lösung für die Prüfung auf Stärkeschlichte.

Kaliumbisulfat zum Entfernen von Appreturen auf Formaldehydbasis.

Kaliumcyanid zur volumetrischen Kupfergehaltsbestimmung von Kuoxam-Ansätzen.

Kaliumjodidstärke-Papier zur Prüfung von Diäthyläther auf Anwesenheit von Peroxyden.

Leonil DB zum Netzen von Textilgut.

Marseiller Seife zum Entbasten von Rohseide; mit Natriumperborat zum Entfernen von Leinölschlichte.

Natriumhypochlorit-Lösung (2 g aktives Chlor/Liter) zum Ausbleichen von Farbstoffen.

Natriumhyposulfit („Hydrosulfit"[1]) als Reduktionsmittel zum Abziehen von Färbungen.

Natriumperborat mit Marseiller Seife zum Entschlichten.

Natriumsulfid für die Prüfung auf Leinölschlichte (nur wirksam, wenn diese Eisen oder andere Schwermetallsalze als „Sikkativ" enthält: Bildung von FeS, CoS, NiS o.ä.).

Natriumthiosulfat („Antichlor") zum Entfernen von Chlorresten nach Ausbleiche von Farbstoffen mit Natriumhypochloritlösung.

---

[1] Prüfung der Wirksamkeit (Prozentgehalt an wirksamer Substanz, d.h. Untersuchung des Reduktionsvermögens reinen Hydrosulfits) mittels des „Hydrosulfometer" s. R. Feibelmann und W. Meves: Melliand Textilber. **10** (1929), 804–805.

Natronlauge 38 °Be zum Entfernen von Appreturen auf Formaldehydbasis, sowie, mit Natriumhyposulfit, zum Abziehen von Färbungen.
Nekal BX zum Netzen von Textilgut.
Neovadin AN zum Abziehen von Färbungen.
Petroläther als Extraktionsmittel für Fette, Öle usw. (Sdp. 40 bis 70 °C).
Salzsäure zum Entfernen von Kunstharzappreturen.
Sudan III für die Prüfung auf Leinölschlichte.
Tetra(chlorkohlenstoff) als Extraktionsmittel für Fette, Öle usw. (Sdp. 77 °C).
Tri(chloräthylen) als Extraktionsmittel für Fette, Öle usw. (Sdp. 87 °C).
„Zink-Kupfer-Schwamm" zur Reduktion von Ätherperoxyden.

1. Vorbereitung von Faserstoffproben für die Untersuchung

Soweit nicht für einzelne Reaktionen anderes vorgeschrieben ist oder eine Vorreinigung (wie bei der Mehrzahl der mikroskopischen Prüfungen) überhaupt entfallen kann, müssen die zur Untersuchung kommenden *Proben vorher entfettet bzw. entölt, entschlichtet und entappretiert* werden. Die häufig auf der Faser vorhandenen Auflagerungen (Schmälzen, Avivagen, Schlichten, Appreturen) wie auch evtl. fehlerhafte Ablagerungen (z.B. Kalkseifen) stören in vielen Fällen die Untersuchung! Für die meisten chemischen bzw. färberischen Reaktionen ist es außerdem nötig, *etwaige Färbungen zuvor abzuziehen.*

Zweckmäßig wird diese Vorbereitung wie folgt vorgenommen (s. a. SVMT 25, Vorschrift A 2101 bzw. die ausführliche Beschreibung bei Ulrich[1]):

a) Entschlichtung

Man prüfe zuerst auf *Vorhandensein und Art der Schlichte.*

Die Probe wird mit Jod-Jodkaliumlösung (5 g Kaliumjodid in 100 cm³ Wasser gelöst und 1 g Jod zugegeben; bis zu seiner Auflösung schütteln!) betupft. Bei Anwesenheit von *Stärke* oder Polyvinylalkoholschlichte tritt Blaufärbung ein (heiß verschwindend). *Leinöl* läßt sich durch Braunfärbung der Probe bei Behandeln mit 10%iger Natriumsulfidlösung feststellen. Es wird außerdem durch Sudan III angefärbt, während leinölschlichtefreie oder entschlichtete Ware nahezu farblos bleibt. (1 g Sudan III wird in 10 cm³ Alkohol suspendiert, die Suspension sodann in 1 Liter kaltes Wasser eingeführt. Probe darin 3 bis 5 Min. behandeln, darauf etwa 3 Min. in fließendem Wasser spülen.)

(Schlichtenachweise s. a. Gruppe B,5.)

Entfernung wasserlöslicher Schlichten. Auf regenerierten Cellulosefaserstoffen sind häufig Schlichten von Gelatine, Tylose, wasserlöslichen Kunstharzprodukten oder Pflanzenschleimen anwesend. Probe für etwa 2 Std. in warmes dest. Wasser (etwa 50 °C) einlegen, anschließend gleiche Behandlung mit frischem dest. Wasser von 50 °C wiederholen, schließlich mit kaltem dest. Wasser waschen und trocknen.

---

[1] Ulrich, H. M.: Handbuch der chemischen Untersuchung der Textilfaserstoffe, I. Bd., S. 23–37. Wien: Springer 1954.

Entfernung stärkehaltiger Schlichten. Stärke wird durch Malzdiastasen in wasserlösliche Maltose übergeführt (faserschonendster Abbau). Man legt die Probe in eine 2- bis 5%ige wässerige Lösung von Diastase (z.B. Diastafor, Fermasol oder ein anderes stärkeabbauendes Enzym) ein, die auf 50 bis 65° vorgewärmt wurde (p_H-Wert 4,6 bis 5,2). Die Probe wird, ohne weiter zu erwärmen, einige Stunden darin liegen gelassen, nachdem sie anfangs wiederholt untergetaucht und ausgedrückt wurde, um ein gutes Netzen zu erzielen, dann mehrmals mit dest. Wasser gespült, wobei jedesmal gut abgequetscht wird, und an der Luft getrocknet. (Dieses Verfahren kann auch zur quantitativen Bestimmung der Stärkeschlichteauflage auf Faserstoffen verwendet werden.)

Entfernung von Leinölschlichten bei Acetatkunstseide. Die Probe wird für 3 Std. bei gewöhnlicher Temperatur in ein Bad eingelegt, das 5 bis 10 g Marseiller Seife und 2 g Natriumperborat im Liter enthält. Darauf bringt man die Probe in ein auf 70 °C erhitztes, frisches Bad der gleichen Zusammensetzung und läßt sie bei dieser Temperatur 2 Std. darin liegen. Zuletzt spült man gründlich mit dest. Wasser und läßt an der Luft trocknen. – Für länger gelagerte, verharzte Leinölschlichte ist dieses Verfahren nicht zuverlässig; man verfahre dann wie nachstehend.

Entfernung von Leinölschlichte bei Viscose- oder Kupferkunstseide. Man extrahiert die Probe im Soxhlet-Apparat mit einem Gemisch von 1 Vol.-Teil Butylalkohol und 1 Vol.-Teil Isopropylalkohol als Lösungsmittel (Rücklaufzahl je nach Oxydationsgrad der Schlichte 20 bis 50).

b) Entfernung von Avivagen und Appretauf- bzw. einlagerungen

Zur Entfernung von *Fetten, Ölen usw.* wird die Probe im Soxhlet-Apparat mit einem Gemisch von 1 Vol.-Teil Diäthyläther und 1 Vol.-Teil Äthylalkohol als Lösungsmittel extrahiert (Rücklaufzahl etwa 20). Darauf trocknet man die Probe bei 85 °C, um evtl. Reste der Lösungsmittel zu entfernen. *Wasserlösliche Avivage- und Appreturmittel* können schon durch Behandeln der Probe mit dest. Wasser bei 80 °C während ¼ Std. und anschließendes heißes Spülen beseitigt werden (Behandlung gegebenenfalls nochmal wiederholen). – Acetatkunstseide wird 2 Std. mit Petroläther extrahiert.

Die Anwesenheit einer der heute gebräuchlichen Knitterarmappreturen auf Baumwolle bzw. chemischen Cellulosefaserstoffen wird rasch erkannt

a) durch die *trockene Destillation*, bei der alkalische Dämpfe auftreten an Stelle der üblicherweise sauren [s. Abschnitt U, 1.],

b) durch mikroskopische Prüfung der *Löslichkeit in Kuoxam*, die gegenüber unveränderten Fasern stark verzögert erscheint.

Knitterarmappreturen auf *Formaldehyd*basis (durch Carbazolprobe prüfen, s. Gruppe B, 10.) bei Baumwolle oder regenerierten Cellulosefaserstoffen werden wie folgt entfernt: Probe ½ Std. bei etwa 85 °C in einer Flotte 1:20 von 40 g/l Kaliumbisulfat behandeln, dann spülen und mit verdünnter Sodalösung neutralisieren. Hierauf Probe eine Stunde mit verdünnter Natronlauge (14 cm^3 NaOH 38 °Bé im Liter) in einer Flotte 1:20 bei 85 bis 90 °C behandeln, dann spülen und mit verdünnter Essigsäure neutralisieren. Zum Schluß nochmals gut spülen und trocknen.

Knitterarmappreturen mit *Carbamid*harzen werden nach Rümens[1] faserschonend in einer 5%igen Harnstoffnitratlösung während ¼ Std. bei 50 bis 90 °C (Flottenverhältnis 1:20) entfernt; anschließend gut spülen und trocknen. Bei *Melamin*harzen ist zwecks Faserschonung ein Abziehen mit folgendem Bad vorzuziehen: 4 cm^3/l konz. Salzsäure mit 2 g/l Lavagent NA in einer Flotte 1:30 während 20 Min. bei 70 °C. (Ist die Art des Kunstharzes nicht bekannt, so ist das letztere Verfahren in beiden Fällen mit befriedigendem Erfolg brauchbar.)

c) Abziehen von Färbungen

Da beim Abziehen von Färbungen – die bei den Reaktionen in vielen Fällen stören – mit den üblichen Abziehmitteln vom Hydrosulfit-Typ[2] auch die evtl. vorhandenen und zu prüfenden Reaktionsprodukte (z.B. beim Oxy- bzw. Hydrocellulosenachweis) beeinträchtigt werden, ist zuerst stets mit verd. Ammoniak oder 5%iger Essigsäure (langsam erwärmen und 1 bis 2 Min. kochen) bzw. auch mit Alkohol als mildesten Abziehmitteln zu versuchen. – Ein Universalabziehrezept gibt es nicht. Die Wahl der Mittel hat sich nach dem Faserstoff wie nach der Art des Farbstoffes zu richten.

Durch das „Abziehen" von Färbungen kann auch das Verhalten des Faserstoffes gegenüber der anschließend auszuführenden Reaktion oder einem Färbetest verändert werden. Ein Kontrollversuch ist deshalb zu empfehlen!

Gefärbte Cellulosefasern werden in einem Bad mit 10 g/l Natriumhyposulfit bei 80 °C abgezogen, evtl. unter Zusatz von bis zu 15 cm^3/l Natronlauge 38 °Bé („blinde Küpe"), und darauf gründlich gespült. Die Abziehwirkung ist noch zu verbessern durch Zusatz von 3 cm^3/l Albigen zur blinden Küpe. Falls der Farbstoff noch nicht quantitativ entfernt ist, wird die Probe bis zum völligen Ausbleichen in ein Natriumhypochloritbad (mit 2 g/l aktivem Chlor) eingelegt und dann gut gespült; die letzten Spuren von Chlor werden durch Nachbehandlung in einem Natriumthiosulfatbad (50 g/l) entfernt. Nach nochmaligem Spülen trocknet man an der Luft.

Gefärbte Eiweißfasern können ebenfalls mit Natriumhyposulfit (ohne Laugenzusatz, in schwach saurem Bad) abgezogen werden. Der Gebrauch von Natriumhypochlorit muß unterbleiben, da hierdurch die mikroskopische Struktur beeinflußt wird. Am besten wirkt ein Abziehen mit 5% Decrolin lösl. konz. und 3% konz. Ameisen- oder Essigsäure (in ½ Std. zum Kochen bringen und dann ½ Std. einwirken lassen!).

[1] Rümens, W.: Textil-Praxis 6 (1951), 743–748.

[2] „Hydrosulfit" ist die handelsübliche Bezeichnung für Natrium*hypo*sulfit (= Natriumdithionit) $Na_2S_2O_4$, während dem eigentlichen Natrium*hydro(gen)*sulfit die Formel $NaHSO_3$ zukommt.

Gefärbte Acetatkunstseide und -zellwolle zieht man in mehreren Bädern von Äthylalkohol + Benzol (1 : 1) bei gewöhnlicher Temperatur (nicht erwärmen!) um, bis die Lösung des Farbstoffes erfolgt ist. (In vielen Fällen führt auch die Behandlung mit verdünnter Chlorlauge unter Zusatz von etwas Salzsäure zum Ziel.) Die Probe wird anschließend bei 85 °C getrocknet. Vorstehend erwähntes Abziehen mit Decrolin kann auch hier angewendet werden.

Gefärbte Polyamid-Faserstoffe werden am wirksamsten durch Behandlung mit Decrolin lösl. konz. und Ameisensäure im kochenden Bad entfärbt.

Allgemeiner Gang einer Vorreinigung.

zur vollkommenen Entfernung von Schlichten und Appreturmitteln (außer Kunstharzen) und anderen nichtfaserigen Bestandteilen vor der Ausführung von färberisch-chemischen Reaktionen oder quantitativchemischen Analysen:

a) Probe etwa 2 Std. im Soxhlet-Apparat mit einem Gemisch von Diäthyläther und Äthylalkohol 1 : 1 extrahieren;

b) die gleiche Probe in eine etwa 5%ige Lösung von Diastase oder eines anderen stärkeabbauenden Enzympräparates bei 50 bis 55 °C einlegen, ohne weiteres Erwärmen mindestens 2 Std. darin liegen lassen, gründlich spülen und anschließend ¼ Std. mit dest. Wasser bei 80 °C behandeln, schließlich nochmal heiß spülen.

2. Prüfung von Diäthyläther auf Peroxyde; Behandlung peroxydhaltigen Äthers

Gutes Kaliumjodidstärke-Papier, das mit 2 n-Salzsäure befeuchtet war und im Reagenzglas in 10 cm³ Äther eingetaucht wird, färbt sich bei Anwesenheit von Ätherperoxyden nach wenigen Sekunden braun und nach einer Minute dunkelviolett. Peroxydfreier Äther gibt auf mit 2 n-Salzsäure befeuchtetem Kaliumjodidstärke-Papier keine Färbung.

Reduktion von Ätherperoxyden und Stabilisierung von Diäthyläther[1]: Für 1 Liter Äther schlämmt man 10 g Zinkstaub mit etwa 50 cm³ Wasser heiß an und gibt unter Umschwenken 5 cm³ 2 n-Salzsäure hinzu. Nach etwa 20 sec gießt man die wässerige Flüssigkeit ab und wäscht mit Wasser zweimal nach. Darauf gibt man zu dem Zinkstaub, der mit 50 cm³ Wasser bedeckt ist, 5 cm³ 5%ige Kupfersulfatlösung und schwenkt einige Male um. Nach Abziehen der Flüssigkeit wäscht man dreimal mit etwas Wasser nach, dann dreimal mit je 20 cm³ Alkohol und zweimal mit je 20 cm³ Äther, um Salze und Alkohol zu entfernen. Der erhaltene „Zink-Kupfer-Schwamm" wird dem zu reduzierenden Äther zugegeben. Die Flasche ist regelmäßig, z. B. immer nach einer Stunde, umzuschütteln und im Dunkeln aufzubewahren. Nach 2 Tagen ist die Reaktion auf Peroxyde praktisch verschwunden. (Bei sehr stark oxydiertem Äther muß die Zink-Kupfer-Menge evtl.

[1] Fierz-David, H. E.: Chimia 1 (1947), 247–248.

vergrößert werden!) Nach Reimers gibt man nun dem Äther als Inhibitor 2 mg reines Diphenylamin zu, ohne das Zink-Kupfer entfernen zu müssen. Ein so stabilisierter Äther ist, wenn er im Dunkeln aufbewahrt wird, wochenlang vor Oxydation geschützt.

3. Kupfergehaltsbestimmung von Kuoxamlösungen

Bei quantitativ-vergleichenden Prüfungen der Quellung bzw. Löslichkeit von Cellulosefaserstoffen in „Kuoxam" (Kupferoxydammoniak) ist der Kupfergehalt der Kuoxamlösung nach Sakostschikoff[1] volumetrisch nach der Cyankaliummethode von Low zu bestimmen und anzugeben. Die Methode beruht auf der Umsetzung von Cyankalium mit ammoniakalischen Cuprisalzlösungen zum Kalium-Kupfercyanür. Da das sich bildende Cyankomplexsalz farblos ist, läßt sich das Ende der Reaktion am Verschwinden der Blaufärbung der Kuoxamlösung erkennen. – Ausführung der Methode s. Berl-Lunge[2].

Der Kupfergehalt soll für die Analyse von Baumwolle und rohen Bastfasern 0,55%, für Bast-Einzelfasern 0,35 bis 0,40% betragen!

[1] Sakostschikoff, A. P.: Melliand Textilber. **10** (1929), 947–950 und **11** (1930), 32.

[2] Berl-Lunge: Chemisch-technische Untersuchungsmethoden, 8. Aufl., II. Bd., S. 1196–1198. Berlin: Springer 1932.

Reagenzien und Hilfsmittel für mikroskopische Untersuchungen [„M“]

Die mikroskopischen Merkmale der wichtigsten Faserstoffe sind in Tabelle 2 zusammengestellt.

Baumwollblau-Lactophenol s. Lactophenol.

Benzopurpurin 10 B. Nach Küsebauch[1] als Zusatzfärbung – zur Kontrastierung – bei Anfärbung von Baumwolle mit Victoriablau B, um die Cuticularanteile der Baumwolle von deren Inhaltsresten im Mikroskop zu unterscheiden. Letztere werden rot angefärbt.

Die mit Victoriablau B (s. dort) gefärbte Probe wird mit einer Benzopurpurin-10B-Lösung 1:1000 in dest. Wasser etwa 1 bis 2 Min. kochend behandelt, in dest. Wasser durch Ausschütteln gewaschen, bis das Wasser ungefärbt bleibt, kurz (1 bis 2 Min.) mit dest. Wasser ausgekocht und endgültig gewaschen, bis das Waschwasser rein bleibt. – Über die Verwendung von Benzopurpurin 10B an Stelle von Diazobenzolsulfosäure zum mikroskopischen Nachweis von Wollschädigungen nach Sieber[2] s. Gruppe S.

Canadabalsam, in Xylol oder Chloroform gelöst. ($n_D = 1{,}52$.) Stark aufhellend wirkendes Einschlußmittel für mikroskopische Dauerpräparate.

Cellophan-Klebeband (bzw. Durex oder Scotch Cellophane Tape). Nach A. Herzog[3] zur Halbeinbettung von Fasern, speziell tierischen Wollen und Haaren, für Oberflächenuntersuchungen.

Ein kurzes Stück Klebeband wird mit der Schichtseite nach unten unter mäßigem Druck auf die auf dem Objektträger ausgebreiteten, zweckmäßigerweise parallel gelegten und befestigten trockenen Haare – ohne Einbettungsmittel! – aufgelegt. Für die Untersuchung sind wegen der geringeren Dicke des Klebebandes (etwa 0,05 mm gegenüber 0,17 mm bei gewöhnlichen Deckgläsern) nur Objektive mit Korrektionsfassung oder Epiobjektive geeignet. Bei mikrophotographischen Aufnahmen wähle man wegen des „Arbeitens“ des hygroskopischen Zellglases die kürzestmögliche Belichtungszeit.

Ceriumnitrat. Zusammen mit Thoriumnitrat (s. dort) nach A. Herzog zur Herstellung eines Glättungsmittels für einrollende Handmikrotomquerschnitte.

Chinolinblau s. Cyanin.

Chloralhydratlösung. In der Mikroskopie zur Strukturverdeutlichung von Zellmembranen, zum Aufhellen nicht genügend durchsichtiger bzw. gefärbter pflanzlicher Objekte und zur Untersuchung der „Leitelemente“ von Bastfasern. Anwendung zur Unterscheidung von Polyamid-Faserstoffen des Types 6.6 (Nylon) gegenüber Typ 6 (Perlon, Grilon usw.) s. Gruppe U, w), δ).

---

[1] [Sieber, W., und] Küsebauch, K.: Melliand Textilber. **17** (1936), 18–21 (mit einer Tafel Naturfarbenaufnahmen).

[2] Sieber, W.: Melliand Textilber. **9** (1928), 326.

[3] Herzog, A.: Melliand Textilber. **19** (1938), 405–407.

25 g Chloralhydrat werden in 10 cm³ dest. Wasser gelöst. (n_D = 1,44.) Für die Prüfung verholzter Fasern kann in dieser Lösung noch 1 g Anilinsulfat aufgelöst werden.

Chlorwasser. Zur Ausführung der von Allwördenschen Reaktion – mikroskopisch – auf ungeschädigte (bzw. geschädigte) Schafwolle, s. Gruppe S.

Chlorzinkjodlösung. Vorzüglich tingierendes und strukturverdeutlichendes Einbettungsmittel für pflanzliche Fasern und chemische Cellulosefaserstoffe.

Nach von Höhnel[1] löst man Jod und Jodkalium in Wasser und setzt eine konz. wässerige Lösung von Chlorzink zu. Die Flüssigkeit muß 1 Teil Jod, 5 Teile Jodkalium, 30 Teile Chlorzink und 14 Teile Wasser enthalten, wenn sie sicher wirksam sein soll. – Herzberg[2] gibt folgenden Ansatz an: Man löse a) 100 g trockenes Zinkchlorid in 50 cm³ Wasser; b) 10,5 g Kaliumjodid und 0,5 g Jod in 25 cm³ Wasser, vermische a) nach Abkühlen der Lösung mit b), lasse den entstandenen Niederschlag sich absetzen und gieße nach 24 Std. die überstehende klare Flüssigkeit ab. Dieser gebe man noch einige Blättchen Jod hinzu. – Ansatz nach E. Merck:

Zinkchlorid reinst, trocken DAB 6 Merck	66 g
Kaliumjodid z. Anal.	6 g
Jod z. Analyse: soviel die Lösung aufnimmt	
dest. Wasser	34 g

Die Lösung ist vor Licht geschützt bzw. in brauner Flasche aufzubewahren!

Die verschiedenen Ansätze von Chlorzinkjodlösung ergeben beim gleichen Faserstoff unterschiedliche Farbtöne, die für reine Cellulose (Baumwolle bzw. Regeneratcellulosekunstseiden oder -zellwollen) im offenen Beleuchtungskegel zwischen blau, blauviolett und rotviolett schwanken[3]. Chlorzinkjodlösungen, die im Laufe der Zeit Jod ausscheiden, zeigen überdies etwas andere Farbtöne als die unzersetzte Lösung. Außerdem verlaufen die Quellungserscheinungen der verschiedenen synthetischen Faserstoffe, über welche kürzlich Stratmann[4] berichtet hat, je nach Ansatz ganz unterschiedlich. Es empfiehlt sich daher, immer den gleichen Ansatz zu verwenden; sollen die erwähnten Quellungserscheinungen ebenfalls beobachtet werden, so verwende man den Ansatz nach Merck.

Auch mit der Zeitdauer der Einwirkung des Chlorzinkjodes verändern sich die Farbtöne, so daß bei vergleichenden Untersuchungen auf den in Erscheinung getretenen Farbton eine einheitliche Liegezeit der Präparate notwendig ist (zweckmäßigerweise ¼ Std.).

Wie Eppendahl[3] gezeigt hat, tritt nach mäßigem Erwärmen des Chlorzinkjodpräparates bei allen Viscose- und Kupferkunstseiden und

[1] Höhnel, Fr. von: Die Mikroskopie der technisch verwendeten Faserstoffe, 2. Aufl., S. 28. Wien und Leipzig: A. Hartleben (1905).

[2] Herzberg, W.: Papierprüfung, 2. Aufl., S. 65. Berlin: Springer 1902.

[3] Siehe die umfassenden Untersuchungen von Fr. Eppendahl: Qualitative Analyse der wichtigsten Faserarten für die Färberei, S. 15—23 und 27—29. Wittenberg Lutherstadt: A. Ziemsen 1948.

[4] Stratmann, M.: Z. ges. Textilind. **60** (1958), 450—456.

Tabelle 2. *Mikroskopische Merkmale*

1. Natur-

		Einzelfaser- bzw. Haar- Länge (mm)	Breite (μ)	Längsverlauf	Zell- bzw. Haarenden
Pflanzliche Fasern	Baumwolle	12–36, je nach Sorte (max. 64)	12–22	voll ausgereift: bandartig flach, stellenweise *gedreht*, wulstig begrenzt unreif (grün): Wandung sehr dünn, kaum gedreht, reich an protoplasmatischen *Inhaltsresten*	meist stumpf
			25–35	tot: auffallend dünn und vollkommen *durchsichtig*, breiter als vollreife Haare, oft gefältelt	
			etwa 20	mercerisiert: straff u. *walzenförmig*, ungleichmäßig breiter Zellkanal	
	Kapok	20–30	18–20	bis auf die Basis strukturlos	an der Basis häufig keulenförmig angeschwollen
	Flachs (Einzelfaser)	20–39	11–31	zylindrisch glatt, Zellkanal fein und meist scharf abgesetzt; typische Quer- u. Schrägrisse („Verschiebungen") sowie knotige Anschwellungen	vorwiegend scharf spitz, selten auch abgerundet
	Hanf [*Cannabis sativa* L.] (Einzelfaser)	15–28	16–32	zylindrisch glatt, Zellkanal meist weit und häufig undeutlich begrenzt; „Verschiebungen" und Anschwellungen wie bei Flachs	abgerundet und zum Teil gegabelt
	Jute (Einzelfaser)	2–3	16–23	zylindrisch, meist ohne „Verschiebungen"; *Breite des Zellkanals* innerhalb einer Faser *stark wechselnd*	rundlich, seltener spitz
	Ramie (Einzelfaser)	120–140	40–50	sehr ungleichmäßig und *auffallend breit*; Verschiebungen und Längszerklüftungen, auch Drehungsstellen	deutlich abgerundet
Tierische Haare und Seiden	Schafwolle	55–300	18–60	zylindrische bzw. dachziegelartige Oberhaut*schuppen*, darunter Längsstreifung durch Faserschicht; bei gröberen Wollen im Innern dunkle Markinseln oder Markstränge (bei „Reißwolle" Breite der einzelnen Haare sehr verschieden, Schuppenschicht fehlend, Aufsplitterungen)	dünn u. abgerundet b. erstgeschorenen Lämmern („Lammspitzen"); Schnittenden b. Schurwolle, mit Haarzwiebeln bei Gerberwolle; pinselartig aufgeschlitzt bei geschädigter Wolle („Reißwolle")
	Echte Seide (Einzelfaden)	bei gehaspelter Seide endlos, b. Schappe- und Bouretteseide kurz	13–25	glatt, strukturlos; durchsichtig (Tussahseide – wilde Seide – mit feiner Längsstreifung und typischen Quetschstellen von kreuzenden Fäden)	—

[1] Koch, P.-A.: Mikroskopie der Faserstoffe. 6. Aufl. Wuppertal-Elberfeld. Dr. Spohr-Verlag 1959.

der wichtigsten Faserstoffe[1]

faserstoffe

Querschnittsform	Begrenzung des Lumens (Zellkanals) auf dem Querschnitt	Färbung bzw. Verhalten bei Einbettung in Chlorzinkjod	Färbung bzw. Verhalten bei Einbettung in Kupferoxydammoniak („Kuoxam")	„Leitelemente" (zellige Verunreinigungen)
nieren- od. bohnenförm., flach; selt. elliptisch, b. fein. Sorten auch kreisförm.	meist linienförmig oder flachoval, seltener rundlich	rotviolett	Bildung tonnenart. Cellulosebäuche, schließl. Lösung; Einschnürungen durch Oberhautringe. Im Inn. Eiweißreste	
strichartig dünn, häufig gefaltet	strichförmig (kaum wahrzunehmen)	hell blauviolett	Lösung ohne bauchige Auftreibungen	–
nahezu kreisrund	rundlich oder punktförmig	dunkelrotviolett	ungebleicht: bauchige Auftreibungen, gebleicht: gleichmäßige Quellung	
kreisrund	sehr weit und fast kreisrund	*gelb*	keine Lösung	–
meist scharf polygonal; Begrenzungsflächen geradlinig	kreisrund, oft punktförmig	violett	rasche Quellung und Lösung; meist im Innern feiner *gewellter Plasmafaden*	Oberhautzellen langgestreckt mit vielen Spaltöffnungen; Haare und Kristalldrusen fehlen
teils polygonal, teils länglich-abgerundet	strichförmig, oft gegabelt oder sternartig; selten rund	schmutzig violett; stellenweise grünlich	langsame Quellung und Lösung; oft harmonikaartige *Querfaltung* der Zellwand	Oberhautzellen kurz, Spaltöffnungen fast fehlend; typische Oberhauthaare und Calciumoxalatdrusen
polygonal-rundlich	rundl. bis oval, meist gleich breit o. breiter als d. Wandung	gelb b. gelbbraun; macerierte Fasern violett	starke Quellung ohne Lösung; macerierte Fasern gelöst	–
länglich u. flach zusammengedrückt	offenes Lumen, aber flach	violett	starke Quellung; und Lösung	–
schwach elliptisch, teilweise nahezu kreisrund	Lumen nicht vorhanden (bei gröberen Grannenhaaren Markstrang zu sehen)	gelb	keine Lösung	–
rundlich, abgeplattet bis dreieckig abgerundet (Tussahseide flach keilförm. bzw. zweieckig)	Lumen nicht vorhanden	gelb	Quellung und *Lösung des Fibroins* (evtl. vorhandenes Sericin bleibt ungelöst)	–

Tabelle 2, Schluß **2. Chemie-**

				Längsverlauf[1]
Chemische Faserstoffe	a) auf Cellulose-Basis		Nitratkunstseide	bis auf wenige unregelmäßige Längslinien strukturlos
			Kupferkunstseide bzw. -zellwolle	strukturlos und durchsichtig glatt
			Viscosekunstseiden bzw. -zellwollen	ziemlich dichte Längslinien bei normalen Viscosekunstseiden und -zellwollen; Sonderfabrikate auch glatt-strukturlos oder verwunden
			Acetatkunstseiden bzw. -zellwolle	bis auf wenige unregelmäßige Längslinien strukturlos
	b) auf Eiweiß-Basis		Caseïnfasern	bis auf einzelne Längslinien strukturlos; vereinzelt mit Poren oder Längsrissen
			Zeïnfasern	strukturlos – glatt
	c) anorganisch		Glasseide, Glasfaser	strukturlos-glatt und durchsichtig
	d) synthetisch erzeugt	Polyvinylchlorid	PeCe-Faser (nachchloriert)	ein bis zwei Längslinien (z. T. mit sog. Scheinlumen), teils mit feinkörnigen rundlichen bis ovalen Einschlüssen oder vollkommen trüb (bräunlich bis dunkelbraun)
			Rhovyl, Fibrovyl	fast durchweg mit feinsten, stark ausgezogenen, spitz verlaufenden dichten bis sehr dichten Einschlüssen
			PCU-Faser	meist mit feinsten, langen, spitz verlaufenden Längsrissen bzw. Spalten durchsetzt
		Polyacrylnitril	Orlon 42; PAN endlos, Redon	schwaches Scheinlumen, einzelne Längsrisse, z. T. auch feinporig dunkel mit heller Randzone
			Dralon	meist längsrillig, z. T. verwunden, vereinzelt rissig
			Dolan	strukturlos bzw. mit einer Längslinie
			Crylor	meist dicht feinporig mit mehreren Längslinien und heller Randzone
		Mischpolym.	Dynel	einzelne Längslinien, z. T. mit feinsten Einschlüssen
		Polyester	Terylene; Diolen, Trevira	strukturlos
		Polyamid	Nylon, Perlon, Grilon u. a.	strukturlos
			Rilsan	strukturlos

[1] Bei den meisten chemischen Faserstoffen kann das Aussehen auch durch Einlagerungen feinster, in

faserstoffe

Querschnitt		Färbung bzw. Verhalten bei Einbettung in	
äußere Begrenzung	Form	Chlorzinkjod nach Rezept Merck	Kupferoxydammoniak („Kuoxam")
glatt bis grob gelappt	unregelmäßig, oft länglich oder biskuitförmig	blauviolett	gelöst
glatt	rundlich		
meist fein gekerbt, bei grobem Titer auch gelappt; Sonderfabrikate glatt	unregelmäßig und stark wechselnd; Sonderfabrikate nierenförmig, rundlich-oval oder rund		
glatt bis grob gelappt	unregelmäßig geschlossen oder länglich (früher biskuitförmig)	gelb, langsam zerfließend	ungelöst
glatt	rundlich, z. T. einseitig ausgebuchtet oder nierenförmig	schwach gelb	unverändert
glatt	kreisrund	schwach gelb	unverändert
glatt	kreisrund	unverändert	unverändert
glatt	hantelartig, zusammengeklappt	unverändert	unverändert
glatt	länglich abgerundet, z. T. einseitig eingebuchtet		
glatt, innerhalb am Rand z. T. dicht rissig	länglich, ein- oder beidseitig eingebuchtet		
glatt	langgestreckt, z. T. eingebuchtet	gelb bis orange, später gelöst (ohne vorheriges Quellen)	unverändert
glatt	hantelartig oder V-ähnlich		
glatt	länglich oder nierenartig		
schwach gekerbt	rundlich, zumeist dunkel mit hellem Rand		
glatt	verschieden (T-, V-, Y-ähnlich)	gelbbraun	unverändert
glatt	kreisrund	schwach gelblich	unverändert
glatt	kreisrund	gelb bis orange, nach Erwärmen „Frottébildung" (Einschnürungen)	unverändert
glatt	kreisrund	gelb (ohne Frottébildung)	

durchfallendem Licht dunkel erscheinender Mattierungsteilchen beeinflußt sein.

-zellwollen einheitlich eine Blaufärbung unter Quellung ein, während Baumwolle und Flachs nicht oder nur sehr gering quellen und blauviolette Farbtöne aufweisen.

In Chlorzinkjodlösung nach Rezept Merck treten folgende Farbtöne in Erscheinung:

Baumwolle	blauviolett
Baumwolle, mercerisiert	dunkelblauviolett
Flachs, roh	blau, Verunreinigungen gelb
Flachs, gebleicht	blauviolett
Hanf (roh)	blau, verholzte Anteile gelb, z. T. im ganzen oliv
Jute	oliv (maceriert: violett)
Ramie, roh	oliv
Ramie, gebleicht	blauviolett
Kapok	gelb bis oliv
(Schafwolle, Naturseide } soweit ungefärbt	blaßgelb)
Nitratkunstseide	blauviolett
Kupfer-, Viscose- } kunstseide u. zellwolle	teils blauviolett, teils (insbesondere wenn mattiert bzw. animalisiert) oliv bis gelb; nach dem Erwärmen einheitlich: blau
Acetatkunstseide und -zellwolle	gelb, langsam sich auflösend
Caseïnfaser	blaßgelb
Polyvinylchlorid-Faserstoffe	blaßgelb
Polyamid-Faserstoffe	kräftig gelb

Chlorzinkjodlösung ist sehr zweckdienlich zur Untersuchung von partiell substantivierter Acetatkunstseide, bei der die verseiften Oberflächenanteile nicht in Lösung gehen, sondern violett angefärbt werden, während die aus Acetylcellulose bestehenden Anteile bzw. Kerne nach Gelbfärbung quellen und zerfließen[1].

Bei Polyamid-Faserstoffen ist nach P.-A. Koch[2] eine zeitwirksame Reaktion zu beobachten: Gefügezerstörung durch tiefe Einschnürungen, verbunden mit der Bildung von Querfalten und -rissen nach mehrtägiger Einwirkung. Eppendahl hat hierzu festgestellt, daß diese Gefügezerstörung (von ihm nicht ganz glücklich als „Frottébildung" bezeichnet) bei kurzem Erwärmen des Präparates sofort eintritt. Die Reaktion ist typisch für die Polyamid-Faserstoffe vom Typ 6.6 bzw. 6, während sie bei Perlon U (frühere Polyurethan-Faser) nicht in gleicher Art beobachtet werden kann. – Stratmann[3] fand bei kürzlicher Überprüfung dieser Reaktion an den verschiedenen Polyamid-Faserstoffen, daß eine Lösung des Ansatzes nach Merck (s. o.)

[1] Wagner, E., und P.-A. Koch: Z. ges. Textil-Ind. **39** (1936), 18—21.
[2] Koch, P.-A.: Klepzigs Textil-Z. **43** (1940), 963.
[3] Stratmann, M.: Z. ges. Textilind. **60** (1958), 450—456.

mit Äthanol (5 + 1) die Unterscheidung von Rilsan (aus Polyamid 11) gegenüber den Faserstoffen aus Polyamid 6 (Perlon, Grilon usw.) oder 6.6 (Nylon) ermöglicht: die Frottébildung tritt bei den letzteren bereits bei Raumtemperatur ein, während die Reaktion bei Rilsan erst nach 3 Min. Erwärmen auf etwa 65° beobachtet wird.

Chromsäure. Macerationsmittel zum Isolieren der Elementarfasern für die mikroskopische Untersuchung, speziell für monokotyle Faserstoffe. Chromsäure wirkt bereits im kalten Zustand und greift die Cellulose weniger an als das Schulzesche Macerationsgemisch.

1 g Kaliumbichromat in 10 cm³ Wasser lösen und vorsichtig 10 cm³ konz. Schwefelsäure zugeben. Die Lösung einige Minuten einwirken lassen, sodann durch Wasser ersetzen. Vollständige Trennung der Faserelemente erfolgt nach dem Präparieren durch Quetschen mit dem Deckglas.

Collodium, 4%ige Lösung. Zum Umschließen von Fasern für Handmikrotom-Querschnitte.

Cyanin (Chinolinblau). Nach A. Herzog[1] zur Erkennung und mikroskopischen Untersuchung von zelligen Verunreinigungen (Leitelementen) der Bastfasern, zum Nachweis von Seidenbast (Sericin) und zum Sichtbarmachen der vom Zellstoff stammenden Verunreinigungen in Viscosekunstseiden und -zellwollen.

Eine annähernd kaltgesättigte Lösung von Cyanin in Alkohol wird mit etwas Wasser verdünnt und dann mit einem Drittel ihres Volumens mit konz. Glycerin versetzt („Cyanin-Glycerin"). Die Fasern werden auf dem Objektträger in ein bis zwei Tropfen des Reagenzes gefärbt unter Erhitzung des Objektträgers, anschließend werden sie in konz. Glycerin eingebettet. Bei Bastfasern färben sich blau an: die protoplasmatischen Inhaltsreste des Lumens, die bei ungebleichten oder unvollständig gebleichten Fasern an der Oberfläche befindlichen Reste der Mittellamelle, die Parenchymzellen und die Oberhautreste des Stengels; bei Hanf (alkalisch maceriert und gut ausgewaschen) wird auch die primäre Verdickungsschicht blau angefärbt, während die Sekundärschicht praktisch farblos bleibt oder nur schwachblau gefärbt wird. Die Unreinlichkeiten in den aus Zellstoff hergestellten Viscosekunstseiden und -zellwollen werden ebenfalls blau gefärbt, während die Cellulose selbst sich nicht anfärbt. Bei Naturseide, wo das Reagenz kalt anzuwenden ist, wird nur das Sericin durch Cyanin angefärbt, während das Fibroin ungefärbt bleibt oder nur schwachblau gefärbt erscheint; selbst Reste von Sericin, die bei der Degummierung zurückgeblieben sind, lassen sich damit nachweisen. (In heißer Lösung wird auch das Fibroin kräftig angefärbt!)

Deckglaskitt s. Krönigscher Deckglaskitt.

Echtgelbsalz GC. An Stelle von **Diazobenzolsulfosäure** zum mikroskopischen Nachweis von Wollschädigungen, s. Gruppe S.

Eisenhämatoxylin nach Heidenhain. Von Ohara[2] zur Hervorhebung der Gerinnungsstruktur der echten Seide angewendet.

---

[1] Herzog, A.: Melliand Textilber. **13** (1932), 121–123 u. 181–182.

[2] Ohara, K.: Sci. Pap. Inst. phys. chem. Res., Tokyo **21** (1933), 104.

Für den Gebrauch mischt man Ferriammoniumsulfatlösung mit Hämatoxylinlösung. Die innere Zentralzone des Fibroins wird von dem Reagenz dunkelindigo bis schwarz angefärbt, während die äußere Hülle farblos bleibt; das Sericin färbt sich grau an.

Gelatine, 10%ige Lösung. Zur mikroskopischen Faserzählung und zur mikroskopischen Analyse von Fasergemengen mittels des Gelatinezählverfahrens nach A. Herzog[1].

Glycerin. ($n_D = 1{,}46$.) Meistgebrauchtes Einbettungsmittel für mikroskopische Präparate, wirkt physikalisch aufhellend. Zweckmäßiger Ansatz: 70 Teile konz. Glycerin, 28 Teile dest. Wasser, 2 Teile konz. Carbolsäure. – S. auch Cyanin.

Glyceringelatine. Einbettungsmittel für Dauerpräparate.

300 g feinste trockene Gelatine werden 2 Std. in 1000 cm^3 Wasser aufgeweicht, dann auf 50 °C erwärmt und 10 cm^3 konz. Carbolsäure, sowie 500 cm^3 Glycerin zugegeben. Man halte bei der Temperatur von 50 °C, bis die durch den Carbolsäurezusatz entstandenen Flocken verschwunden sind, und filtriere im Heißwassertrichter durch doppeltes Papierfilter oder durch Flanell.

Glyceringummi. Nach Meyer[2] zum Umschließen von Fasern für Querschnitte.

16 g bestes arabisches Gummi werden in 32 g Wasser gelöst, durch ein Leinenläppchen in ein gewogenes Schälchen filtriert und mit 2 g Glycerin vermengt. Die Lösung wird sodann auf 24 g eingedampft. Gut verschlossen aufbewahren! Von Höhnel beschreibt die Arbeitsweise wie folgt[3]: Ein kleines Bündel möglichst parallel gelegter Fasern wird mit Glyceringummi durchtränkt, bestrichen und gut trocknen gelassen. Das getrocknete Bündel wird zwischen die zwei Hälften eines Korkes gelegt, fest eingeklebt, und das Ganze umbunden. Mittels eines scharfen Rasiermessers kann man dann beliebig dünne Querschnitte abtragen (auf senkrechte Schnittrichtung, quer zur Faserachse, achten!). Der Glycerinzusatz zur Gummilösung darf nicht zu groß bemessen werden, weil sonst das Faserbündel nicht genügend erhärtet.

Glycerinschwefelsäure. In Verbindung mit Jod-Jodkaliumlösung nach Vétillard[4] zur mikroskopischen Untersuchung und Unterscheidung der verschiedenen pflanzlichen Faserstoffe.

Unter steter Abkühlung werden gemischt 20 cm^3 dest. Wasser, 40 cm^3 konz. Glycerin und 60 cm^3 reine konz. Schwefelsäure (vorsichtig zugeben!). – Die Fasern werden auf dem Objektträger zuerst mit einigen Tropfen der Jod-Jodkaliumlösung betupft. Nach einiger Zeit entfernt man den Überschuß vorsichtig durch Fließpapier und gibt ein bis zwei Tropfen Glycerinschwefelsäure zu. Farbe sowie Quellung der Fasern werden unter dem Mikroskop beobachtet; es färben sich Baum-

[1] Herzog, A.: Textile Forschg. 4 (1922), 52—54 bzw. Heermann-Herzog: Mikroskopische und mechanisch-technische Textiluntersuchungen, S. 220—223. Berlin: Springer 1931.

[2] Meyer, A.: Mikroskopisches Praktikum für Pharmazeuten.

[3] von Höhnel, Fr.: Die Mikroskopie der technisch verwendeten Faserstoffe, 2. Aufl., S. 29—30. Wien und Leipzig: A. Hartleben (1905).

[4] Vétillard, M.: Etudes sur les fibres végétales textiles, employées dans l'industrie. Paris 1876.

wolle, Flachs, Ramie ... blau, Hanf ... grünlich blau, Jute ... rotbraun, Sisal, Phormium, Kokos ... gelb (golden).

Hämatoxylin. Zum Anfärben mikroskopischer Präparate; färbt sowohl die Membranen wie die Eiweißstoffe der Zellgewebe in diskreter und doch gut differenzierender Weise.

Bereitung nach Delafield: 4 Teile Hämatoxylin in 25 Teilen Alkohol lösen, Ammonalaun (400 Teile konzentrierter wässeriger Lösung) zufügen, 3 bis 4 Tage an der Luft stehen lassen, filtrieren, 100 Teile Glycerin und 100 Teile Alkohol zusetzen, wieder mehrere Tage stehen lassen und nochmals filtrieren. – Die Lösung wird mit längerem Stehen immer besser und färbt schön violettblau. Ist eine Färbung zu kräftig geworden, so kann der Farbstoff durch Einlegen in eine 2%ige Alaunlösung wieder ausgezogen werden.

Helvetiablau (≡ Baumwollblau). Gesättigte wässerige Lösung in Verbindung mit Lactophenol (s. dort) zum Nachweis von Pilzsporen und Pilzmycelien auf Cellulosefasern. Auch zum mikroskopischen Nachweis von Wollschädigungen, s. Gruppe S.

Indanthrenrubin B. Nach E. Wagner[1] zur Kontrastierung der Präparate bei der Herstellung von Faserabquetschbildern. Siehe Natronlauge, 20%ig.

Indigocarmin. Nach A. Herzog[2] in kaltgesättigter, mit Schwefelsäure angesäuerter Lösung zum Nachweis von Wollschädigungen, s. Gruppe S.

Jodazid, aus Natriumazid und Jod-Jodkalium hergestellt. (Auch von E. Merck, Darmstadt, geliefert.) Reagenz zum Nachweis von Sulfiden, von A. Herzog und Rückert[3] zur Unterscheidung von Viscose- und Kupferzellwolle vorgeschlagen, wo – gegenüber den entsprechenden Kunstseiden – die einfachen Anfärbeverfahren (z. B. Zartsche Lösung, s. Gruppe U, p) versagen können.

2 g Natriumazid werden in 100 cm³ einer 0,1 n-„Jodlösung" gelöst. Die 0,1 n-Jodlösung erhält man wie folgt: 18 g Kaliumjodid werden in 30 cm³ Wasser aufgelöst, daraufhin werden 12,7 g Jod zugefügt (bis zur völligen Lösung schütteln!), sodann mit Wasser auf 1 Liter aufgefüllt. – Vorsicht beim Arbeiten mit Jodazid: Neigung zum Verpuffen!

Die zu untersuchenden Fasern müssen völlig fettfrei sein, sind daher mit Petroläther (oder einem anderen Fettextraktionsmittel) zu behandeln und hernach nicht mehr mit den Fingern zu berühren. Man gibt die entfetteten Fasern mit einer Pinzette auf einem ausgeschliffenen Objektträger in die Jodazidlösung und beobachtet sofort unter dem Mikroskop bei schwacher Vergrößerung. Die Bildung von Bläschen (Stickstoffentwicklung) weist die geringen Rückstände von Schwefelverbindungen in Viscosefasern nach, während bei Kupferzellwolle keine Bläschenbildung eintritt.

Jod-Jodkaliumlösung (Lugolsche Lösung). Vorzüglich tingierendes Einbettungsmittel für pflanzliche Fasern, speziell Papierfasern.

---

[1] Wagner, E.: Melliand Textilber. **27** (1946), 88.
[2] Herzog, A.: Melliand Textilber. **12** (1931), 768.
[3] Herzog, A., und H. Rückert: Melliand Textilber. **18** (1937), 485—486.

Nach Herzberg[1] löse man in 20 cm³ Wasser 2 g Kaliumjodid und anschließend 1,15 g Jod. Hierauf gebe man der Lösung 2 cm³ konz. Glycerin zu.

Reine Cellulosefasern werden schwach- bis dunkelbraun gefärbt, verholzte Fasern sowie Holzschliff und nicht ganz aufgeschlossene Zellstoffe je nach Schichtendicke und Verholzungsgrad gelb oder leuchtend gelbbraun, Zellstoffe grau bis braun.

K s. auch **C.**

Kalilauge, ammoniakalisch. Nach Krais und Viertel[2] zum mikroskopischen Nachweis von Säureschädigungen auf Schafwolle, s. Gruppe S.

Kitonrot G. Nach Trotman, Bell und Saunderson[3] zur Untersuchung von chlorgeschädigter Schafwolle, s. Gruppe S.

Krönigscher Deckglaskitt. Festes Gemenge von Kolophonium und Wachs, zum Umranden von mikroskopischen Dauerpräparaten. – Entnehmen aus dem Behälter und Auftragen mit besonders geformtem, angewärmtem Spatel.

Nach A. Herzog[4] auch zur Herstellung von (Negativ)-Abdrücken stark pigmentierter oder dunkel angefärbter, sowie markhaltiger tierischer Haare für die Untersuchung der Struktur der Schuppenschicht mit Vorteil anwendbar.

Kuæmin s. Kupferäthylendiamin.

Kuoxam s. Kupferoxydammoniak.

Kupferäthylendiamin („Kuæmin"), $(OH)_2Cu(NH_2\text{–}CH_2\text{–}CH_2\text{–}NH_2)_2$. Von Haller[5] an Stelle von Kupferoxydammoniak zur Untersuchung der Quellungsverhältnisse von Pflanzenfasern, insbesondere von Baumwolle, empfohlen, da es infolge gemäßigter Quellung gute Beobachtung der Quellungsvorgänge ermöglicht. Es ist wegen der geringen Flüchtigkeit des Lösungsmittels zudem viel haltbarer als „Kuoxam".

Man stellt zunächst eine 10%ige wässerige Äthylendiaminlösung her, die bis zu 8 g festes Kupferhydroxyd pro 100 cm³ in Lösung bringen kann. Um eine Kuæminlösung zu erhalten, die langsam auf die Baumwollfasern einwirkt, suspendiert man 4 g festes Kupferhydroxyd in 100 cm³ Wasser und gibt tropfenweise die 10%ige Äthylendiaminlösung zu, bis nach gründlichem Umschütteln das Hydroxyd mit dunkelblauer Farbe vollkommen in Lösung gegangen ist. – Durch Variieren des Kupferhydroxydgehaltes der Lösung kann man ein Reagenz erhalten, das lediglich quellend wirkt, das anfangs die Fasern nur quillt, langsam aber zur Lösung bringt, oder das die Cellulose nach kurzer Zeit auflöst.

Nach P.-A. Koch und Birke[6] erhält man die besten Quellungsbilder, wenn man äquivalente Mengen Kupferhydroxyd und Äthylendiaminhydrat in Wasser auflöst (ein Überschuß an letzterem wirkt auf

[1] Herzberg, W.: Papierprüfung. Berlin: Springer ab 1888.
[2] Krais, P., und O. Viertel: Mschr. Textil-Ind. **48** (1933), 153ff.
[3] Trotman, Bell und Saunderson: J. Soc. chem. Ind. **53** (1934), 267 T.
[4] Herzog, A.: Melliand Textilber. **8** (1927), 341.
[5] Haller, R.: Helvetica Chim. Acta **16** (1933), 384—392.
[6] Koch, P.-A., und W. Birke: noch unveröffentlicht.

die Quellung bzw. Lösung der Baumwollfasern störend!), wobei eine Lösung mit 1,5% Kupferhydroxyd nach einigen Minuten ein konstantes Quellungsbild ergibt, während eine 2%ige Lösung die Baumwolle bereits restlos auflöst. Für die erstere äquivalente Lösung sind 2,39% Äthylendiaminhydrat, für letztere 3,19% zu verwenden (hierzu 96,11% bzw. 94,81% Wasser). Zur Herstellung solcher Lösungen ist zunächst die genannte Menge Äthylendiaminhydrat in einem Fünftel der gesamten Wassermenge zu lösen und erst dann das Kupferhydroxyd unter dauerndem Umschwenken zuzugeben. Nach dessen Auflösen wird noch ein geringer Überschuß an Kupferhydroxyd zugefügt, ½ Std. unter zeitweiligem Umschwenken stehen gelassen, mit dest. Wasser auf das Endvolumen gebracht und durch einen Glasfiltertiegel 1 G 3 abgesaugt. (In brauner Flasche mit Gummistopfen mehrere Monate haltbar!) – Die Quellungserscheinungen sind denen nach Einwirkung von Kuoxam auf Baumwolle entsprechend. Verdeutlicht werden die strukturellen Unterschiede, wenn man der Kuæminlösung Methylenblau oder Safranin zugibt, wodurch die Cuticularanteile, die Primärlamelle und der Lumeninhalt angefärbt werden. Die mit Farbstoff angesetzte Kuæminlösung ist aber nur beschränkte Zeit haltbar.

Kupferoxydammoniak („Kuoxam", Schweizers Reagenz[1]), Cupritetraminhydroxyd $Cu(NH_3)_4(OH)_2$. Bekanntestes Quellungsmittel für Cellulosefasern in der mikroskopischen Technik, von Cramer[2] eingeführt. Es ruft bei den verschiedenen Pflanzenfasern jeweils typische Quellungserscheinungen hervor – s. Tab. 2 – und wird deshalb auch zu deren Unterscheidung weitgehend herangezogen. (Verholzte bzw. verkorkte Pflanzenmembranen, sowie tierische Wollen und Haare bleiben unangegriffen; bei echter Seide löst sich das Fibroin, während das Sericin nicht gelöst wird; normale Viscose- und Kupferkunstseiden und -zellwollen gehen glatt in Lösung, Acetatkunstseide und -zellwolle bleiben unverändert. – Einzelunterscheidungen auf Grund der Quellungserscheinungen s. die Tabellen in Gruppe U.)

Nach P.-A. Koch[3] zur Feststellung von hydrophobierten Zellwollen zu verwenden, s. Gruppe U, q). – Auch knitterarm ausgerüstete Fasern (Baumwolle, chemische Cellulosefaserstoffe) sind in Kuoxam durch ihre verzögerte Löslichkeit gegenüber unveränderten Fasern zu erkennen!

Stark verdünnt zur Herstellung von Faserabquetschungen mit Schichten von wenigen Zehntel μ Dicke für elektronenmikroskopische Untersuchungen an Cellulosefasern nach Kuhn[4]; s. a. Eisenhut und Kuhn[5], sowie Wallner[6].

Bereitung von Kuoxam: Nach von Wiesner[7] werden Kupferdrehspäne in einem Weithalskolben mit konz. Ammoniak solange behan-

[1] Schweizer, Ed., Zürich: J. prakt. Chem. **72** (1857), 109–111; s. auch Kunstseide/Zellwolle **27** (1949), 111.
[2] Cramer: Drei gerichtliche Expertisen betr. Textilfasern. Zürich 1881.
[3] Koch, P.-A.: Melliand Textilber. **20** (1939), 179–181.
[4] Kuhn, E.: Melliand Textilber. **22** (1941), 249–250.
[5] Eisenhut, O., und E. Kuhn: Die Chemie **55** (1942), 198.
[6] Wallner, L.: Melliand Textilber. **23** (1942), 212–214.
[7] Wiesner, J. von: Einleitung in die technische Mikroskopie nebst mikroskopisch-technischen Untersuchungen. Wien 1867.

delt, bis die Lösung dunkel(violett)blau gefärbt ist. – Da die Anwesenheit von Sauerstoff für die Reaktion erforderlich ist, läßt sich die Bildung des Kuoxam beschleunigen, wenn man dem konz. Ammoniak vor dem Übergießen 1 bis 2 Tropfen konz. Wasserstoffsuperoxyd zufügt. (H. Opitz). – Nach von Höhnel[1] wird eine wässerige Lösung von Kupfersulfat (etwa 1:6) tropfenweise mit konz. Ammoniak versetzt, bis gerade alles Kupferhydroxyd ausgefallen ist und der nächste Tropfen den Beginn einer Wiederauflösung der Fällung durch Bildung einer blauen Lösung anzeigt. Der entstandene bläuliche Niederschlag wird auf einem Filter gesammelt, ausgewaschen, von überschüssiger Flüssigkeit durch Pressen zwischen Filterpapier befreit und noch feucht in möglichst wenig konz. Ammoniak aufgelöst. Letzteres erfolgt am besten in einem Erlenmeyer-Kolben unter Kühlung und Schütteln. – Müller[2] gibt folgende modifizierte Vorschrift an: Zu einer etwa 5%igen erkalteten Lösung von Kupfersulfat 10%ige Natronlauge solange zusetzen, bis kein Kupferhydroxyd mehr ausfällt. Niederschlag absitzen lassen, überstehende klare Lösung abhebern, mit dest. Wasser durchwaschen, abermals absitzen lassen und überstehende Lösung abhebern, schließlich filtrieren, Niederschlag trocknen und fein pulvern. Von diesem hellblauen Kupferhydroxyd nach Bedarf immer 2 g in 100 cm^3 25%igem Ammoniak lösen und hierbei verschlossene Flasche mehrfach kräftig schütteln. – Weitere Vorschriften für konzentriertere bzw. länger haltbare Lösungen finden sich bei Sakostschikoff[3]. – Nach P.-A. Koch[4] ist Kuoxam bequem mit (Elektrolyt-)Kupferstaub zu bereiten. Man bringe Kupferstaub in etwa 5 mm hoher Schicht in ein Reagenzglas und fülle dieses sodann etwa 5 cm hoch mit konz. Ammoniak, wonach öfters umzuschütteln ist. Nachdem die Lösung dunkelblaue Farbe angenommen hat, wird sie abgegossen und ist gebrauchsfertig. – Ein besonderes Gefäß zur Herstellung und Filtration von Kuoxam hat A. Herzog[5] beschrieben.

Für quantitativ-vergleichende Prüfungen der Quellung bzw. Löslichkeit von Cellulosefaserstoffen in Kuoxam muß gegebenenfalls der Kupfergehalt der Kuoxamlösung bestimmt werden. Siehe hierzu Gruppe H, 3.

Kuoxam ist nur kurze Zeit haltbar (rund 1 bis 2 Wochen) und geht dann in unwirksames Kupfernitritammoniak über. Aufbewahrung kühl und im Dunklen bzw. in brauner Flasche. Zur Verbesserung der Haltbarkeit kann man dem Kuoxam nach Sakostschikoff etwas Kupferoxydul zusetzen.

Lactophenol. In Verbindung mit Baumwollblau (≡ Helvetiablau) zum mikroskopischen Nachweis von Pilzsporen und Pilzmycelien auf

---

[1] von Höhnel, Fr.: Die Mikroskopie der technisch verwendeten Faserstoffe, 2. Aufl., S. 30. Wien und Leipzig: A. Hartleben (1905).

[2] Müller, H.: Die Quellung von Pflanzenfasern in Kupferoxydammoniak. Faserforschg. **7** (1929), 205—213 u. 291.

[3] Sakostschikoff, A. P.: Kupferoxydammoniak, seine Bereitung, Bestimmung und Anwendung in textilmikroskopischen Untersuchungen. Melliand Textilber. **10** (1929), 947—950 und **11** (1930), 32.

[4] Koch, P.-A.: Klepzigs Textil-Z. **41** (1938), 494.

[5] Herzog, A.: Kunstseide **11** (1929), 334—338.

Cellulosefasern nach Bright[1] bzw. Galloway[2]. – Nach Nopitsch[3] zum Nachweis von Wollschädigungen, s. Gruppe S. Nach Pekar zur Unterscheidung der beiden Polyamid-Typen Nylon 6 und 6.6 s. Gruppe U, w), δ).

In der Kombination von Nopitsch[3] wird Baumwollblau-Lactophenol direkt als Einbettungsmittel folgender Zusammensetzung angewendet: 10 g Phenol, 10 cm³ Milchsäure, 20 cm³ Glycerin und 10 cm³ dest. Wasser (Lactophenollösung) unter Zufügung von 10 cm³ einer gesättigten wässerigen Baumwollblaulösung. – Für die Untersuchung kurze Abschnitte der befallenen Textilfasern in einen Tropfen Baumwollblau-Lactophenol einbetten und vorsichtig auseinanderpräparieren (Mycel sehr zerbrechlich; fruktitative Formen, die diagnostisch wichtig sind, leicht beschädigbar!). Mycelgeflecht wird allmählich blau gefärbt, ebenso färben sich die Sporen an, soweit sie nicht zu dunkle Eigenfarbe aufweisen. Die Cellulose selbst bleibt ungefärbt.

Lugolsche Lösung. Siehe Jod-Jodkaliumlösung.

Macerationsmittel dienen zum Isolieren der Elementarfasern von Faserbündeln pflanzlicher Faserstoffe für die mikroskopische Untersuchung. Siehe Chromsäure, Natriumcarbonat, Natronlauge, Schulzesches Macerationsgemisch.

Methylenblau 2 B bzw. **D.** Zur Untersuchung gechlorter Schafwolle nach Royer und Maresch.[4]

Nach Anfärbung der Haare mit Methylenblau erscheint bei chlorierter Schafwolle die äußere, gechlorte Schuppenschicht stärker angefärbt (auf Querschnitten zu prüfen!).

Zur Kontrastierung bei Quellungsuntersuchungen mit „Kuæmin" nach Haller, s. dort.

Methylgrün. In Verbindung mit Säurefuchsin nach Ohara[5] zur Unterscheidung von Fibroin und Sericin im Kokonfaden der echten Seide.

Im Rohzustand des Kokonfadens färbt sich das Fibroin blau, das Sericin hingegen dunkelrot. Bei der Entbastung ändert sich die Farbe des Fibroins von blau über violett, bis sie nach 3std. Kochen bei 150 °C gänzlich rot erscheint.

Natriumcarbonat (*Soda*). In 10%iger wässeriger Lösung nach Vétillard[6] zum Trennen pflanzlicher Faserbündel für die mikroskopische Untersuchung.

Die Faserbündel werden in der Sodalösung ½ Std. gekocht, anschließend gut ausgewaschen und zwischen den Fingern gerieben, wodurch eine Trennung in Einzelfasern erfolgt und störende anhängende Gewebeteile entfernt werden. Diese Macerierungsmethode bietet den Vorteil, daß durch sie die mikrochemische Reaktion der Fasern nicht verändert wird (im Gegensatz zur Behandlung mit Natronlauge oder

---

[1] Bright, T. B.: J. Royal Micr. Soc. 1905, 141.
[2] Galloway, L. D.: J. Textile Inst. **21** (1930), 277.
[3] Nopitsch, M.: Melliand Textilber. **14** (1933), 139.
[4] Royer, G. L., und C. Maresch: J. Soc. Dyers Col. **63** (1947), 287—293.
[5] Ohara, K.: Sci. Papers Inst. phys. chem. Res. Tokyo **21** (1933), 104.
[6] Vétillard, M.: Etudes sur les fibres végétales textiles, employées dans l'industrie. Paris 1876.

mit dem Schulzeschen Macerationsgemisch); sie ist – insbesondere bei Hartfasern – aber oft nicht ausreichend, um eine völlige Trennung der Einzelfasern herbeizuführen.

Natriumhypochloritlösung (*Eau de Javelle* [*Labarraque*]). Zum Aufhellen aller gefärbten Pflanzenteile vor der mikroskopischen Untersuchung. Schnitte werden in wenigen Minuten vollkommen entfärbt; auch Rindenpartikel, Samenteile u.ä. werden vollständig ausgebleicht. Zu stark ausgebleichte Objekte können nach Abspülen in Wasser mit Safranin o.a. nachgefärbt werden.

Man löst a) 20 g Chlorkalk in 100 cm³ Wasser (öfters umschütteln, einen Tag stehen lassen), b) 25 g Natriumcarbonat in 25 cm³ Wasser. Nach vollständiger Lösung werden a) und b) zusammengegossen, in fest verschlossener Flasche 24 Std. stehen gelassen und dann vorsichtig vom Bodensatz abgegossen. – Reagenz dunkel aufbewahren!

Natronlauge. 20%ig zur Herstellung von Abquetschbildern von Cellulosefasern nach Franz und Wallner[1] bzw. E. Wagner[2].

Fasern auf Objektträger in 18- bis 20%ige Natronlauge einbetten, mit kräftigem Deckglas versehen und durch leichten Druck zusammenpressen. Betrachtung unter dem Mikroskop ohne weitere Behandlung oder Auswaschen.

Zwecks Kontrasterhöhung werden die Proben vor der Einbettung mit Indanthrenrubin B angefärbt. Nach Wagner ist es möglich, durch das Abquetschverfahren Zellwollwaren, die mit Kunstharzausrüstungen veredelt worden sind, gegenüber solchen nach anderen Verfahren (Normalausrüstung, waschfeste Appreturen u.ä.) zu erkennen: Bei den zuletzt genannten Ausrüstungen geht der innere Zusammenhang des Fasergefüges bei der Quellung in 20%iger Natronlauge sofort verloren und es findet bereits im Rohzustand (d.h. ohne vorherige Waschbeanspruchungen) eine starke Auflockerung des Faserverbandes statt, während bei Zellwollen, die kunstharzveredelt sind, erst nach wiederholter Wäsche ein Ablösen von Faserschichten und ein Zerfall in Faserteilstränge eintritt und bei reinen Formalisierungen sogar nur schwache Quellung, aber keine Auflockerungen des Fasergefüges beobachtet werden können.

15 gew.-%ig (20,8 °Bé = 1,168 Dichte) zur Ausführung der „Pilzkopfreaktion" an Baumwollfasern nach Willows und Alexander[3], die nach P.-A. Koch und Hefti[4] als mikroskopische Schlüsselreaktion zum Nachweis chemischer Schädigungen in jedem beliebigen Bearbeitungs- bzw. Veredlungsstadium von Baumwolle anwendbar ist, siehe Gruppe S, 1. b).

8%ig (2n- oder 12 °Bé) zur mikroskopischen Unterscheidung von Baumwolle und Zellwolle[5].

---

[1] Franz, E., und L. Wallner: s. Melliand Textilber. **23** (1942), 212—214 und Forsch.ber. des ZKR Heft 2 (1942), S. 75—83.
[2] Wagner, E.: Melliand Textilber. **27** (1946), 86—88.
[3] Willows, R. S., und A. C. Alexander: J. Textile Inst. **13** (1922), T 237—T 240.
[4] Koch, P.-A., und H. Hefti: Textil-Rdsch. **11** (1956), 512—519 und 645—655.
[5] „Textilfaser-Prüfmethoden", Musterkarte S. 5471 der früheren I. G. Farbenindustrie AG.; s. a. Koch, P.-A: Klepzigs Textil-Z. **41** (1938), 121—122.

Die Lauge unter dem Mikroskop dem trocken bedeckten Präparat zufließen lassen: Baumwolle verändert sich kaum, Viscose- und Kupferzellwolle werden stark aufgequollen, Acetatzellwolle quillt erst nach einiger Zeit, wenn Verseifung eingetreten ist. S. auch Gruppe U, 3., f).

Von Eppendahl[1] zur Untersuchung angefärbter animalisierter Zellwollen auf ihre Einlagerungen vorgeschlagen. (Die gleichfalls empfohlene Verwendung von 10%iger Natronlauge zur Unterscheidung von Zellwollen nach dem Lanusa-Verfahren und Kupferzellwolle, an Stelle Anfärbung mit Victoriablau 4R, kann hingegen nicht angeraten werden, da erst unterschiedliche Anfärbung die feinen strukturellen Unterschiede klar hervortreten läßt.)

1%ig heiß zur Trennung von Faserbündeln für die mikroskopische Untersuchung. Da hierbei die Fasern evtl. etwas anquellen, können sich ihre mikrochemischen Eigenschaften und Dickenverhältnisse verändern. (Milderes, aber nicht immer vollständig trennendes Macerationsmittel: 10%ige Sodalösung – s. Natriumcarbonat.)

n/10- bis n/100- zum mikroskopischen Nachweis von Wollschädigungen durch Bewetterung, s. Gruppe S.

Neolandunkelgrün B. Nach Haller[2] zum Nachweis von protoplasmatischen Resten in Baumwolle.

Fasern in einer wässerigen Farbstofflösung unter Zusatz von wenig konz. Schwefelsäure etwa 5 bis 10 Min. kochen und gut waschen.

Neumethylenblau GG[3]. In der Mikroskopie zum Nachweis von Neutralfett angewendet: Rotfärbung infolge Bildung des roten Dimethylaminophenonaphthoxazons.

Osmiumsäure. In 1%iger wässeriger Lösung nach Tobler-Wolff und Tobler[4] zum Nachweis von Fett im Zellinhalt pflanzlicher Fasern (Bräunlichschwarz-Färbung).

Paulysches Diazoreagenz (Diazobenzolsulfosäure). Zum mikroskopischen Nachweis von Wollschädigungen, s. Gruppe S.

Paraffin, Schmelzpunkt 50°. Zur Herstellung von Faserquerschnitten mit dem Mikrotom.

Soweit Querschnitte nach einem Schnellverfahren nicht ausreichend sind (für Querschnittsmessungen, Untersuchungen spinnmattierter Kunstseide bzw. Kunstfasern, mikrophotographische Zwecke u.a.), bedient man sich zu ihrer Herstellung des Mikrotoms, das eine spezielle Einbettung der Faserbündel nötig macht. Eine vereinfachte Technik arbeitet hierfür wie folgt: Probe evtl. mit geeignetem Farbstoff vorfärben, sowie gegebenenfalls das Faserbündel mit Collodium umhüllen (verhindert „Umfallen" der Querschnitte beim späteren Herauslösen des Paraffins). Einbetten des Bündels in eben geschmolzenes Paraffin nach der Tauch- oder Gießmethode[5], unter fließendem Wasser erstar-

[1] Eppendahl, Fr.: Qualitative Analyse der wichtigsten Faserarten für die Färberei, S. 23. Wittenberg Lutherstadt: A. Ziemsen 1948.
[2] Haller, R.: Melliand Textilber. **25** (1944), 54.
[3] Schultz-Lehmann Nr. 1027.
[4] Tobler-Wolff, G., und Fr. Tobler: Anleitung zur mikroskopischen Untersuchung von Pflanzenfasern, S. 20. Berlin: Gebr. Borntraeger 1912.
[5] Heermann-Herzog: Mikroskopische und mechanisch-technische Textiluntersuchungen, S. 75–80. Berlin: Springer 1931.

ren lassen, Klötzchen beschneiden und auf Träger mit Paraffin aufkleben. Schneiden auf etwa 5 bis 10 μ Dicke. Objektträger mit Eiweißglycerin dünn bestreichen, Bandschnitte darauf übertragen. (Im Falle sich die Einzelschnitte rollen, können sie mittels Thoriumnitrat + Ceriumnitrat [s. dort] gestreckt werden!) Nach Festkleben der Schnitte Paraffin auf einer mäßig warmen Heizplatte wegschmelzen oder durch einen Tropfen Xylol herauslösen bzw. durch einen Tropfen Canadabalsam, in Xylol gelöst, bedecken.

Paraffinöl. Indifferentes Einbettungsmittel für leicht quellende Fasern, außer für Acetatkunstseide bzw. -zellwolle.

R-O-X-Bettungsmasse (Lösung von Celluloidkampfer in Amylacetat und Aceton[1]). Von Reumuth[2] für Oberflächenstudien von Tierhaaren mittels des Halbeinbettungsverfahrens verwendet. Durch dieses Bettungsmittel, das nach Verdunsten der Lösungsmittel den gleichen Brechungsindex wie Schafwolle haben muß ($n_D = 1,55$), werden bei Halbeinbettung die beim normalen mikroskopischen Präparat störend durchscheinenden Einzelheiten des Haarinneren und der auf der Rückseite liegenden Haarschuppen zum Verschwinden gebracht.

Die zu untersuchenden Haare werden auf einem Spannrahmen aus vier Glasstreifen, die so zusammengekittet sind, daß sie ein Rechteck bilden, welches gerade einen normalen Objektträger umschließt, kräuselungsfrei einzeln nebeneinander mit Bienenwachs, Krönigschem Deckglaskitt o. ä. aufgekittet. Darauf wird ein Objektträger mit der R-O-X-Bettungsmasse gleichmäßig bestrichen und der Rahmen mit den aufgespannten Haaren so darüber gelegt, daß die Haare gerade halbseitig in das Bettungsmittel einsinken. Nach Erstarrung der Bettungsmasse werden die Haare mit einem scharfen Messer an den beiden Seiten des Objektträgers vom Spannrahmen abgetrennt. – Beobachtung unter dem Mikroskop ohne Verwendung eines Deckglases mit Epi-Objektiven.

Rutheniumrot. Nach A. Herzog[3] in Verbindung mit Kuoxam zum Nachweis kleinster Reste der Cuticula und von Eiweißspuren bei Baumwolle angegeben. Rutheniumrot färbt allgemein Lignin, Pektin, Protoplasma, Oxycellulose und Harze an, ebenso chlorierte Schafwolle.

1 mg Rutheniumrot wird in 1 cm³ Wasser gelöst (sehr teures Reagenz!). Die Lösung ist sehr unbeständig gegen Licht (auch im Dunkeln nur kurze Zeit haltbar!) und ist am besten jeweils frisch zu bereiten. – Da die Färbung durch Glycerin nicht abgezogen wird, können die gefärbten Fasern wie üblich in Glycerin eingebettet werden. – Für die Differenzierung bei der Quellungsreaktion mit Kuoxam wird nach A. Herzog 1 Tropfen Rutheniumrotlösung mit 1 Tropfen Kuoxam auf dem Objektträger vermengt und das zu untersuchende Fasermaterial eingelegt. Nach Bedecken mit dem Deckglas wird noch

[1] Fertig zu beziehen von der Chroma-Gesellschaft (vorm. Dr. G. Grübler & Co.), Stuttgart-Untertürkheim: R-O-X I für Wollen, R-O-X II für Viscosefaserstoffe o. ä.

[2] Reumuth, H.: Z. ges. Textil-Ind. **39** (1936), 12ff. und Klepzigs Textil-Z. **39** (1936), 612ff.

[3] Herzog, A.: Kunststoffe **1** (1911), H. 21 bis 23.

1 Tropfen Kuoxam mit Hilfe von Filterpapier von der Seite her durchgesaugt. Die Hauptformbestandteile der Faser erscheinen nun farbig differenziert: die gequollene Cellulose der Zellwand blau, Cuticula und Eiweißstoffe des Faserinnern karmoisinrot. S. auch Sieber und Küsebauch[1].

Wie S. R. Trotman und E. R. Trotman[2] angeben, kann durch Rutheniumrot Viscose, die aus Zellstoff hergestellt wurde, von solcher unterschieden werden, die Baumwollinters als Ausgangsmaterial hat. Zellstoff-Viscosekunstseide bzw. -zellwolle wird von Rutheniumrot deutlich rot angefärbt, während solche aus Linters wie auch Kupferkunstseide fast keine Anfärbung zeigen. – Vor Durchführen der Ausfärbung müssen alle Spuren von Säure entfernt werden durch Waschen der Probe in schwach alkalischem Wasser.

Säurefuchsin. In Verbindung mit Methylgrün (s. dort) nach Ohara zur Unterscheidung von Fibroin und Sericin im Kokonfaden der echten Seide.

Safranin. Zur Anfärbung von Fasern, Gewebeteilen usw. für die mikroskopische Untersuchung. Man färbt in neutraler warmer Safraninlösung.

Auch zur Kontrastierung bei Quellungsuntersuchungen mit „Kuæmin" nach Haller, s. dort.

Schulzesches Macerationsgemisch (Salpetersäure, mit Kaliumchlorat versetzt). Zur Maceration von Rohfaserbündeln für die mikroskopische Untersuchung.

Man bringe in einem Reagenzglas einige cm³ konz. Salpetersäure unter Zufügung einiger Körnchen Kaliumchlorat zur Erwärmung (wegen Entwicklung von Chlordämpfen zweckmäßigerweise unter dem Abzug oder am Fenster) und gebe die zu trennenden Faserbündel zu. Nach weiterem Erhitzen wird die Probe herausgenommen, und gut gespült. Die Pektinstoffe der die Zellwände verbindenden Mittellamelle werden hierdurch zerstört, so daß die Einzelfasern voneinander leicht getrennt werden können (auf dem Objektträger mit Präpariernadeln). Das Gemisch greift aber auch die Cellulose kräftig an, so daß deren mikrochemische Eigenschaften verändert werden können.

Schwefelsäure. 96%ig (etwa 66 °Bé) zur Fibrillenuntersuchung von tierischen Wollen und Haaren nach Satlow mit Vorbehandlung von Trypsin (s. dort).

63%ig (50,3 °Bé) nach Haller[3] als Quellungsmittel für Cellulosefasern wie Kuoxam oder Kuæmin, mit dem Vorteil ziemlich stabil bleibender Quellungszustände.

Schweizers Reagenz s. Kupferoxydammoniak.

Silbernitrat. In ammoniakalischer Lösung zum mikroskopischen Nachweis von Wollschädigungen, s. Gruppe S.

Soda s. Natriumcarbonat.

---

[1] (Sieber, W., und) Küsebauch, K.: Beiträge zur Anatomie der Baumwollfaser. Melliand Textilber. **17** (1936), 18—21 (mit einer Tafel Naturfarbenaufnahmen).

[2] Trotman, S. R. und E. R. Trotman: Textile Analysis, 2nd Edition, S. 10. London: Ch. Griffin & Co., Ltd. 1948.

[3] Haller, R.: Textil-Rdsch. **2** (1947), 44.

Sudanrot 7B. Von Bühler und Zahn[1] in Verbindung mit Phenol zur mikroskopischen Identifizierung von Polyester-Faserstoffen empfohlen.

Man färbt die zu identifizierenden Fasern in einem Uhrglas bei Zimmertemperatur 1 Min. mit folgender, „Sudan-Phenol-Rot" benannter Lösung an: 0,5 g Sudanrot 7B in 20 cm³ 80%igem Phenol gelöst. Nach kurzem Abspülen mit Wasser werden die Fasern zweimal 5 Sekunden in Alkohol ausgewaschen, um die überschüssige Farbstofflösung zu entfernen, und in 50%igem Glycerin eingebettet. Polyäthylenterephthalat-Faserstoffe zeigen unter dem Mikroskop kelchartig aufgequollene Faserenden, die ziemlich intensiv purpurfarben gefärbt sind, wobei vereinzelt auch die Fasern selbst mehr oder weniger durchgefärbt werden, während die übrigen Chemiefaserstoffe, wie auch Naturseide nicht oder höchstens minimal angefärbt erscheinen. Die gleiche Reaktion mit intensiver Färbung unter kelchartiger Aufquellung der Faserenden tritt nur bei Polyvinylacetal-Faserstoffen vom Typ „Vinylon", sowie bei Dynel (Mischpolymerisat-Faser) ein; bei letzterem läßt sich die Sudan-Phenol-Rot-Färbung aber – im Gegensatz zu den beiden anderen positiv reagierenden Faserstoffen – durch Aceton binnen 3 Sekunden völlig entfernen, und die Vinylon-Faserstoffe sind von den Polyester-Faserstoffen durch ihre Löslichkeit in warmer 25%iger Schwefelsäure zu unterscheiden.

Thoriumnitrat. Zusammen mit Ceriumnitrat nach A. Herzog[2] zur Herstellung eines Glättungsmittels für einrollende Handmikrotom-Querschnitte.

Die von Czapla zur Imprägnierung von Fasern vor ihrer Veraschung vorgeschlagene Mischung von Ceriumnitrat und Thoriumnitrat ist nach Feststellung von A. Herzog sehr gut geeignet, um die zum Einrollen neigenden Handmikrotom-Querschnitte zu strecken. In 100 cm³ Wasser werden gelöst 16 g Thoriumnitrat und 0,4 g Ceriumnitrat; die Lösung ist sorgfältig zu filtrieren. Ein großer Tropfen dieser Lösung wird auf einen Objektträger gebracht, und die Schnittstücke werden mit einem kleinen Pinsel vom Messer in die Flüssigkeit übertragen, worauf sofort eine Streckung erfolgt.

Trypsin. Nach Satlow[3] zum Freilegen der Fibrillen (Spindelzellen) von tierischen Wollen und Haaren, in Verbindung mit Einbetten in Schwefelsäure zur mikroskopischen Untersuchung.

0,75 g Trypsin und 0,3 g Natriumbicarbonat pro anal. (als Pufferlösung für $p_H = 8$) werden in 100 cm³ Wasser gelöst. Die Lösung muß binnen einer Stunde verwendet werden! Etwa 0,05 g der zu untersuchenden Haare werden mit 10 cm³ dieser Lösung in einem Reagenzglas angesetzt und 3 Stunden bei 40 °C ($\pm$ 3°) verkorkt in einem Trockenschrank belassen, anschließend im Sieb unter starkem Wasserstrahl gespült und auf Fließpapier oder im Trockenschrank getrocknet. Zur Beobachtung unter dem Mikroskop werden die Haare in eine Mischung von 85% konz. Schwefelsäure (1,84) pro anal. mit 15% Wasser eingebettet, wodurch die Schuppenschicht der Haare zu Fetzen auf-

[1] Bühler, H. H., und H. Zahn: Melliand Textilber. **36** (1955), 542.
[2] Herzog, A.: Melliand Textilber. **20** (1939), 549.
[3] Satlow, G.: Klepzigs Textil-Z. **45** (1942), 459–463.

gerissen und die Fibrillen-(Spindelzellen-)schicht auseinandergetrieben wird, so daß die einzelnen Spindelzellen vermessen werden können.

Victoriablau B. Nach Sieber[1] bzw. Küsebauch[2] zur Mikroskopie von Baumwolle.

Die zu untersuchende Probe ist in Victoriablaulösung 3:1000 mit dest. Wasser 1 Min. zu kochen, anschließend kalt mit dest. Wasser zu waschen, bis dieses farblos bleibt, erneut etwa 1 bis 2 Min. in dest. Wasser zu kochen und anschließend nochmal kalt zu waschen. Hierdurch werden speziell die Cuticula bzw. deren inkrustierende Substanzen sowie die Plasmainhaltsreste des Lumens angefärbt, während der Celluloseanteil selbst unangefärbt bleibt. (Damit wird auch eine Bleichgradbeurteilung und eine Unterscheidung von roh bzw. gebleicht mercerisierter Baumwolle möglich.) Sollen die Cuticularanteile von den Inhaltsresten unterschieden werden können, so ist mit Benzopurpurin 10B (s. dort) zu überfärben; hierdurch werden nur die letzteren rot angefärbt.

Victoriablau 4R. Von Feubel und P.-A. Koch[3] zur Sichtbarmachung des unterschiedlichen strukturellen Baues der geschaffenen Faserstoffe, insbesondere zur einfachen mikroskopischen Unterscheidung von Viscosezellwolle nach dem Lanusa-Verfahren und Kupferzellwolle angegeben.

1 g Probe wird in einer Lösung von 5 g/l Marseiller Seife 15 Min. gekocht und zweimal in dest. Wasser gründlich gespült, sodann mit 50 cm³ Färbebad übergossen (0,5 g Victoriablau 4R in 50 cm³ Essigsäure 30%ig gelöst und auf 1 Liter mit dest. Wasser verdünnt). Man bringt zum Kochen, hält 10 Min. kochend und spült darauf mehrmals, bis der Farbstoffüberschuß entfernt ist. Die Probe wird nunmehr nochmals in einer Seifenlösung (5 g/l) 15 Min. kochend geseift, wobei ein Teil des Farbstoffes wieder in Lösung geht, mit dest. Wasser gespült und getrocknet. Die mikroskopische Untersuchung erfolgt bei schwacher Abblendung mit mindestens 400facher, zweckmäßigerweise noch stärkerer Vergrößerung nach Einbettung in konz. Glycerin.

Art, Größe und Verteilung der durch Victoriablau 4R angefärbten Inhomogenitäten ermöglichen folgende Unterscheidung zwischen Viscose-Spezialzellwolle nach dem Lanusa-Verfahren mit rundlichem Querschnitt und Kupferzellwolle:

Sehr feine bis feine, dicht liegende strichförmige bis länglich-ovale Einschlüsse .... *Viscosezellwolle vom Lanusa-Typ*

Nur grobe. meist vereinzelt liegende, langgezogene, spitz auslaufende Hohlräume ohne dichte Feinstruktur .... *Kupferzellwolle*

Siehe auch Gruppe U, 3. p)!

Xylol. Zum Herauslösen des Paraffins aus Querschnittpräparaten.

Z s. auch **C.**

Zedernholzöl (Immersions-). Zur Herstellung einer homogenen Immersion bei Immersionsobjektiven, sowie zur Bestimmung der Lichtbrechungsexponenten von Faserstoffen (s. Tab. 3).

---

[1] Sieber, W.: Melliand Textilber. **9** (1928), 404—406.
[2] Küsebauch, K.: Melliand Textilber. **17** (1936), 18—21 (mit einer Tafel Naturfarbenaufnahmen).
[3] Feubel, A., und P.-A. Koch: Klepzigs Textil-Z. **42** (1939), 141—143.

Ferner für *spezielle mikroskopische Untersuchungen*

a) zur Erzeugung von *Dichroismus* auf Faserstoffen:

Anilinblau zum Hervorbringen von positivem und negativem D. auf Viscosefasern nach Rückert[1]. Der Dichroismus ist von Rot bis Grün negativ, im Grün bis Blau positiv (Dispersion des Dichroismus).

Benzoazurin G zum Nachweis des D. bei Flachs und Hanf nach Behrens[2]: heiße, mit Soda oder Natriumsulfat versetzte Lösung. Achsenfarbe (s.u.) rötliches Blau, Basisfarbe grünliches Blau. – Auch auf Naturseide wird bei sehr starker Färbung ein schwacher D. erzielt.

Benzobraun B zum Nachweis des D. auf Flachs und Hanf nach Behrens[2]. Achsenfarbe rötliches Braun, Basisfarbe (auch auf Flachs sichtbar) schmutziges Gelb.

Cellitonechtmarineblau BR zum Hervorbringen von D. auf Acetatfasern nach Rückert[3]. Nach Einschalten eines Gipsplättchens Rot III unter 45° zur Faserlängsachse ist der Dichroismus von Blau (Faserachse parallel zur Polarisationsebene) zu Violett (Faserachse senkrecht) deutlich wahrnehmbar.

Diazobraun G zum Nachweis des D. bei Flachs und Hanf nach Behrens[2]. Achsenfarbe schwärzlich Blaugrau, Basisfarbe Gelbbraun.

Goldchlorid zur Erzeugung von D. auch auf Schafwolle und Naturseide nach Ambronn[4] bzw. Fox[5]. Tränken der Fasern mit 1- bis 2%iger Lösung von Goldchlorid, trocknen lassen, belichten, so daß sich das Gold in der Faser niederschlägt. Farbumschlag bei Drehen des Präparates von Grün zu Weinrot.

Katigengelbbraun GR extra zum Hervorbringen von D. auf Baumwolle nach Rückert[6]. Nach Einschalten eines Gipsplättchens Rot III unter 45° zur Faserlängsachse ist der Dichroismus von Grün (Faserachse parallel zur Polarisationsebene) zu Gelb (Faserachse senkrecht) deutlich wahrnehmbar.

Kongorot zum Nachweis des D. bei Flachs und Hanf nach Behrens[2]. Fasern in wässeriger Kongorotlösung unter Zusatz von etwas Soda bis zum Aufkochen erhitzen, nach dem Erkalten mit Filterpapier absaugen und einen Tropfen Wasser zufügen. Bei einer vollen Drehung des Präparates erscheinen die Fasern zweimal dunkelrot (Achsenfarbe) und zweimal fast farblos (Basisfarbe). Weniger auffallend ist der D. bei Jute und sehr gering nur bei Baumwolle.

Magdalarot zur Erzeugung von negativem D. auf pflanzlichen Fasern nach Ambronn-Frey[7]. Achsenfarbe fast farblos, Basisfarbe Rot.

Oxaminblau 4R zur Erzielung dichroitischer Färbung auf echter Seide – an der Peripherie des Seidenfadens – nach Ohara[8].

---

[1] Rückert, H.: Beiträge zur Kenntnis des Dichroismus gefärbter Fasern, S. 53. Dissert. TH. Dresden 1933.

[2] Behrens, H.: Anleitung zur mikrochemischen Analyse der wichtigsten organischen Verbindungen, 2. Heft, S. 34. Hamburg und Leipzig: L. Voss 1896.

[3] Rückert, H.: Beiträge z. Kenntnis d. Dichroismus gefärbt. Fasern, S. 25. Diss. TH. Dresden 1933.

[4] Ambronn, H.: Ber. Sächs. Ges. d. Wissensch., math.-phys. Kl., 1896, S. 613.

[5] Fox, K.: Beiträge zur Kenntnis der Färbereivorgänge. Dissert. Jena 1906.

[6] Rückert, H.: Beiträge z. Kenntnis d. Dichroismus gefärbt. Fasern, S. 24. Diss. TH. Dresden 1933.

[7] Ambronn-Frey: Das Polarisationsmikroskop, S. 177. Leipzig: Akad. Verlags-GmbH. 1926.

[8] Ohara, K.: Sci. Papers Inst. phys. chem. Res., Tokyo **21** (1933), 104.

Safranin zum Nachweis von D. bei Flachs nach Behrens[1]. Achsenfarbe violettstichiges Rosa, Basisfarbe lebhaftes Orangegelb.

Silbernitrat zur Erzeugung von D. auch auf Schafwolle und Naturseide nach Ambronn[2] bzw. Fox[3]. Tränken der Fasern mit 1- bis 2%iger Lösung von Silbernitrat, trocknen lassen, belichten, so daß sich das Silber in der Faser niederschlägt. Farbumschlag bei Drehen des Präparates von Blau zu Gelb.

Der Dichroismus (Pleochroismus), d.i. die Änderung der Absorption in geradlinig polarisiertem Licht je nach Lage der Faserlängsachse zur Polarisationsebene des Objekttischnicols, ist bei optisch anisotropen Faserstoffen nur bei geeigneter Färbung nachzuweisen. Als „Achsenfarbe" wird diejenige Farbe bezeichnet, die in Erscheinung tritt, wenn die Faserlängsrichtung senkrecht zur Polarisationsebene des Nicols steht, während die „Basisfarbe" bei Lage der Faserlängsrichtung parallel zur Polarisationsebene beobachtet wird. Diese Bezeichnungen, wie sie heute nach Klarstellung des Begriffes der Polarisationsebene von Ambronn-Frey[4] gebraucht werden, wurden in der *älteren* Literatur (z.B. Behrens) im *umgekehrten* Sinn verwendet.

b) Zur Bestimmung der *Lichtbrechungsexponenten* von Faserstoffen:

Tabelle 3. *Lichtbrechungsexponenten* n_D *verschiedener, den Faserstoffen gegenüber neutraler Flüssigkeiten (Öle)*

	n_D (20°)
Wasser	1,333
Glycerin, konz.	1,456
Lavendelöl	1,463
Olivenöl	1,468
Terpentinöl	1,471
Rizinusöl	1,476
Zitronenöl	1,479
Sandelholzöl, westindisches	1,508
Zedernholzöl (Immersions-)	1,514
Fenchelöl	1,529
Salicylsäuremethylester (*Wintergrünöl*)	1,537
Eugenol (Hauptbestandteil des Nelkenöls)	1,541
Anethol (p-Propenyl-anisol)	1,560
Zimtöl	1,602
α-Monobromnaphthalin	1,657

Die Werte vorstehender Tabelle dienen der Auswahl von passenden Einbettungsflüssigkeiten. In jedem Fall muß aber der Lichtbrechungsexponent der verwendeten Flüssigkeit mit einem Refraktometer genau bestimmt werden.

---

[1] Behrens, H.: Anleitung zur mikrochemischen Analyse der wichtigsten organischen Verbindungen, 2. Heft, S. 34. Hamburg und Leipzig: L. Voss 1896.
[2] Ambronn, H.: Ber. Sächs. Ges. d. Wissensch., math.-phys. Kl., 1896, S. 613.
[3] Fox, K.: Beiträge zur Kenntnis der Färbereivorgänge. Dissert. Jena 1906.
[4] Ambronn-Frey: Das Polarisationsmikroskop, S. 7. Leipzig: Akadem. Verlags-GmbH. 1926.

Zur Bestimmung der Hauptlichtbrechungsexponenten eines Faserstoffes (Faserlängsachse senkrecht bzw. parallel zur Polarisationsebene) wird geradlinig polarisiertes monochromatisches Licht angewendet. Die Fasern werden in verschiedene, den Faserstoffen gegenüber neutrale Flüssigkeiten von bestimmtem Lichtbrechungsexponenten eingebettet. Je mehr sich der Lichtbrechungsexponent des Immer-

Tabelle 4. *Mittlere Lichtbrechung der wichtigsten Faserstoffe, geordnet nach steigendem Brechungsexponenten* (nach P.-A. Koch)

$\frac{n_\gamma + n_\alpha}{2}$	Faserstoff-Art
1,470	Triacetatfaserstoffe
1,475	(2½-)Acetatfaserstoffe
1,520	Polyacrylnitril-Faserstoffe: X-51, Acrilan
1,535	Viscosefaserstoffe, normale Typen,
	Viscosefaserstoffe, hochfeste Typen,
	Zeïnfaser: Vicara,
	Polyäthylen-Roßhaar: Polythene,
	Polyvinylacetal-Faserstoffe: Vinylon,
	Mischpolymerisat-Faser: Dynel
1,540	Baumwolle, mercerisiert,
	Kupferfaserstoffe,
	Viscosekunstseide, extremfeste Typen,
	Caseïnfasern
1,545	Erdnußeiweißfaser: Ardil,
	Glasfäden
1,550	Schafwolle,
	Polyamid-Faserstoffe: Nylon
1,555	Baumwolle
1,560	Flachs
1,565	Ramie,
	Naturseide
1,630	Polyester-Faserstoffe: Terylene

sionsmittels dem der Faser in der geprüften Richtung (⊥ oder ∥ der Polarisationsebene) nähert, desto schwächer werden die beim Heben oder Senken des Mikroskoptubus an den Faserrändern auftretenden hellen Streifen (Beckesche Linie). Fallen diese ganz weg, werden somit die Konturen der Faser unsichtbar, so ist der Lichtbrechungsexponent der Faser in der jeweiligen Richtung dem des Einbettungsmittels gleich. Verschieben sich die hellen Streifen beim Heben des Tubus nach der Fasermitte und beim Senken nach der Flüssigkeit zu, so ist die Faser stärker lichtbrechend als das Immersionsmittel, und umgekehrt. Durch Verwendung von Mischungen geeigneter Einbettungsmittel, deren Lichtbrechungsexponenten voneinander nur um einige Tausendstel, allenfalls Hundertstel abweichen, gelingt es, das Einbettungsmedium zu finden, bei dem die oben angegebene Übereinstimmung für die geprüfte Richtung erreicht ist. Wegen der Anisotropie der Faserstoffe heben sich die Fasern in der senkrechten Gegenstellung im gleichen Immersionsmittel deutlich hervor, so daß für diese Richtung erneute Einbettungen in andere Mischungen bis zur Gleichheit der Lichtbrechungsexponenten nötig sind[1].

Tabelle 5. *Mittlere spezifische Doppelbrechung der wichtigsten Faserstoffe, geordnet nach steigender spezifischer Doppelbrechung* (nach P.-A. Koch[2])

$n_\gamma - n_\alpha$	Faserstoff-Art
— 0,004	Polyacrylnitril-Faserstoffe: X-51, Acrilan
— 0,002	Triacetatfaserstoffe
0	Glasfäden
+ 0,001	Caseïnfasern, Erdnußeiweißfaser: Ardil
+ 0,004	Zeïnfaser: Vicara
+ 0,005	($2^1/_2$-)Acetatfaserstoffe, Mischpolymerisat-Faser: Dynel
+ 0,010	Schafwolle
+ 0,025	Viscosefaserstoffe, normale Typen, Polyvinylacetal-Faserstoffe: Vinylon
+ 0,030	Kupferfaserstoffe
+ 0,035	Viscosefaserstoffe, hochfeste Typen
+ 0,040	Baumwolle, mercerisiert, Viscosekunstseide, extremfeste Typen
+ 0,045	Polyäthylen-Roßhaar: Polythene
+ 0,050	Baumwolle
+ 0,055	Naturseide, Polyamid-Faserstoffe: Nylon
+ 0,060	Flachs
+ 0,065	Ramie
+ 0,190	Polyester-Faserstoffe: Terylene

Die mittlere Lichtbrechung der wichtigsten Faserstoffe ist aus Tab. 4, die mittlere spezifische Doppelbrechung aus Tab. 5 zu ersehen[2].

[1] *Literatur:* Herzog, A., in P. Heermann: Enzyklopädie der textilchemischen Technologie S. 565; Heermann-Herzog: Mikroskopische und mechanisch-technische Textiluntersuchungen, S. 86—94 — beide Berlin: Springer; Preston, J. M.: Modern Textile Microscopy, S. 41 (Tab. II). London: Emmott & Co. Ltd., 1933; Koch, P.-A., und H. Rückert: Neue Untersuchungen über die Lichtbrechungsexponenten verschiedener Kunstseiden. Melliand Textilber. **16** (1935), 493—496.

[2] Beide Tabellen aus Landolt-Börnstein: Physikalische, chemische und technische Zahlenwerte, 6. Aufl., IV. Band, 1. Teil, Abschnitt 413 „Faserstoffe" von P.-A. Koch, S. 344. Berlin/Göttingen/Heidelberg: Springer 1955.

Erkennung einzelner Faserstoffe [„E"]

In dieser Gruppe werden nur solche Reaktionen behandelt, die ohne Zuhilfenahme des Mikroskopes bestimmte Faserstoffe gegenüber allen anderen eindeutig erkennen lassen. Sie ergeben sich aus dem Befund von Reagenzglasversuchen, die in Tabelle 6 zusammengestellt sind. – Unterscheidungsmethoden für ähnliche Faserstoffe und für Faserstoffgruppen s. in Gruppe U.

Bei den natürlichen Faserstoffen ist charakteristische Reaktion für Schafwolle (und andere Tierhaare) *Natriumnitroprussiat* (Nitroprussidnatrium), s.u.

Für die Identifizierung chemischer Faserstoffe können die *„Typ-Reaktionen"* nach P.-A. Koch[1] herangezogen werden (s. Tabelle 7). Die **„Typ-Reaktionen"** sind charakteristisch für eine bestimmte Art von chemischen Faserstoffen und kehren in der hier angegebenen Kombination einzelner Reaktionen bei keinem anderen chemischen Faserstoff wieder (die Anwesenheit von natürlichen Faserstoffen oder Faser-Mischungen wird nicht in Betracht gezogen; daß diese abwesend sind, ist gegebenenfalls vorher mikroskopisch zu prüfen!). Nicht berücksichtigt sind dabei diejenigen Faserstoff-Arten, die nur in Form grober Monofile auf dem Markt sind (Polyäthylen-, Polystyrol-, Polyvinylidenchlorid-). Die „Typ-Reaktionen" werden angewendet, wenn ein bestimmter Faserstoff vermutet wird und seine *Identität geprüft* werden soll. Es müssen *stets alle* für die betr. Faserstoff-Art angegebenen *Reaktionen* ausgeführt werden!

Achtung: Bei Anwendung von Reaktionen oder Bestimmungsschlüsseln für chemische Faserstoffe oder einzelne Arten derselben ist zu berücksichtigen, daß auf dem Gebiet der chemischen Faserstoffe, insbesondere der synthetischen, mit fortschreitender Entwicklung noch laufend neue Faserstoffe auf den Markt kommen, die teils ähnliche, teils aber auch andere Erscheinungsformen und Reaktionen zeigen als die hier einbezogenen Arten und Fabrikate. Vor allem die chemischen Trennungsverfahren (Untersuchungsschemata, Bestimmungsschlüssel u.a.) sind auf dem Vorhandensein nur einer bestimmten Vielzahl sich verschieden verhaltender Faserstoffe aufgebaut und können unsicher werden, wenn andersartige neue Erzeugnisse zu den zu unterscheidenden Arten hinzutreten. Diese Einschränkung gilt somit nicht nur für die in diesem Heft angeführten, sondern für alle irgendwo veröffentlichten Verfahren zur Identifizierung chemischer Faserstoffe, welche laufend revidiert und den veränderten Verhältnissen angepaßt werden müssen, wenn sie brauch-

[1] Koch, P.-A.: Faserstoff-Tabellen: Erkennung und Unterscheidung der verschiedenen Arten von chemischen Faserstoffen. Textil-Rdsch. 7 (1952), 273—277; neue Fassung auf Grund des Bestandes an chemischen Faserstoffen von Mitte 1958 s. Koch, P.-A., und M. Stratmann: Melliand Textilber. 39 (1958), 1141—1145.

bar bleiben sollen. Die hier angegebenen Wege zur Erkennung und Unterscheidung der verschiedenen chemischen Faserstoffe berücksichtigen die in Tab. 1 benannten synthetischen Faserstoffe.

Aceton. Zur Durchführung der „Typ-Reaktionen" auf Mischpolymerisat-Faserstoffe.

Ameisensäure, konz. Zur Durchführung der „Typ-Reaktionen" auf Regeneratcellulose-Faserstoffe, Polyvinylacetal-Fasern und Polyacrylnitril-Faserstoffe, sowie zur Erkennung von Rilsan (aus Polyamid 11).

Carbazol. Zur Erkennung von Caseïnfaser nach Rath und Burkhardt[1]: Die zu bestimmende Probe wird in einem Destillierkolben mit Wasser, das mit etwas konz. Schwefelsäure angesäuert wurde, übergossen. Nachdem man Kühler und Vorlage angeschlossen hat, erhitzt man langsam und destilliert einige Minuten lang. Vom Destillat werden einige Tropfen zu einer frisch bereiteten Carbazollösung (0,1 g Carbazol in 100 cm^3 konz. Schwefelsäure gelöst; Lösung nur etwa eine halbe Stunde haltbar! Die erst goldgelbe Lösung wird bald rot, später oliv; letztere gibt die Formaldehydreaktion nicht mehr!) gegeben, die sich bei Anwesenheit von Formaldehyd – der von der Härtung der Caseïnfaser herrührt – tiefblau anfärbt bzw. bei höheren Formaldehydmengen eine blaue Fällung ergibt. Liegt eine ungefärbte Faserprobe vor oder blutet die Färbung beim Kochen mit angesäuertem Wasser nicht aus, so kann das Abkochen im Reagenzglas und der Formaldehydnachweis direkt mit dem Abkochwasser durchgeführt werden. – Dieser Nachweis ist charakteristisch, jedoch nur dann zur Identifizierung von Caseïnfaser anwendbar, wenn sonst keine Formaldehyd abgebenden Begleitstoffe (z.B. von Kunstharzbehandlungen herrührend) auf den Fasern vorhanden sind oder wenn keine Färbungen vorliegen, die mit Formaldehyd nachbehandelt wurden.

Cyclohexanon. Zur Durchführung der „Typ-Reaktionen" auf Polyacrylnitril-Faserstoffe, sowie zur Trennung der Mischpolymerisat-Faserstoffe.

o-Dichlorbenzol. Zur Durchführung der „Typ-Reaktionen" auf Polyester-Faserstoffe.

Dimethylformamid. Zur Durchführung der „Typ-Reaktionen" auf Polyvinylchlorid-Faserstoffe, Polyvinylidenchlorid-Faserstoffe und Polyvinylidencyanid-Faserstoffe, sowie zur Trennung von Faserstoffen aus Polyamid 6.6 bzw. 6.

Dioxan. Für die „Typ-Reaktionen" auf Polyvinylchlorid-Faserstoffe, Mischpolymerisat-Faserstoffe und Polyamid-Faserstoffe.

Diphenylamin. Zur Erkennung von Nitratkunstseide (nicht mehr im Handel!): Einige Kristalle Diphenylamin mit wenig konz. Schwefelsäure übergießen. Nitratkunstseide wird nach Einlegen in die Lösung sofort intensiv blau gefärbt und aufgelöst, während alle anderen Seiden bzw. Kunstseiden nur schwache Braunfärbung oder keine Farbreaktion zeigen, ehe sie sich auflösen[2].

[1] Rath, H., und R. Burkhardt: Klepzigs Textil-Z. 40 (1937), 292.

[2] Molisch, H.: Ber. dtsch. bot. Ges. 1883, 1 (Nachweis von Nitraten). — Weitere Literatur bei Tillmanns, J., und W. Sutthoff: Z. anal. Chem. 50 (1911), 473.

Tabelle 6. *Chemisches Verhalten der verschiedenen*

Faserstoff			regenerierte Cellulose	Celluloseacetat	Calciumalginat	Caseïn	Polyvinylchlorid
	chemischer Aufbau		regenerierte Cellulose	Celluloseacetat	Calciumalginat	Caseïn	Polyvinylchlorid
	Bezeichnung		Viscosekunstseide, -zellwolle; Kupferkunstseide, -zellwolle	Acetatkunstseide, -zellwolle	Alginatkunstseide	Fibrolane, Lanital S, Merinova	Rhovyl, Fibrovyl, Thermovyl, PCU-Faser
Brennprobe	Verhalten		rasch verbrennend, wenig weißgraugelbliche Asche	erst kohlig zusammenschmelzend, dann weiße Asche	verkohlend, Ascheskelett in Faserform	langsam verbrennend, kohlig zusammenschmelzend	schwarz zusammenschmelzend, nicht brennend
	Geruch		nach verbrennendem Papier	stechend sauer	ohne spezifischen Geruch	nach verbrennendem Horn	stechend, etwas süßlich
Reaktion gegen Lackmus (trockene Destillation)			sauer		sauer	alkalisch	sauer
Salzsäure	konz. heiß		gelöst		ungelöst	rotbraun werdend	schrumpfend, aber ungelöst
Schwefelsäure	konz. kalt		gelöst		gelöst	leicht gebräunt, ungelöst	unverändert
Salpetersäure	10%ig heiß		unverändert		unverändert	**erst violett, dann gelb, ungelöst**	schrumpfend, aber ungelöst
	konz.	kalt	unverändert	gelöst	unverändert	gelb werdend, ungelöst	unverändert
		heiß	gelöst	gelöst	gelöst	gelöst	schrumpfend
Sodalösung	10%ig kochend		unverändert	unverändert	**gelöst**	unverändert	unverändert
Ameisensäure 98%ig			unverändert	gelöst	unverändert	unverändert	unverändert
Eisessig		kalt	unverändert	**gelöst [Tri-A. z.T. langsam!]**	unverändert	unverändert	unverändert
		heiß	unverändert	gelöst	unverändert	unverändert	ungelöst
Aceton			unverändert	2½-Acetat gelöst, Tri-A. z.T. gelöst	unverändert	unverändert	quellend oder schrumpfend, aber ungelöst
Äthylendiamin		kalt	unverändert	2½-Acetat gelöst, Tri-A. ungelöst	unverändert	unverändert	unverändert
		heiß	unverändert	2½- und Tri-Acetat gelöst	unverändert	unverändert	unverändert
Methylenchlorid			unverändert	2½-Acetat ungelöst, Tri-A. gelöst	unverändert	unverändert	~ gelöst [PCU erst kochend!]
Chloroform			unverändert	2½-Acetat ungelöst, Tri-A. gelöst	unverändert	unverändert	unverändert
Phenol, verflüssigt		kalt	unverändert	gelöst	unverändert	unverändert	unverändert
		heiß	unverändert	gelöst	unverändert	unverändert	teilweise gelöst
Toluol			unverändert	unverändert	unverändert	unverändert	unverändert
Monochlorbenzol			unverändert	unverändert	unverändert	unverändert	unverändert

„*ungelöst*" deutet gegenüber „unverändert" an, daß keine Lösung erfolgt, aber eine Veränderung der Probe.

chemischen Faserstoffe (Reagenzglasversuche)[1]

nachchloriertes Polyvinylchlorid	Mischpolymerisat Vinylchlorid/ Acrylnitril	Polyacrylnitril	Polyvinylacetal	Polyester	Polyamid
PeCe-Faser	Dynel	Dolan, Dralon, Orlon, PAN, Redon	Vinylon; PVA-Faser	Diolen, Terylene, Trevira	Nylon; Perlon, Grilon u.a.
schwarz zusammen-schmelzend, nicht brennend	dunkel zusammen-schmelzend, nur in der Flamme brennend	erst schmelzend, dann brennend (rußend)	schmelzend, dann brennend	schmelzend, dann entflammend	
stechend	etwas süßlich	süßlich	süßlich	aromatisch	schwach pyridinartig
sauer	sauer	sauer	sauer	sauer	alkalisch
schrumpfend, aber ungelöst	unverändert	unverändert	gelöst	unverändert	gelöst
unverändert	braun werdend, teilweise gelöst	gelöst	gelöst	gelöst	gelöst
schrumpfend, aber ungelöst	unverändert	unverändert	gelöst	unverändert	unverändert
unverändert	unverändert	gelöst	gelöst	unverändert	gelöst
reag. (Bläschen)	teilweise gelöst	gelöst	gelöst	gelöst	gelöst
unverändert	unverändert	unverändert	unverändert	unverändert	unverändert
unverändert	unverändert	unverändert	gelöst	unverändert	PA 6 u. 6.6: gelöst PA 11: unveränd.
unverändert	unverändert	unverändert	unverändert	unverändert	**unverändert**
ungelöst	ungelöst	unverändert	unverändert	unverändert	**gelöst**
gelöst	nach schwachem Erwärmen gelöst	unverändert	unverändert	unverändert	unverändert
gelborange, aber ungelöst	unverändert	unverändert	ungelöst	unverändert	unverändert
orangebraun, später schwarz, aber ungelöst	unverändert	unverändert	teilweise gelöst	unverändert	unverändert
gelöst	unverändert	unverändert	unverändert	unverändert	unverändert
gelöst	unverändert	unverändert	unverändert	unverändert	unverändert
unverändert	ungelöst	unverändert	ungelöst	unverändert	gelöst
teilweise gelöst	gelöst	reagiert (Bläschen), ungelöst	ungelöst	gelöst	gelöst
gelöst	unverändert	unverändert	unverändert	unverändert	unverändert
gelöst	unverändert	unverändert	unverändert	unverändert	unverändert

[1] Koch, P.-A.: Textilchemische Prüfungen. 6. Aufl. Wuppertal-Elberfeld, Dr. Spohr-Verlag 1959.

Tabelle 7: „*Typ-Reaktionen*“ *für chemische Faserstoffe* (nach P.-A. Koch)

Faserstoff			„Typ-Reaktionen“		
Cellulose-faser-stoffe	Regeneratcellulose-Faserstoffe	Viscose- und Kupfer-kunstseide/-zellwolle	in kochender konz. Salzsäure gelöst, in kochender konz. Ameisensäure ungelöst		
	Celluloseester-Faserstoffe	(2 ½)-Acetat- und Tri-acetatkunstseide/-zellwolle	in kaltem Eisessig gelöst (Triacetat-F. z. T. nur langsam unter Rückstand)	2 ½-	in kaltem Methylen-chlorid ungelöst
				Tri-	in kaltem Methylen-chlorid gelöst
Algin-säure-faserst.	(Calcium)-Alginatkunstseide		in 10%iger kochender Sodalösung gelöst		
Eiweiß-faser-stoffe	Pflanzeneiweiß-Faserst.	Zeïnfaser: *Vicara*	Brennprobe: brennend unter Geruch nach verbrennendem Horn		
	Tiereiweiß-Faserstoffe	Kaseïnfasern: *Fibrolane, Lanital S, Merinova*			
Synthe-tische Faser-stoffe	Polyäthylen-Faserstoffe	Polytetrafluoräthylen-F.: *Teflon*	in kochender konz. Schwefelsäure ungelöst, in kochendem Monochlorbenzol ungelöst		
	Polyvinyl-Faserstoffe	Polyvinylchlorid-F.: *PCU, Rhovyl/Fibrovyl*	in kochendem Monochlorbenzol gelöst, in kaltem Dioxan ungelöst, in kalt. Dimethylformamid gelöst		
		nachchlorierte Polyvinyl-chlorid-F.: *PeCe*	in kaltem Toluol gelöst		
		Polyvinylidenchlorid-F.: *Saran*	in kochendem Monochlorbenzol gelöst, in Dimethylformamid erst kochend gelöst		

Synthetische Faserstoffe	Polyvinyl-Faserstoffe	Polyvinylacetal-F.: *Vinylon*, dtsch. *PVA-Faser*	in kalter konz. Ameisensäure gelöst, in Eisessig auch kochend ungelöst	
		Polyacrylnitril-F.: *Dolan*, *Dralon*, *Orlon*, *PAN*, *Redon* usw.	in kalter konz. Salpetersäure gelöst, in kalter konz. Ameisensäure ungelöst, in kochendem Cyclohexanon ungelöst	
	Mischpolymerisat-Faserstoffe	Vinylidencyanid-Mischpolymer-F.: *Darvan*	in kochender 40%iger Kalilauge gelöst, in kaltem Dimethylformamid gelöst	
		modifizierte Acrylnitril-Mischpolymer-F.: *Verel*	in kochendem Aceton gelöst, in kochendem Dioxan schrumpfend, aber ungelöst	in kaltem Cyclohexanon ungelöst
		60/40% Vinylchlorid/Acrylnitril-Mischpolymer-F.: *Dynel*		in kaltem Cyclohexanon gelöst
	Polyester-Faserstoffe	*Dacron*, *Diolen*, *Terylene*, *Trevira* usw.	in kochendem o-Dichlorbenzol gelöst, in verflüssigtem Phenol kalt ungelöst, in kalter konz. Schwefelsäure gelöst	
	Polyamid-Faserstoffe	aus Polyamid 6.6: *Nylon*, *Nylsuisse* usw.	in kochendem Eisessig gelöst, in Dioxan ungelöst	in Dimethylformamid auch kochend ungelöst
		aus Polyamid 6: *Perlon*, *Grilon*, *Bodanyl* usw.		in kochendem Dimethylformamid gelöst, in kalter 6n-Salzsäure gelöst
		aus *Polyamid* 11: *Rilsan*		in kalter konz. Ameisensäure ungelöst

Zum Nachweis von Polyacrylnitril-Faserstoffen: Konz. Schwefelsäure spaltet bei diesen Blausäure ab, die mit Kupfer-II-Salzen Kupfercyanid entwickelt. Dabei freiwerdender Sauerstoff oxydiert Diphenylamin zu blauem Farbstoff. Prüflösung: 8 cm³ gesättigte Kupfersulfatlösung und 0,2 g Diphenylamin werden mit 400 cm³ reiner Schwefelsäure übergossen[1].

Eisessig. Kalt löst Eisessig alle Acetatkunstseiden und -zellwollen (Triacetatfaserstoffe z.T. nur langsam unter Rückstand) – „Typ-Reaktion"; in kochendem Eisessig werden außerdem Polyamid-Faserstoffe gelöst.

Kalilauge, 40%ig. Zur Durchführung der „Typ-Reaktionen" auf Polyvinylidencyanid-Faserstoffe.

Methylenchlorid. Zur Erkennung von Polyvinylchlorid-Faserstoffen, die sich – außer Triacetatfaserstoffen – als einzige in Methylenchlorid lösen. (Acetatfaserstoffe sind aber in kaltem Phenol löslich, während Polyvinylchlorid-Faserstoffe unverändert bleiben!) Überdies zur Trennung von $2^1/_2$- und Triacetatfaserstoffen.

Monochlorbenzol. Zur Durchführung der „Typ-Reaktionen" auf Polyvinylchlorid-Faserstoffe und Polyvinylidenchlorid-Faserstoffe.

Natriumcarbonat (Soda). Zur Erkennung von (Calcium)-Alginatkunstseide, die als einzige in kochender 10%iger Sodalösung gelöst wird („Typ-Reaktion").

Natriumnitroprussiat (Nitroprussidnatrium). Zur Erkennung tierischer Wollen und Haare: Man koche die Haare in 10%iger Natronlauge (pro. anal., schwefelfrei!) bis zu vollständigem Lösen. Der Lösung gibt man nach dem Erkalten einige Tropfen einer 10%igen Natriumnitroprussiatlösung hinzu. Waren schwefelhaltige tierische Haare anwesend, so tritt purpurrote Färbung der Lösung ein. (Bei Caseïnfasern färbt sich die Lösung nur gelblich. Über die Ursachen dieses Versagens der Schwefelreaktion, das die Anwendung zur Identifizierung tierischer Wollen und Haare erlaubt, s. Eppendahl[2].)

Phenol, verflüssigt. Zur Durchführung der „Typ-Reaktionen" auf Polyester-Faserstoffe.

Salpetersäure, konz. Zur Durchführung der „Typ-Reaktionen" auf Polyacrylnitril-Faserstoffe.

Salzsäure, konz. Zur Durchführung der „Typ-Reaktionen" auf Regeneratcellulose-Faserstoffe.

Salzsäure, 6 n- [konz. Salzsäure 1 : 1 verdünnt]. Zur Erkennung von Faserstoffen aus Polyamid 6 (Caprolactam-Typ).

Schwefelsäure, konz. Zur Durchführung der „Typ-Reaktionen" auf Polytetrafluoräthylen-Faserstoffe (als einzige in kochender konz. Schwefelsäure ungelöst!) und für Polyester-Faserstoffe.

Toluol. Zur Erkennung von nachchlorierten Polyvinylchlorid-Faserstoffen (PeCe-Kunstseide/-Faser), die als einzige in Toluol löslich sind („Typ-Reaktion").

---

[1] SVF-Lehrgang für den Textilveredler, A 359.

[2] Eppendahl, Fr.: Qualitative Analyse der wichtigsten Faserarten in der Färberei, S. 91. Wittenberg (Lutherstadt): A. Ziemsen 1948.

Unterscheidung von Faserstoffen [„U“]

Soweit kein Rohmaterial vorliegt, ist die Probe vorab stets vorzureinigen (s. Gruppe H), um evtl. Faserauflagen zu entfernen. Bei textilen Flächengebilden sind die einzelnen Richtungen (Kette, Schuß) immer getrennt zu untersuchen; Zwirne sind in ihre Einzelkomponenten zu zerlegen.

Bezüglich Einschränkungen betreffend die Verläßlichkeit der in dieser Gruppe U angegebenen Unterscheidungsverfahren siehe die hervorgehobene Bemerkung „*Achtung*“ in Gruppe E!

1. Gruppentrennung

Die in Tab. 8 zusammengestellten wichtigsten Reaktionen zur makroskopischen Gruppentrennung (chemische Vorprüfungen) können zumeist *nur bei Fasermaterialien einheitlicher Zusammensetzung* verläßlich angewendet werden, während sie *bei Vorliegen von Fasermischungen häufig versagen.* Eine mikroskopische Untersuchung des Fasermaterials sollte immer nebenher durchgeführt werden, um Mischgespinste oder -gewebe zu identifizieren.

Zu den Angaben über die **Brennprobe** ist zu ergänzen, daß *mineralisch erschwerte Naturseide* bei nennenswerter Erschwerung ihre Struktur bei der Brennprobe beibehält, wobei das mineralische Skelett in der Flamme aufglüht. Die *Farbe der Asche* läßt in diesen Fällen einen Schluß auf die *Art der Erschwerung* zu: Reinweiße, schwere Asche von weißen oder farbigen Seiden deutet auf Zinn-, Zinnphosphat-, Zinnphosphatsilikat-, Tonerdesilikaterschwerung o.ä.; weiße Asche von schwarzen Seiden weist auf Zinnphosphat-, Gerbstoff- oder Zinnphosphat-Blauholzerschwerung; gelbe bis braune Aschen zeigen Eisengehalt an, wobei hellere gelbliche Aschen Eisenbeize (neben Zinnbeizen) als Komponenten zu enthalten pflegen, während reine Eisen- bzw. Eisengerbstofferschwerungen rotbraune Aschen ergeben.

Ein ähnliches, weißes Aschenskelett, das die Faserform erhalten bleiben läßt, zeigt Calciumalginat-Kunstseide bei der Brennprobe.

Die meisten synthetischen Faserstoffe schmelzen in der Flamme zu einer Perle zusammen. Aus dieser Schmelze lassen sich von Polyester- oder Polyamid-Faserstoffen auf einer erhitzten Platte mittels einer *Nadel* feine Fäden herausziehen. (Bei Faserstoffen, die nicht nach dem Schmelzspinnverfahren hergestellt werden, versagt diese Probe.)

Trockene Destillation (indirektes Erhitzen ohne Sauerstoffzufuhr): Nur dann eindeutig, wenn die Probe frei von Faserauf- oder -einlagerungen ist [s. hierzu Abschnitt H, 1. b)]. Die zu untersuchende Probe wird in einem trockenen Reagenzglas vorsichtig über freier Flamme erhitzt; die entweichenden Dämpfe werden dabei durch je ein am

Tabelle 8. *Gruppentrennung der Faser-*

Reaktion		Pflanzliche Faserstoffe		Tierische Faserstoffe			
						auf Cellulose-Basis	
		Baumwolle	Bastfaern	Wollen und Haare	Naturseiden	Viscose- und Kupfer-KS und -ZW	Acetat-KS und -ZW
Brennprobe	Verhalten	rasch verbrennend		langsam verbrennend		rasch verbrennend	
	Geruch	nach verbrennendem Papier		nach verbrennendem Horn		nach verbrennendem Papier	stechend sauer
	Rückstand	weißgrau-gelblich (sehr wenig)		blasig-kohlig zusammengeschmolzenes Kügelchen	erschwerte Naturseide: mineralisches Skelett	weißgrau (sehr wenig)	erst kohlig zusammengeschmolzenes Kügelchen, dann weiße Asche
trockene Destillation	Lackmuspapier-Reaktion	sauer		alkalisch		sauer	
	Bleiacetatpapier-Reaktion	unverändert		geschwärzt	unverändert	unverändert	
Schwefelsäure	konz. kalt	rasch gelöst	langsam gelöst	unverändert	gelöst	rasch gelöst	
Ameisensäure, konz.	kalt	unverändert		unverändert		unverändert	gelöst
	kochend						
Aceton	kalt	unverändert		unverändert		unverändert	2½-Acetat: gelöst, Triacetat: z.T. gelöst
Chloroform	kalt	unverändert		unverändert		unverändert	2½-Acetat: ungelöst, Triacetat: gelöst
Phenol, verflüssigt	kalt	unverändert		unverändert		unverändert	gelöst
	heiß						

stoffe durch chemische Vorprüfungen

Chemische Faserstoffe						
auf Eiweiß-Basis	synthetisch erzeugt (Synthetische Faserstoffe)					
	Polymerisat-Faserstoffe				Polykondensat-Faserstoffe	
Caseïnfaser	Polyvinylchlorid-Faserstoffe	Mischpolymerisat-Faser Dynel	Polyacrylnitril-Faserstoffe	Polyvinylacetal-Faserstoffe	Polyester-Faserstoffe	Polyamid-Faserstoffe
langsam verbrennend	zusammenschmelzend	dunkel zusammenschmelzend, nur in Flamme brennend	schmelzend, dann brennend (rußend)	schmelzend, dann brennend	schmelzend, dann auch entflammend (rußend)	schmelzend, dann entflammend
nach verbrennendem Horn	stechend, etwas süßlich	herb, etwas süßlich	süßlich	süßlich	aromatisch	schwach pyridinartig
blasig-kohlig zusammengeschmolzenes Kügelchen	schwarzes Kügelchen	schwarz, hart	dunkel, hart und spröde	helle Schmelze	glasige braune Schmelzperle	
alkalisch	sauer				sauer	alkalisch
gebräunt	unverändert				unverändert	
ungelöst (gebräunt)	unverändert	braun werdend, teilweise gelöst	gelöst		gelöst	
unverändert		unverändert	unverändert	gelöst	unverändert	PA 6 u. 6.6: gelöst, PA 11: unverändert
		ungelöst				gelöst
unverändert	ungelöst, nachchloriert: gelöst	nach schwachem Erwärmen gelöst	unverändert		unverändert	
unverändert	unverändert, nachchloriert: gelöst	unverändert			unverändert	
unverändert	unverändert				unverändert	gelöst
	teilweise gelöst	gelöst	ungelöst		gelöst	

oberen Ende des Reagenzglases eingehängtes feuchtes blaues und rotes *Lackmuspapier* geprüft. Saure Dämpfe röten blaues Lackmuspapier, alkalische Dämpfe bläuen rotes Lackmuspapier. Gleichzeitig freiwerdender Schwefelwasserstoff – bei tierischen Wollen und Haaren sowie bei chemischen Eiweißfasern (ferner bei Schwefelfärbungen) – ist durch Schwarz- bzw. Braunfärbung von *Bleiacetatpapier* nachzuweisen. – Bei den synthetischen Faserstoffen ist längeres Erhitzen nötig, da die Reaktion trotz Entwicklung von Dämpfen anfangs oft neutral bleibt und erst später nach alkalisch oder sauer umschlägt. Ausführliche Angaben über das Verhalten der synthetischen Faserstoffe bei der trockenen Destillation (Nachweis der Zersetzungsprodukte) bringt Ulrich[1].

Millons Reagenz (Mercurinitratlösung): Nach Millon[2] löst man 1 cm³ Quecksilber in 9 cm³ 94%iger Salpetersäure in der Wärme und verdünnt mit 10 cm³ Wasser. Nach Absitzenlassen wird die klare Lösung für den Gebrauch abgezogen. Die Lösung ist leicht zersetzlich, daher jeweils frisch bereiten! – Ungefärbte Fasern werden mit einigen Tropfen von Millons Reagenz erwärmt: natürliche wie chemische Eiweißfasern färben rot bis rötlich-braun (noch 5% Caseïnzusatz zu chemischen Cellulosefaserstoffen ergibt schwache Rotfärbung!). [Die animalisierte Viscosezellwolle Vistralan XT wird im Reagenz erst gelb, dann schnell grünlich gefärbt. Polyamid-Faserstoffe geben im kochenden Reagenz Gelbfärbung.]

Alkalische Bleilösung: 2 g Bleiacetat werden in 50 cm³ dest. Wasser gelöst, sodann wird eine Lösung von 2 g Ätznatron in 30 cm³ Wasser zugefügt. Die Faserprobe wird im Reagenzglas mit der alkalischen Bleilösung 1 bis 2 Min. bei 80 bis 90 °C behandelt. Hiernach färben sich schwefelhaltige Fasern je nach der Höhe ihres Schwefelgehaltes hellbraun bis schwarz. Der Gehalt an Schwefel beträgt bei

Schafwolle und tierischen Haaren	2,5 bis 4,1%	(Färbung dunkelbraun bis schwarz)
Caseïnfaser	0,7 bis 0,8%	(Färbung hellbraun)

Auch unentschwefelte Viscosekunstseide bzw. -zellwolle wird in der Lösung beim Erwärmen bräunlich gefärbt. Naturseide bleibt ungefärbt!

Die für Gruppentrennungen oft mit empfohlene *Laugenprobe* (mit 5%iger Natronlauge) kann nicht als sicheres Vorprüfungsverfahren angesprochen werden, da einmal bei den Naturseiden zwar echte Seide rasch gelöst wird, Tussahseide hingegen nur langsam zu einem Fibrillenbrei zerfällt, andererseits in der Gruppe der Chemiefaserstoffe die Lösungsverhältnisse z.T. uneinheitlich sind. So gehen die Cellulosekunstseiden und die Zellwollen in kochender 5%iger Natronlauge nicht oder teilweise, und zwar je nach Type in ziemlich unterschiedlichem

[1] Ulrich, H. M.: Handbuch der chemischen Untersuchung der Textilfaserstoffe, I. Band, S. 85—87 und 228—230. Wien: Springer 1954.
[2] Millon, E.: Compt. rend. **28**, S. 40.

Grad, in Lösung. Auch Acetatfaserstoffe lösen sich nur zum Teil. Die chemischen Eiweißfasern hingegen werden je nach Art unterschiedlich rasch, z.T. erst nach längerem Kochen, und auch nicht vollständig, gelöst.

Zur Gruppentrennung von Faserstoffen gehören auch die *Verholzungsreaktionen*, durch welche verholzte Zellmembranen (d.h. Pentosane bzw. Lignin) durch typische Färbung nachgewiesen und damit die verholzten Bastfasern (Hanf, Jute und Hartfasern) erkannt werden können. Aus der Vielzahl der die Verholzung anzeigenden Reagenzien sind in Tab. 9 die wichtigsten zusammengestellt (s. a. die Zusammenstellung bei A. Herzog[1]).

Tierische und chemische Eiweißfaserstoffe lassen sich durch verschiedene Reaktionen nachweisen[2]. Einzelne Reaktionen sprechen nur auf bestimmte Aminosäuren an. Karrer[3] führt folgende *Reaktionen auf Eiweißkörper* auf:

Biuretreaktion. Sie fällt bei allen Eiweißkörpern positiv aus und zeigt Peptidbindungen an. Ausführung: Gibt man zur Probe viel Natronlauge oder Kalilauge und darauf tropfenweise eine 2%ige Kupfersulfatlösung, so erfolgt eine *violette Färbung.*

Xanthoproteïnreaktion. Durch Behandeln mit starker heißer Salpetersäure tritt *Gelbfärbung* auf (Nitrierung), die auf Ammoniakzusatz orange wird. – Die Reaktion zeigt Phenylalanin, Tyrosin und Tryptophan an.

Millonsche Reaktion. Beim Erwärmen der Probe mit Mercurinitratlösung (s.o.) tritt *Rosa-, Rot- oder Rotbraunfärbung* ein. – Reaktion auf Tyrosin (allgemein auf Verbindungen, die eine Oxyphenyl-Gruppe enthalten).

Paulysche Reaktion. Diazobenzolsulfosäure [s. Gruppe S, 2. c)] ergibt eine *Rotfärbung*, die beim Ansäuern nach Gelbrot umschlägt. – Reaktion auf Tyrosin und Histidin.

Reaktion von Adamkiewicz, Hopkins und Cole: Eine Eiweißlösung zeigt nach Zugabe von Glyoxylsäure und konz. Schwefelsäure *Blauviolettfärbung.* – Reaktion auf Tryptophan.

Ninhydrinprobe. Beim Kochen mit einer wässerigen Lösung von Triketohydrindenhydrat [s. auch Gruppe B, 11.] erfolgt *Blaufärbung.* – Reaktion auf Aminosäuren, Polypeptide und Peptone.

Nach Tauber[4] wird 0,5 cm^3 einer etwa 0,5 mg Tryptophan enthaltenden Lösung (z.B. von etwa 25 mg Schafwolle oder Kaseïnfasern) im Reagenzglas mit 3 cm^3 70- bis 72%iger Perchlorsäure gemischt. In einigen Minuten entwickelt sich eine intensiv grün-gelb, besonders im Ultraviolett fluoreszierende Färbung, die auf Zusatz von 0,1 cm^3 einer 1%igen wässerigen Ferrichloridlösung in Rot-Orange umschlägt. – Andere Aminosäuren sowie Kohlehydrate geben die Reaktion nicht.

---

[1] Herzog, A.: Mikrochemische Papieruntersuchung, S. 115 bis 116. Berlin: Springer 1935.

[2] Ulrich, H. M.: Handbuch der chemischen Untersuchung der Textilfaserstoffe, I. Band, S. 115–120. Wien: Springer 1954.

[3] Karrer, P.: Lehrbuch der organischen Chemie, 10. Auflage, S. 328–329. Stuttgart: G. Thieme bzw. Zürich: Rascher-Verlag 1948.

[4] Tauber, H.: J. Amer. chem. Soc. **70** (1948), 2615.

Tabelle 9. *Reagenzien zur Feststellung verholzter Zellmembranen*

Reagenz	Herstellung	färbt verholzte Zellmembranen	Literatur
Brenzcatechin	Alkoholische Lösung, zum Gebrauch mit konz. Salzsäure zu versetzen	blauviolett	Wiesner, J.v.: Sitz.-Ber. Kais. Akad. Wissenschaft. Wien 77 (1878)
Carbazol (Diphenylimid)	Konz. alkoholische Lösung, mit etwas Salzsäure versetzen (warm anzuwenden)	rotviolett	Mattirolo, O.: Z. wiss. Mikrosk. *2* (1885), 354
Kaliumpermanganat (Mäulesches Reagenz) [Farbreaktion auf spezielle Farbbildner in verholzten Zellmembranen]	1%ige Lösung von Kaliumpermanganat 5 Min. auf die Fasern einwirken lassen, waschen und mit Salzsäure einige Min. entfärben, sodann Fasern mit Ammoniak übergießen oder räuchern (naß beurteilen!)	Flachs/Hanf: unverändert, Jute: tiefrot, Manila: rosa, Sisal, Neuseeland-Faser: rot Kokos: unverändert	Mäule, C.: Habilitationsschrift TH. Stuttgart 1901.
p-Nitranilin [Reaktion auf Lignin]	2 g p-Nitranilin in 80 cm³ Wasser und 20 cm³ Salzsäure kalt lösen	Flachs: unangefärbt, Hanf: schwachrosa, Jute: rot, Sisal, Manila, Neuseeland-Faser: hellrot, Kokos: dunkelrot	Bergé, A. 1906; Fr. Eppendahl: Qualitative Analyse der wichtigsten Faserarten für die Färberei, S. 99–100. Wittenberg L.: A. Ziemsen 1948
Phloroglucin [Reaktion auf Pentosen, die durch HCl-Einwirkung Furfurol bilden]	2% ige alkoholische Lösung, zum Gebrauch mit dem gleichen Volumen konz. Salzsäure (s = 1,163) versetzen	Rohflachs: braun, spurenweise rosa, Hanf: rosa, Jute: violettrot, Hartfasern: rot, Kapok: violettrot	Wiesner, J.v.: Dinglers Polytechn. J. *227* (1878), 307 und *228* (1879), 173

2. Bestimmung der Faserstoff-Art

Umfangreiche Bestimmungstabellen für Faserstoffe unter Berücksichtigung auch einiger synthetischer Erzeugnisse sind letzthin vom Textile Institute, Manchester, veröffentlicht worden[1]. Die Wiedergabe des grundlegenden dieser Bestimmungsschlüssel – mit einigen Abänderungen und Ergänzungen – ist in Tab. 10 gebracht.

Chemische Bestimmungsschlüssel versagen im allgemeinen bei Vorliegen von Fasermischungen. Die Notwendigkeit einer vorherigen bzw. auch zusätzlichen *mikroskopischen Untersuchung* der Faserprobe ist daher auch hier gegeben.

Auch das Verhalten der Faserstoffe in polarisiertem Licht kann mit Vorteil zur Erkennung bestimmter Faserstoff-Arten herangezogen werden, wie Tab. 11[2] ersichtlich werden läßt.

Soweit ein Mikroskop nicht zur Verfügung steht, können die verschiedenen Faserstoff-Arten auch durch *Anfärbung mit geeigneten Farbstoffgemischen* festgestellt werden. Diese sog. „Universal-Färbereagenzien" sind jedoch ebenfalls nur bedingt verläßlich insofern, als namentlich bei Chemiefaserstoffen je nach Type, auch schon nach verschiedener Verstreckung, unterschiedliche Färbung eintreten kann, zum anderen Fasermischungen nur selten mit Sicherheit zu erkennen sind (Lupe benutzen!), und schließlich auch chemische Veränderungen (z.B. bei Schädigung der Fasern) und Nachbehandlungen der Fasern (z.B. Knitterfreiappreturen) die Anfärbung beeinflussen. Die gleichzeitige Anfärbung von hinsichtlich ihres Rohstoffes bekannten Proben ist dringend anzuraten! Außerdem sind solche Färbereagenzien nur bei ungefärbten Proben anwendbar. Gefärbte Proben, an denen die hier störende Färbung abgezogen wurde, sind für Anfärbemethoden unbrauchbar, da das Farbstoffaufnahmevermögen hierdurch verändert worden sein kann. – Bei Geweben sind Kette und Schuß stets getrennt zu untersuchen!

Fertige Farbstoffmischungs-Reagenzen:

Detex (Ciba AG., Basel) – früher „Testex" genannt,

Neocarmin W nach W. Wagner, sowie *Neocarmin MS* (geliefert von Fesago, Chem. Fabrik Dr. Gossler GmbH., Heidelberg),

Réactiv Savereux nach franz. Pat. 724541[3],

Shirlastain A (Imperial Chemical Industries Ltd., Manchester).

Zur Faseruntersuchung mittels „**Detex**" ist folgendes zu bemerken: Die Lösung ist gebrauchsfertig und in brauner Flasche längere Zeit haltbar, doch vor direkter Sonnenbestrahlung zu schützen. Von wiederholtem Gebrauch der gleichen Lösung ist abzuraten. Vorreinigung, wie bei „H" unter 1. angegeben; falls die Probe gar nicht oder kaum angefärbt wird, ist außerdem nach „B" auf evtl. Kunstharzgehalt zu untersuchen und diese Appretur gegebenenfalls vorher durch ein Bad

[1] Handbooks of Textile Technology, No. 3: Identification of Textile Materials. 4th edition. Manchester: The Textile Institute 1958.
[2] Herzog, A.: Klepzigs Textil-Z. **46** (1943), 175, mit Ergänzungen von P.-A. Koch.
[3] Pinte, Chanoine, und Mlle. Goujet: Rayonne **6** (1950), Nr. 1, S. 59, 61–63, 65.

Tabelle 10. *Qualitative Analyse von Faserstoffen mittels Mikroskop und*

Verhalten bei Brennprobe		mikroskopisches Aussehen in Längsansicht	mikroskopisches Aussehen in Querschnittsform
unbrennbar	nicht schmelzend	leicht trennbar in unterschiedlich feinste Fasern bis zu ½ (0,02) μ herab[1]	
unbrennbar	erweichbar und Schmelzperle bildend	durchsichtig, strukturlos und einheitlich im Längsverlauf	rund
plötzlich aufflammend und verkohlend; weißer skelettartiger Rückstand in der Flamme weißglühend	schwacher Geruch nach verbrennendem Papier	gestreift*	scharf gezähnelt oder verzweigt. Sehr unregelmäßig
plötzlich aufflammend und verkohlend; weißer skelettartiger Rückstand in der Flamme weißglühend	Geruch nach verbrennenden Haaren	strukturlos	mehrheitlich dreieckig mit abgerundeten Ecken
gleichmäßig brennend, mit unbedeutendem Brutzeln; Geruch nach verbrennenden Haaren		Doppelfaden mit unterschiedlich dicker Umhüllung (stellenweise zerklüftet oder zerrissen)	mehrheitlich dreieckig mit abgerundeten Ecken
		strukturlos	
		bändchenartig mit fibrillärer Längsstreifung	keilförmig mit abgerundeten Ecken
		zylindrisch, mit übergreifenden Schuppen bedeckt	rund oder elliptisch; zuweilen in der Mitte des Querschnittes dunkle Markzone
		zylindrisch, ohne Schuppen, z.T. mit unebener Oberfläche*	rund, rundlich oder leicht gekerbt
zusammenschmelzend unter Bildung unregelmäßiger schwarzer Klümpchen, ohne zu entflammen; Geruch stechend, etwas süßlich		keine oder eine bis zwei Längslinien; z.T. mit feinkörnigen Einschlüssen oder feinsten Längsrissen*	länglich abgerundet, z.T. eingebuchtet, oder hantelartig, zusammengeklappt
zusammenschmelzend unter Bildung harter schwarzer Klümpchen, nur in der Flamme brennend; Geruch herb, etwas süßlich		einzelne Längslinien, z.T. mit feinsten Einschlüssen*	vielgestaltig, unregelmäßig (T-, V-, Y-ähnlich)
schmelzend, dann entflammend, mit Bildung von brauner Schmelzperle; Geruch aromatisch bzw. nach frischem Sellerie		strukturlos*	rund
schmelzend, dann lebhaft brennend, Rückstand dunkel, hart und spröde; Geruch süßlich		längsrillig oder strukturlos, z.T. rissig oder feinporig dunkel*	je nach Fabrikat unterschiedlich: langgestreckt, hantel- oder nierenartig, rundlich gekerbt

* = bei mattierten oder spinngefärbten Fasern ist das Aussehen durch Einlagerung feinster, in durchfallendem Licht dunkel erscheinender Teilchen beeinflußt.

chemischer Reaktionen (nach Textile Institute, Manchester, ergänzt)

Faserstoff	Chemische Reaktionen		
Asbest			
Glas			
Alginatkunstseide			
zinnsalzerschwerte Naturseide	*kalte konzentrierte Salzsäure:*	*kalte* **80%***ige Schwefelsäure*[2]*:*	
	ungelöst	ungelöst	
Rohseide (unentbastete Naturseide)	gelöst (unlöslicher Rückstand bleibt)	gelöst	
entbastete Naturseide	rasch gelöst	gelöst	
Tussahseide	quellend, aber ungelöst	gelb gefärbt und quellend	
Schafwolle	ungelöst		
chemische Eiweißfasern	ungelöst, purpurn gefärbt (bei Wässern entfärbt)		
Polyvinylchlorid-Faserstoffe	*trockene Destillation*[3]*:*	*kalte konzentrierte Schwefelsäure:*	*Phenol, verflüssigt:*
	sauer	ungelöst	ungelöst, heiß teilweise gelöst
Mischpolymerisat-Faser Dynel	sauer	braun werdend, teilweise gelöst	nur heiß gelöst
Polyester-Faserstoffe	sauer	gelöst	nur heiß gelöst
Polyamid-Faserstoffe	alkalisch	gelöst	kalt gelöst
Polyacrylnitril-Faserstoffe	sauer	gelöst	ungelöst

[1] Siehe Gruppe U, 3. s). [2] Spez. Gewicht 1.727 g/cm³. [3] Ausführung siehe Gruppe U, 1.

Tabelle 10.

Verhalten bei Brennprobe		mikroskopisches Aussehen in Längsansicht	mikroskopisches Aussehen in Querschnittsform
rasch brennend unter Bildung eines verkohlten Klümpchens; Geruch stechend sauer (nach Essigsäure)		längsgerieft*	grob gelappt (2-, 3- oder 4-lappig), vereinzelt hundeknochenförmig, Triacetat-Faser z.T. auch rundlich
rasch brennend, Geruch nach verbrennendem Papier (acetylierte Baumwolle: leichter Essiggeruch)	feiner grauer oder schwarzer Ascherückstand	bandartig flach, stellenweise gedreht	nieren- oder bohnenförmig, flach, seltener elliptisch
	kein Ascherückstand	zumeist zylindrisch, nur einzelne Fasern mit Drehungen	nahezu kreisrund
sehr rasch brennend, Geruch nach verbrennendem Papier		zumeist mit dichten Längsstreifen (Ausnahme: Sonderfabrikate)*	fein gezähnelt oder gekerbt
		strukturlos*	rund
		Fasern in Bündeln mit Quer- und Schrägrissen („Verschiebungen"), oft in Kreuzform	polygonal, mit zentralem Lumen
		Fasern in Bündeln mit Schrägrissen, oft in Kreuzform, ähnlich wie bei Flachs	polygonal, aber nicht so scharf abgewinkelt wie bei Jute
		Fasern in Bündeln, aber ohne Risse in Kreuzform	polygonal mit deutlichen Abwinklungen
		lange Einzelfasern mit Kreuzrissen und häufig mit Längsrissen. Maximalbreite 75 μ	länglich dickwandig mit flachem Lumen
		zylindrisch, dünnwandig, oft Luftblasen enthaltend, an der Basis keulenförmig angeschwollen mit netzartiger Struktur	dünnwandige, flachgedrückte Röhren

* = bei mattierten oder spinngefärbten Fasern ist das Aussehen durch Einlagerung feinster, in durchfallendem Licht dunkel erscheinender Teilchen beeinflußt.

[4] Rezepte siehe Gruppe M.

[5] *„Jod-Schwefelsäure":* Man lege die Probe für einige Minuten in Jod-Jodkaliumlösung, entferne hiernach den Überschuß von Jod durch ein Filterpapier, und bette für die mikroskopische Untersuchung in Glycerin-Schwefelsäure ein.

Jod-Jodkaliumlösung: Man löse 3 g Kaliumjodid in 60 cm^3 Wasser, füge 1 g Jod hinzu und verdünne mit 10 Teilen Wasser.

(Fortsetzung)

Faserstoff	Chemische Reaktionen	
$(2^{1}/_{2})$-Acetat-Faserstoffe	*Methylenchlorid:*	
	gequollen, ungelöst	
Triacetat-Faserstoffe	gelöst	
Baumwolle	*„Kuoxam"*[4]*:*	
	Bildung tonnenartiger Aufquellungen, dann Lösung	
acetylierte Baumwolle	ungelöst bleibend	
mercerisierte Baumwolle	(gebleicht:) rasch glatt gelöst	
Viskose-Faserstoffe		
Kupfer-Faserstoffe		
Flachs	*Jod-Schwefelsäure*[5]*:*	*Drehprobe*[6]*:*
	[roher Flachs:] blau bis gelb mit blauen Kreuzrissen	im Uhrzeigersinn drehend
Hanf *(cannabis)*	grünlich-blau mit blauen Kreuzrissen	entgegen dem Uhrzeigersinn drehend
Jute	gelb mit *sehr* schwachen blauen Kreuzrissen	entgegen dem Uhrzeigersinn drehend
Ramie	blau mit blauen Kreuzrissen	im Uhrzeigersinn drehend
Kapok	gelb	**80%***ige Schwefelsäure*[7]*:*
		Java-Kapok: dreht sich, schließlich gelöst *Indischer Kapok:* ungelöst

Glycerin-Schwefelsäure : Mische 2 Volumenteile Glycerin mit 1 Volumenteil Wasser. Tauche die Pulverflasche mit der Lösung bis zum Flüssigkeitsspiegel in kaltes Wasser, füge absatzweise insgesamt 3 Volumenteile konz. Schwefelsäure zu und schüttle, bis die Lösung gut durchmischt ist. Halte die Lösung kühl!

[6] *Drehprobe* [nach Nodder: J. Textile Inst. **13** (1922), T 161]: Wird eine nasse Flachsfaser an einem Ende eingespannt und trocknen gelassen, so bewegt sich das freie Ende dabei in Uhrzeigerrichtung. Hanffasern führen unter gleichen Bedingungen eine Bewegung in entgegengesetztem Sinn aus. Diese Probe kann mit Fasermaterial in jedem Verarbeitungszustand durchgeführt werden und trifft auch bei Fasern zu, die mercerisiert worden sind.

[7] Spez. Gewicht 1 727 g/cm^3.

Tabelle 11. *Verhalten der Faserstoffe in polarisiertem Licht*

<table>
<tr><td rowspan="11">Faser einfach-brechend</td><td colspan="14">Faser doppelbrechend</td></tr>
<tr><td colspan="14">In der Diagonalstellung zeigt die Faser (Flächenteile) zwischen gekreuzten Nicols und nach Einschaltung eines unter + 45° orientierten Gipsplättchens Rot I in der Lage</td></tr>
<tr><td>+ 45°
A</td><td>− 45°
S</td><td>+ 45°
S</td><td>− 45°
A</td><td>+ 45°
A</td><td>− 45°
S</td><td>+ 45°
A</td><td>− 45°
S</td><td>+ 45°
S</td><td>− 45°
A</td><td>+ 45°
S</td><td>− 45°
A</td><td>+ 45°
A</td><td>− 45°
S</td></tr>
<tr><td colspan="14">Die Faser ist also optisch (in bezug auf die Längsrichtung)</td></tr>
<tr><td colspan="2">+</td><td colspan="2">−</td><td colspan="2">+</td><td colspan="2">+</td><td colspan="2">−</td><td colspan="2">−</td><td colspan="2">+</td></tr>
<tr><td colspan="14">Beim Drehen in der Tischebene wird die zwischen gekreuzten Nicols liegende Faser</td></tr>
<tr><td colspan="4" rowspan="5">viermal
(0°, 90°, 180°, 270°)
fast vollständig dunkel</td><td colspan="10">auch in den Lagen 0°, 90°, 180°, 270° nicht vollständig dunkel, sondern</td></tr>
<tr><td colspan="8">schwach aufgehellt</td><td colspan="2">stark aufgehellt</td></tr>
<tr><td colspan="10">Nach Einschaltung eines Gipsplättchens Rot I (+ 45°) zeigt die Faser (Flächenteile) unter</td></tr>
<tr><td>0°</td><td>90°</td><td>0°</td><td>90°</td><td>0°</td><td>90°</td><td>0°</td><td>90°</td><td>0°</td><td>90°</td></tr>
<tr><td>A(c)</td><td>S(a)</td><td>S(a)</td><td>A(c)</td><td>S(a)</td><td>A(c)</td><td>A(c)</td><td>S(a)</td><td colspan="2">A, S und neutrale Stellen</td></tr>
</table>

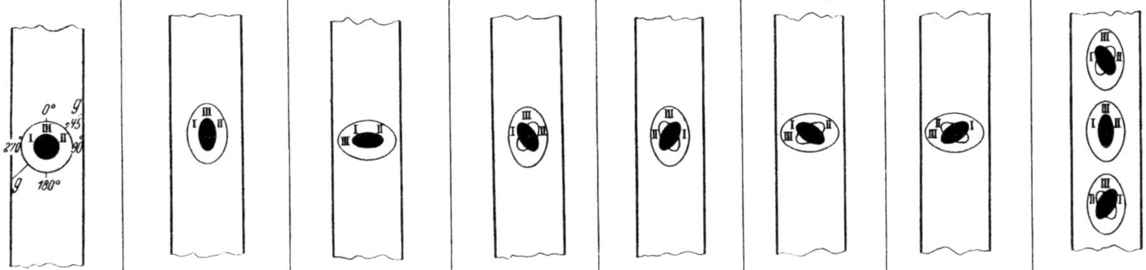

Gruppe I	Gruppe II	Gruppe III	Gruppe IV	Gruppe V	Gruppe VI	Gruppe VII	Gruppe VIII
Glasfäden	(Unreife Baumwolle) Tierische Wollen u. Haare, Naturseide, Nitrat-, Kupfer- und Viscose-KS/ZW, Acetat-KS/ZW aus Secundäracetat, Gelatineseide, Kaseïn-, Soja-, Erdnuß- und Zeïnfasern, Polyamid-Faserstoffe	Tillandsiafaser, stark nitrierte Pflanzenfasern mit mehr als 11,8 % Stickstoff, Acetat-KS/ZW aus Triacetat, Polystyrol-Roßhaar	Flachs, Ramie, Brennessel, Malve, Kartoffel, Cryptostegia	Hanf, Jute, Ginster, Sunn, Weide, Maulbeer, Daphne, Adansonia, Sisal, Manila (Abacá), Aloë, Yucca, Raphia, Bactris, Waldwolle	Kokos	Brasilianische (Para)-Piassave	Baumwolle, mercerisierte Baumwolle

Es bedeuten: A = Addition, S = Subtraktion, a = Alternativstellung, c = Consecutivstellung. Die Elastizitätsellipse ist durchwegs für die obere Faserhälfte eingezeichnet.

Nach A. Herzog: Klepzigs Textil-Z. **46** (1943), 175, mit Ergänzungen von P.-A. Koch.

mit 6 cm^3 konz. Salzsäure in 1 l Wasser bei 70 °C zu entfernen (die Anfärbung bleibt hiernach normal). Gewebemuster in Kette und Schuß zerlegen und getrennt behandeln! – Das Muster wird nach dieser Vorbereitung während 5 Min. bei Zimmertemperatur in Detex gefärbt und dann unter mehrmaligem Wasserwechsel bei 50 °C gut gespült (Einhalten der Spültemperatur wichtig!). Nachdem das Spülwasser (fast) klar ist, wird das Muster an der Luft getrocknet und mit der Detex-Farbtabelle oder mit eigenen Referenzmustern verglichen. Schwer anfärbbare Proben (speziell Bastfasern) sind länger als 5 Min. in Detex zu belassen. Durch Erhöhung der Färbetemperatur auf 40 bis 70 °C kann die Unterscheidung von Fasern mit ähnlicher Färbereaktion erleichtert werden.

Die einzelnen Faserstoffe zeigen nach Behandlung mit Detex die in Tab. 12 verzeichneten Farbtöne.

Neocarmin W[1] ist eine stark saure Farbstofflösung, die Pikrinsäure, Chicagoblau 6 B und einen roten Säurefarbstoff enthält. – Eine kleine, mit Alkohol gut vorgenetzte Probe wird (evtl. nach Vorreinigung, wie vorstehend angegeben) 3 bis 5 Min. kalt mit der gebrauchsfertigen Neocarmin W-Lösung gefärbt, dann 2 Min. in fließendem Wasser gespült und an der Luft getrocknet. Die bei den einzelnen Faserstoffen erzielten Farbtöne sind in Tab. 12 verzeichnet.

Eine Unterscheidung von Baumwolle gegenüber Flachs ist durch Anwendung von **Neocarmin B** möglich (Baumwolle rot, Flachs tiefblau gefärbt, s. 3. e).

Andererseits kann zur Unterscheidung der verschiedenen Arten von synthetischen Faserstoffen **Neocarmin MS** herangezogen werden, s. 3. t), α).

Soll ein Färbereagenz selbst angesetzt werden, so stehen hierfür je nach der gewünschten Kontrastfärbung bei bestimmten Faserstoffarten verschiedene Rezepte zur Verfügung.

Das **Färbereagenz nach Eppendahl** (II) ist eine Erweiterung der Zartschen Lösung (s. 3. p) durch Zusatz von Cellitonechtgelb; außerdem wird es im Gegensatz zu dieser kochend angewendet[2]. Auf einen Liter Wasser sind anzusetzen:

1 g Siriuslichtblau B,
1 g Eosin extra,
1 g Cellitonechtgelb GR,
1 g Gardinol (bzw. ein anderes Netz- und Dispergiermittel).

Die Farbstoffe werden kochend gelöst. Gardinol dient als Dispergiermittel für Cellitonechtgelb, welches nur mit heißem Wasser angeteigt wird. Vor Gebrauch schüttelt man das Reagenz gut um. – Die vorgereinigte Probe wird im Färbereagenz 5 Minuten kochend gefärbt, dann kalt gespült und bei mäßiger Temperatur getrocknet. Die bei den verschiedenen Faserstoffen auftretenden Farbtöne sind in Tab. 12 aufgeführt.

---

[1] Wagner, W.: Melliand Textilber. **13** (1932), 80–82.

[2] Eppendahl, Fr.: Qualitative Analyse der wichtigsten Faserarten für die Färberei, S. 126–127. Wittenberg Lutherstadt: A. Ziemsen 1948.

Tabelle 12. *Anfärbungen der einzelnen Faserstoffe mit verschiedenen Färbereagenzien bzw. Farbstoffgemischen*

	Faserstoff-Art	Detex	Neocarmin W	Rezept von Eppendahl	Rezept von Draxl
Naturfaserstoffe	*Pflanzliche Fasern*				
	Baumwolle, roh	graublau	hellblau (rötlich)[1]	lila	hell(grau)gelb
	Baumwolle, gebleicht	hell graublau	sattblau (rötlich)[1]		hell(grau)gelb
	Baumwolle, gebleicht mercerisiert	sattblau	sattblau (rötlich)[1]		hellgelb(grau)
	Kapok	rot	schmutzig gelb[1]		
	Flachs, gebleicht	schmutzig grünblau	tiefblau (rötlich)[1]		schmutzig braun
	Hanf		tiefblau bis violett		
	Jute		olivbraun		
	Ramie		rötlichblau		rein grau
	Tierische Faserstoffe				
	Schafwolle, roh	rosa	gelb	orange	tief violett
	Schafwolle, gechlort	(ungleichmäßig) rot	schmutzig gelbbraun		
	Echte Seide, roh		schmutzig dunkelgrün	dunkelrotbraun	rein blau
	Echte Seide, entbastet	karminrot	altgold	ziegelrot	
	Wilde Seide (Tussah-)		grün	schmutzig ziegelrot	
Chemiefaserstoffe	*Cellulosefaserstoffe*				
	Nitratkunstseide			lila	
	Kupfer-KS und ZW	reinblau	tief reinblau	blau bzw. violettblau	orange- bis hellrot
	Viscose-KS und ZW, Normalfertigungen	blaulila bis violett	rot bis rotviolett[2]	blaurosa bis lila	hellgelb
	-ZW nach dem Lanusa-Verfahren		tiefblau (rötlich)	violettblau bis blau	rotbraun
	Acetat-KS und ZW	gelb	grünstichig gelb	gelb	rot
	Calciumalginat-Kunstseide		rötlich purpur		
	Eiweißfaserstoffe				
	Kaseïnfasern, Zeïnfaser	rot	gelb (orange)	ziegelrot	rotviolett
	Synthetische Faserstoffe[3]				
	Polyvinylchlorid-Faserstoffe				
	desgl., nachchloriert (PeCe)		leicht grau angeschmutzt	hellcreme	
	Polyacrylnitril-Faserstoffe		leicht gelbgrün angeschmutzt		
	Polyester-Faserstoffe		leicht angeschmutzt		
	Polyamid-Faserstoffe, Typen 6.6 u. 6	beige	gelb	rotorange	rosa bis rötlich
	desgl., Typ 11 (Rilsan)		blaß grünstichig gelb		

[1] Unterscheidung durch Neocarmin B möglich.
[2] Beschädigte oder verstreckte Faserteile ebenso wie hohle Abschnitte von Luft-KS bzw. -ZW färben sich aber blau (im Mikroskop zu beachten).
[3] Unterscheidung durch Neocarmin MS möglich.

Zur raschen Erkennung der großen chemischen Faserstoffgruppen ist auch das **Anfärbeverfahren von Draxl**[1] gut brauchbar. Es werden gelöst

1 g Chloraminorange G 2 g Chloramingelb 1 g Brillant(woll)blau FFR extra 1 g Eosin extra	in etwas heißem Wasser

0,5 g Cellitonrosa R (bei 40 bis 50 °C mit Wasser anteigen)
1 g Hostapon T bzw. ein gleichwertiges Netz-, Dispergier- und Egalisiermittel.

Nach Zugabe von Hostapon T ist auf einen Liter mit Wasser aufzufüllen. – Die Probe wird vorher mit 2 g/l Marseiller Seife in 200facher Flotte während 10 Min. gekocht, dann mit heißem Wasser kurz ausgewaschen und *genau 3 Min.* kochend unter dauernder Bewegung der Flotte in der konzentrierten Farbstofflösung ausgefärbt. Nach dreimaligem kaltem Spülen ist einige Minuten mit 1 g/l Hostapon T in 200facher Flotte kochend nachzubehandeln und nochmals gründlich zu spülen. Es färben sich die verschiedenen Faserstoffklassen wie folgt:

Cellulosefaserstoffe	gelb, grau, orangerot oder rotbraun
Tierische Haare und chemische Eiweißfasern	blau oder violett
Acetat-KS und -ZW	rot
Polyamid-Faserstoffe	rosa.

Die bei den einzelnen Faserstoffen in Erscheinung tretenden Färbungen sind in Tab. 12 angegeben.

Eine neue Zusammenstellung über die Anfärbung der Faserstoffe mit Testfarbstofflösungen (Neocarmin W, Neocarmin MS, Karminazurol nach Kühnel [E. Merck] in der qualitativen Faseranalyse mit kritischer Bewertung der erzielbaren Befunde hat kürzlich Stratmann[2] gebracht.

3. Einzelunterscheidung von Faserstoffen

Für die Unterscheidung bestimmter ähnlich aussehender Faserstoffe oder voneinander abweichender Qualitäten bzw. Typen der gleichen Faserstoff-Art sind in der Literatur eine Vielzahl von Verfahren angegeben worden. Von ihnen sind nachstehend die wichtigsten und verläßlichsten aufgeführt, wobei auch spezielle mikroskopische Merkmale mit verzeichnet werden.

a) Reife und unreife bzw. tote Baumwolle[3]

Mikroskopische Kennzeichen:

Reife Haare (vollreif bzw. halbreif) weisen je nach Reifegrad eine kräftige, oft aufgewulstete, oder schwächere Zellwand – mindest 2 bis

[1] Draxl, H.: Textil-Rdsch. **4** (1949), 347–351.
[2] Stratmann, M.: Z. ges. Textilind. **60** (1958), 839–841.
[3] Siehe auch die detailliertere Zusammenstellung bei P.-A. Koch: Faserstoff-Tabellen: Unterscheidung von reifer und unreifer bzw. toter Baumwolle. Das Deutsche Textilgew. **53** (1951), 15–20 bzw. Textil-Rdsch. **6** (1951), 169–175; ergänzte Ausgabe: Z. ges. Textilind. **60** (1958), 457–462.

5 μ dick – auf. Sie sind stellenweise gedreht, wobei Drehungsrichtung wie Drehungshäufigkeit und Länge der einzelnen Verwindung stark wechseln. Protoplasmatische Inhaltsanteile finden sich nur vereinzelt. Querschnittsform länglich-oval bis bohnenförmig. Nach Einwirkung von Kuoxam erfolgt bauchiges Auftreiben der Zellwand zwischen ungequollen zusammengeschobenen Cuticularringen.

Unreife („grüne") Haare besitzen eine viel dünnere Zellwand (etwa 1 μ Dicke). Das Lumen ist noch reichlich mit protoplasmatischen Bestandteilen gefüllt; seine seitlichen Begrenzungen sind deutlich sichtbar. In Kuoxam erfolgt meist glatte Quellung, höchstens leichte Einschnürungen treten auf.

Tote Haare (vorzeitig abgestorben) sind vollkommen durchsichtig (die Zellwand ist mit etwa 0,5 bis 0,6 μ Dicke abnorm dünn). Faserstruktur und Drehungen fehlen. Charakteristisch sind die Faltungen und Überschlagungen, die auch in Längsrichtung verlaufen können. Protoplasmatische Inhaltsanteile sind höchstens in Spuren festzustellen. Gesamtbild: bandgleich. Querschnittsform flach, z.T. auch zusammengeklappte Querschnitte. Lumen nicht sichtbar, da sich die gegenüberliegenden Zellwände berühren. In Kuoxam glatte Quellung (langsamer) ohne bauchige Auftreibungen.

Färberische Unterscheidung, speziell schon *an der Rohbaumwolle,* durch das *GSB-Färbeverfahren*[1]:

Rohbaumwoll-Proben von je etwa 3 g Gewicht werden in weitmaschige gebleichte Gaze eingeschlossen und gegebenenfalls leicht angeheftet, damit ihr Verbleiben in dünner, flacher Lage gesichert ist. Nach dem Wiegen und gründlichem Durchnässen in kochendem dest. Wasser werden die Proben in ein kochendes Bad gebracht, das in dest. Wasser von 40fachem Probengewicht (Baumwolle und Gaze)

1,2% Diphenylechtrot 5 BL Supra 1 und
2,8% Chlorantinlichtgrün BLL,

beides auf das Gewicht der gesamten Baumwolle (einschl. Umhüllung) bezogen, enthält. Nach 15 Min. kochendem Färben (während der ganzen Färbedauer immer gut rühren!) wird die Baumwolle herausgehoben und 2½% ihres Gewichtes Natriumchlorid, chemisch rein, in das Färbebad eingerührt. Die Baumwolle kommt daraufhin weitere 15 Min. in das Bad, sodann werden dem Bad nach erneutem Herausheben der Proben weitere 2½% Natriumchlorid zugegeben. Nach insgesamt 45 Min. kochendem Ausfärben wird die Baumwolle endgültig aus dem Färbebad genommen, abgequetscht, zweimal gut in kaltem dest. Wasser (50faches Probengewicht) gewaschen, wieder abgequetscht und für genau 30 sec unter Umrühren in lebhaft kochendes Wasser (Flotte 50:1) getaucht, schließlich nochmal abgequetscht und in kaltem Wasser gespült. (Das bei Direktfärben nicht übliche kochende Waschen

[1] Goldthwait, Ch. F., H. O. Smith und Mary P. Barnett: Textile World **97** (1947), No. 7, S. 105—108, 201, 202, 204 und 206; s. a. Vogler, K.: Textil-Rdsch. **4** (1949), 75—81 (mit 2 Tafeln Naturfarbenaufnahmen).

dient hier einem Abziehen: es beseitigt den Überschuß an Rot, aber relativ wenig Grün, schaltet damit den Grauton aus und bringt klarere Farben hervor.) Nach einem letzten Abquetschen sollen die Proben an der Luft oder bei mäßiger Hitze trocknen. Um dabei ein Wandern des Farbstoffes an die Außenseite zu vermeiden, sind die Proben vorher aus der Gaze zu entfernen und sehr gut aufzulockern. Reife Baumwolle ist rot angefärbt, dünnwandige unreife Haare erscheinen grün angefärbt. – Ein genaues Einhalten der Färbeweise ist unbedingt erforderlich, um übereinstimmende Resultate und vergleichsfähige Muster zu erhalten. Es empfiehlt sich, zu vergleichende Proben zusammen im gleichen Bad zu färben und unter ganz gleichen Bedingungen zu waschen bzw. in ihrer Qualität bekannte Proben als Kontrollmuster gleichzeitig mit anzufärben.

Die verwendete Farbstoffkombination spricht auch auf andere Einflüsse als die Wanddicke der Baumwolle an. Die beschriebene Prüfung und deren färberische Unterschiede beziehen sich nur auf Baumwolle im herkömmlichen Naturzustand, d.h. ungereinigt, ungebleicht bzw. nicht anderweit behandelt, und läßt Einflüsse letzterer Art außer Betracht.

Gewebe kann man auf das *Vorhandensein von toter Baumwolle* prüfen durch *Ausfärben mit 2% Indanthrenbrillantviolett RK Pulver*[1]. Man setze einem Liter Färbebad noch zu:

6 cm^3 Natronlauge 38 °Bé (= 32,5%)
4 g Hydrosulfit konz.
20 g Natriumsulfat (wasserfrei).

Die Ausfärbung erfolgt nach Verfahren IK, d.h. bei normaler Temperatur (20 bis 25 °C) während 30 bis 60 Min.

Reife Haare werden tiefviolett, unreife Haare heller violett angefärbt; tote Baumwolle wird von diesem Farbstoff aber nicht angefärbt.

b) Echte und unechte Makobaumwolle

Neben der oberägyptischen Baumwolle, die im Handel „*Mako*" genannt wird, durch hohe Faserfeinheit und langen Stapel ausgezeichnet ist und einen *natürlichen bräunlich-gelben Farbton* aufweist, sind auch andere minderwertigere Baumwollen von naturbrauner Färbung auf dem Markt. Auch ist bisweilen versucht worden, die hochwertige echte Makobaumwolle durch Dämpfen oder Anfärben weniger wertvoller, meist kürzerstapeliger und von Natur aus hellfarbiger Baumwollsorten nachzuahmen. Zur Unterscheidung solcher Baumwollen von makoartigem Farbton benutze man den von A. Herzog[2] aufgestellten Bestimmungsschlüssel (Tab. 13):

---

[1] Musterkarte S. 5471 „Textilfaser-Prüfmethoden" der früheren I. G. Farbenindustrie AG., Frankfurt (Main).

[2] Herzog, A.: Kunststoffe 3 (1913), 181—183 bzw. Berl-Lunge: Chemisch-technische Untersuchungsmethoden, 8. Aufl., V. Bd., S. 629. Berlin: Springer 1934.

Tabelle 13. *Analytischer Bestimmungsschlüssel für echte Makobaumwolle und andere naturbraune bzw. makoartig gefärbte Bauwollen verschiedener Herkunft* (nach A. Herzog)

1a) Mit Kalilauge-Ammoniak (konz. Lösungen in gleichen Volumteilen gemischt) behandelt, zeigt ein großer Teil der Fasern bei mikroskopischer Prüfung beträchtliche Mengen gelbbrauner protoplasmatischer Inhaltsreste (Abbesches Farbenbild betrachten) siehe 2

b) Nur einzelne Fasern haben gefärbte Inhaltsreste, in der Regel nur die Basalteile der Haare .... siehe 3

2a) Die nicht bei der Verarbeitung kürzer gewordenen Fasern messen etwa 39 mm in der Länge und 25 μ in der Breite. Große Gleichmäßigkeit in der Haardicke. In Natronlauge von etwa 30 °Bé eingetragen, zeigen fast alle reifen Haare die typische Mercerisationsform (zylindrich glatt ohne Drehung). Ungebleicht schwimmen die Haare wegen ihres natürlichen Wachsgehaltes auf Wasser. Nach kurzem Kochen mit verd. Salpetersäure (etwa 3%ig) ändert sich die Farbe der Haare von bräunlich in rein gelbstichiges Creme *Makobaumwolle*

b) Fasern von erheblich kürzerer Länge als bei 2a), dabei breiter und ungleichmäßiger. In Natronlauge von etwa 30 °Bé eingetragen, erscheint nur ein Teil der reifen Haare zylindrisch glatt ohne Drehung .... *Andere Baumwollen von naturbrauner Farbe*

3 Ungleichmäßigere, meist auch gröbere Fasern von geringerer Länge als bei 2a). Mercerisationseffekt auch bei den reifen Haaren nur gering. Soweit nicht gedämpft (s. 6), sinkt die Probe, auf Wasser gebracht, rasch unter, da vor dem Färben auf Makoton gebleicht *Andere Baumwollen, künstlich gefärbt oder stark gedämpft*

a) Verd. Salzsäure mit Kaliumferrocyanid gibt deutliche Eisenreaktion (Bildung von Berlinerblau) *Baumwolle mit Eisenchamois gefärbt*

b) Keine Eisenreaktion .... siehe 4

4a) Bei Erwärmen mit einer geringen Menge einer Stannochloridlösung (10 g Stannochlorid in 15 cm^3 20%iger Salzsäure gelöst) im Reagenzglas entwickelt sich Schwefelwasserstoff (Schwärzung von Bleiacetatpapier) ..... *Baumwolle, mit Schwefelfarbstoffen gefärbt*

b) Keine Schwefelwasserstoffentwicklung .... siehe 5

5a) Beim Übergießen mit konz. Schwefelsäure in einer weißen Porzellanschale zeigen sich mehr oder weniger buntgefärbte Lösungen *Baumwolle, mit substantiven Farbstoffen gefärbt*

b) Nicht so .... siehe 6

6 Kurzes Kochen mit verd. Salpetersäure (etwa 3%ig) ändert die Farbe der Fasern in ziemlich satte Chamoistöne; der aufgetretene Rotstich bleibt .... *Gedämpfte Baumwolle verschiedener Herkunft*

Maisch[1] gibt zur Unterscheidung echter Makobaumwolle von Mako-Imitat folgende einfache Reaktionen an:

Betrachtung unter der *Ultralampe*:

Mako .... blaue Luminiscenz
Imitat .... gelbe Luminiscenz

Anfärbung mit	Siriusblau B	Methylenblau B
Mako	heller	dunkler
Imitat	dunkler	heller angefärbt

c) Nichtmercerisierte und mercerisierte Baumwolle

Die in Tab. 14 wiedergegebenen Methoden lassen lediglich abklären, ob mercerisiertes Material vorliegt oder nicht. Soll hingegen der technische Effekt einer Mercerisation (Mercerisiergrad) festgestellt werden, so ist die Hydrolysierzahl oder Bariumaktivitätszahl zu bestimmen.

Vor Ausführungen der Versuche bzw. Färbungen sind die Proben zu entschlichten bzw. zu reinigen (s. Gruppe H). Alle Reaktionen sind zweckmäßigerweise gleichzeitig an bekanntem Material (sowohl nichtmercerisiert wie mercerisiert) durchzuführen.

Zur *Feststellung des Mercerisiergrades* sind nur drei Methoden brauchbar, von denen die eine (röntgenographische Strukturanalyse) wegen Erfordernis einer Röntgen-Apparatur und schwieriger Auswertung ohne allgemeinere Bedeutung ist. Als absolute, d.h. vom Zustand des Rohmaterials und von Bearbeitungseinflüssen unabhängige Bestimmungsmethoden für den Mercerisiergrad können außerdem herangezogen werden:

(1) Bestimmung der **Hydrolysierzahl.** Sie beruht auf der Auswertung der gesteigerten chemischen Reaktionsfähigkeit der mercerisierten Baumwolle. Nach Schwalbe[2] wird die Probe mit verd. Schwefelsäure hydrolysiert und die Kupferzahl bestimmt, die bei mercerisierter Baumwolle gegenüber nichtmercerisierter stark erhöht ist. Man ermittelt *A*. die Kupferzahl der zu untersuchenden Probe vor der Hydrolyse, d.h. diejenige Menge Kupfer, die von 100 g Versuchsmaterial bei ¼std. Kochen mit Fehlingscher Lösung [s. Gruppe S, 1), d)] niedergeschlagen wird, und *B*. die Kupferzahl einer vorher in 200 cm³ einer 5%igen Schwefelsäure ¼ Std. gekochten (d.h. hydrolysierten) und mit Natronlauge neutralisierten Probe. B = Hydrolysierzahl, $B - A$ = wahre, korrigierte Hydrolysierzahl. – Nach Rhomberg[3] wird 1 g Gewebe mit 20 cm³ einer 15%igen Schwefelsäure 7 Std. lang bei 40 °C hydrolysiert. Nach sorgfältigem Waschen bestimmt man von der Probe die Kauffmannsche Permanganatzahl[4], die hier als Hydrolysierzahl bezeichnet wird. Die Permanganatzahl (Abkochzahl) gibt an, wieviel cm³ n/10-Kaliumpermanganat von 1 g Versuchsmaterial verbraucht wurden.

---

[1] Maisch, Lisel: Reutlinger Jahrbuch der Textilveredlung 1934/35, S. 23–24. Reutlingen: E. Hützler 1934.

[2] Schwalbe, C. G.: Z. angew. Chem. **22** (1909), 197; **23** (1910), 924 und **27** (1914), 567; s. a. Bernady, G.: Z. angew. Chem. **39** (1926), 259.

[3] Rhomberg, A.: Diss. TH. Stuttgart 1930.

[4] Siehe Melliand Textilber. **4** (1923), 333–336 und 385.

(2) Bestimmung der **Bariumaktivitätszahl („BaZ")**[1].

Diese Methode basiert darauf, daß die Alkalität einer bekannten $Ba(OH)_2$-Lösung um so mehr vermindert wird, je höher der Mercerisationsgrad eines in diese Lösung eingebrachten Baumwollgarnes oder -gewebes ist. Der Überschuß an $Ba(OH)_2$ wird durch Rücktitration mit Salzsäure bestimmt.

Zur *Durchführung der Methode* benötigt man als „Standard-Gewebe" ein nicht mercerisiertes, entschlichtetes Gewebe, außerdem eine n/4-Bariumhydroxydlösung. Diese ergibt sich durch Lösen von 39,43 g $[Ba(OH)_2 + 8H_2O]$ Merck p. A. in einem Liter Wasser. Die trübe Lösung wird durch ein Analysen-Filter filtriert. (Die Flasche muß mit einem Gummistopfen immer gut verschlossen bleiben.)

Die Prüfung muß am entschlichteten, appretfreien Gewebe durchgeführt werden, 2,5 g (bzw. 5 g für Doppelbestimmungen) des zu prüfenden Gewebes sind daher zunächst parallel mit ebensoviel Standard-Material während 1 Std. in 125 (bzw. 250) cm^3 Seifenlösung zu kochen (50 g Seifenflocken + 10 g Soda calc. in 5 Liter Wasser). Die Gewebestücke werden dann zweimal mit je etwa 200 cm^3 dest. Wasser gespült, einmal in offener Form mit dest. Wasser begossen und mindestens viermal gespült und jedesmal durch die Handquetsche stark abgepreßt. Die von Seife und Soda befreiten Prüflinge werden zum Trocknen aufgehängt. (Zum Abkürzen der Trocknungszeit dürfen die Proben kurz mit dem Bügeleisen auf einer sauberen Unterlage gebügelt werden.) Nach der Trocknung werden die Muster während einiger Stunden im Klimaraum bei 65% rel. L–F abgelegt. Sollte das zu prüfende Gewebe noch schlichtehaltig sein, so ist vorher mit einem stärkeabbauenden Enzym zu entschlichten (siehe Gruppe H, 1. a). Ist das Gewebe mit Mineralöl und Wachs oder mit Salzen, wie z.B. $MgSO_4$ schwer-appretiert, so wird das Waschen mit Seife-Soda durch eine Extraktion mit Chloroform oder einem anderen geeigneten Lösungsmittel ersetzt mit anschließendem Abkochen in reinem Wasser während einer Stunde.

2,000 g des gereinigten Gewebes wie auch des Standard-Gewebes werden in 200 oder 250 cm^3 Enghalsflaschen eingeführt, mit genau 30 cm^3 n/4-$Ba(OH)_2$-Lösung versetzt und sofort mit den Glasstopfen verschlossen. Man läßt dann die Flaschen etwa 2 Std. bei Zimmertemperatur stehen und schüttelt sie etwa alle 5 Minuten einmal durch. Nach Ablauf der genannten Zeit entnimmt man aus den Flaschen je 10 cm^3 Flüssigkeit mit einer 10-cm^3-NP-Pipette. Diesen auf etwa 30 bis 40 cm^3 mit dest. Wasser verdünnten 10 cm^3 fügt man 2 Tropfen Phenolphthaleïnlösung zu und titriert mit n/10-Salzsäure. Die n/4-$Ba(OH)_2$-Lösung wird sodann mit der gleichen Bürette titriert. (Es sind immer die gleiche Pipette und Bürette für die Mercerisationsgrad-Bestimmung zu verwenden!)

Die *Bariumaktivitäts-Zahl* (kurz „BaZ" genannt) berechnet sich wie folgt:

$$\text{Ba Z} = \frac{a - b}{a - c} \cdot 100,$$

[1] A.A.T.C.C.: Analytical methods for a textile laboratory, Teil VI, A.: Determination of finishing materials. S. 177–178, 1949.

Tabelle 14. *Unterscheidung von nichtmercerisierter und mercerisierter Baumwolle*

Verfahren	Grundlage	Verhalten von nicht mercerisierter Baumwolle	Verhalten von mercerisierter Baumwolle
Mikroskopische Untersuchung, Längsansicht	Glycerin-Präparat	Fasern meist bandartig flach, z. T. wulstig begrenzt; stellenweise gedreht (Drehungsrichtung und -häufigkeit wie Länge der einzelnen Verwindung stark wechselnd), Lumen breit	Fasern zylindrisch glatt (ohne Drehungen); Lumen, soweit sichtbar, mit auffallenden Erweiterungen bzw. Verjüngungen [ohne Spannung mercerisierte Fasern zeigen in starker Vergrößerung zahlreiche Zerklüftungen der Cuticula, die bei unter Spannung mercerisierten Fasern fehlen]
	Chlorzinkjod-Präparat	desgl.; violett gefärbt	desgl.; dunkelviolett bis schwarz gefärbt
	Kuoxam-Präparat (Quellungsreaktion)	nach Platzen der Cuticula und deren Zusammenschieben zu faltigen Ringen oder Ablösen in spiraligen Bändern erfolgt tonnen- bzw. kugelförmiges Aufquellen der Zellwand	*roh mercerisiert, ungebleicht:* ähnlich nicht mercerisierter Baumwolle, aber Cuticula stark zerklüftet und bauchige Auftreibungen der Zellwand seltener *gebleicht mercerisiert bzw. nach Mercerisieren gebleicht:* anfangs Hervortreten der Spiralstreifung der Zellwand, später glatte Quellung
desgl., Querschnittsform		Querschnitte meist längsgestreckt (nieren- oder bohnenförmig), Lumen meist linienförmig	Querschnitte geschlossen, meist rundlich, Lumen oft oval/rundlich, oder punktförmig
Mikroskopische Auszählung (in Längsansicht) nach A. Herzog	Beurteilung etwa 2 mm langer Faserabschnitte nach ihrer Struktur: (a) bandartig oder unvollkommen zylindrisch b) vollkommen zylindrisch [(b) in % = „Entwindungszahl"]	Anteil von (b) unter 20%	Anteil von (b) größer als 60%, bei gut mercerisierten Baumwollen 75 bis 90%

Tabelle 14. (Fortsetzung)

Verfahren	Grundlage	Verhalten von nicht mercerisierter Baumwolle	Verhalten von mercerisierter Baumwolle
Adsorptionsmethoden	größeres Adsorptionsvermögen mercerisierter Baumwolle gegenüber Jod als bei nicht mercerisierter Baumwolle (auch Farbtonunterschiede bei speziellen Anfärbeverfahren)	Jodfärbung beim Auswaschen der Probe rasch entfernt	schwarzblaue bzw. -braune Färbung verändert sich kaum beim Auswaschen der Probe
		nur bedingt brauchbar: Jodadsorptionsfähigkeit wird durch Verschiedenheiten der Packungsdichte der Einzelfasern (Garnnummer, -drehung), sowie Gewebedichte und -bindung beeinflußt, außerdem kann sie je nach Nachbehandlung nach dem Mercerisieren (z. B. Trocknungsbedingungen, weitere Laugeneinwirkung) erheblich verändert werden. Bei roh mercerisierter Baumwolle außerdem durch noch vorhandene Begleitsubstanzen beeinträchtigt.	
Mercerisationsdiagramm nach Lindemann	Anfärbeverfahren mit (Nach)mercerisation bei verschiedenen Laugenkonzentrationen, colorimetrisch ausgewertet	Affinitätssteigerung bei Rohbaumwolle nach Behandlung mit 25%iger NaOH auf das 2fache, bei gebleichter Baumwolle auf das 1½-fache	war schon mit mindestens 15%iger NaOH mercerisiert, so ergibt Nachmercerisation mit 25%iger NaOH keine Affinitätssteigerung mehr
Glanzzahl	Bestimmung der Glanzzahl mit dem Pulfrich-Stufenphotometer und Glanzwippe	G etwa 1,4 roh etwa 1,5 gebeucht (beispielsweise)	G je nach Mercerisierlaugen-Konzentration steigend von etwa 1,7 bis 3,3 (beispielsweise)
		von Oberflächenbeschaffenheit der Gewebe, Garne bzw. Fasern (ohne Spannung mercerisiert: ohne Glanz!) abhängig; Glanzmaximum oft schon vor Eintritt der vollständigen Mercerisation erreicht. Für *Glanz*beurteilung aber gut brauchbar	

Am besten brauchbar und verläßlich sind die gesperrt gesetzten Verfahren!

Feststellung des Mercerisationsgrades durch die Hydrolysierzahl oder die Bariumaktivitätszahl s. Text S. 88–92.

worin

a = Anzahl cm³ Salzsäure, welche die 10 cm³ der n/4-$Ba(OH)_2$-Lösung verbrauchen (Blindwert),

b = Anzahl cm³ Salzsäure, welche die Lösung mit dem auf den Mercerisationsgrad zu untersuchenden Gewebe bei der Titration verbraucht,

c = Anzahl cm³ Salzsäure, welche die Lösung mit dem Standard-Gewebe bei derTitration verbraucht.

Nicht mercerisierte Baumwolle ergibt eine BaZ von 100. Garne oder Gewebe, die im Labor unter Spannung mercerisiert wurden, zeigen eine BaZ von annähernd 165. Technisch mercerisierte Garne und Gewebe weisen je nach dem Grad ihrer Mercerisierung BaZ von 115 bis 165 auf.

Die BaZ-Bestimmung kann auch an gefärbten Proben durchgeführt werden.

Mikroskopische Auszählung[1]

Man schneide von dem zu prüfenden Gespinst bzw. von Kett- wie Schußgarn des Gewebes an etwa 30 verschiedenen Stellen mit einer kleinen, sehr scharfen Schere Abschnitte von etwa 2 mm Länge ab und läßt diese in ein, mit einigen cm³ Chloralhydratlösung (25 g Chloralhydrat in 10 cm³ Wasser) beschicktes Wägegläschen fallen. Nach kräftigem Durchschütteln werden mit den gut verteilten Faserstückchen einige mikroskopische Präparate angefertigt, für deren systematische Auszählung man zweckmäßigerweise einen Objektschlittenführer mit Netzmikrometer im Okular verwendet. Auch können die Fasern mit der Chloralhydratlösung auf einen großen Objektträger mit Linienteilung nach A. Herzog[2] aufgebracht und mit größeren Deckgläschen fixiert werden. Es sollten mindestens 250 bis 300 Faserabschnitte hinsichtlich ihrer Zugehörigkeit zu einer der beiden Gruppen

(a) Faserstruktur bandartig oder unvollkommen zylindrisch,

(b) Faserstruktur vollkommen zylindrisch (gleichmäßig gequollen)

beurteilt werden. Das erhaltene Ergebnis wird in % der zur Bewertung gelangten Gesamtfaseranzahl berechnet [(b) in % = „Entwindungszahl"].

Mercerisationsdiagramm nach Lindemann[3]

Zur Aufstellung eines Mercerisationsdiagrammes wird das mit Wasser gut ausgekochte, evtl. mit einem Entschlichtungsmittel behandelte bzw. extrahierte Gewebe (etwa 5 bis 10 g) in vier gleiche Teile geteilt und ein Teil unbehandelt belassen, während die übrigen drei Teile auf einem entsprechend verstellbaren Nadelrahmen mit 10, 15 bzw. 25%iger Natronlauge (unter Zusatz eines Mercerisierhilfsmittels zwecks besserer Durchtränkung und Egalisierung) bei 15 bis 20 °C 3½ Min. unter Spannung mercerisiert werden. Anschließend sind die Proben auf den Rahmen gründlich zu spülen, nach Abnahme vom Rahmen mit verdünnter Essigsäure abzusäuern, erneut zu waschen und an der Luft

[1] Herzog, A.: Faserforschg. **7** (1928), 56ff.
[2] Herzog, A.: Textile Forschg. **4** (1922), 52—54.
[3] Lindemann: Angew. Chemie **50** (1937), 157ff.

bei Zimmertemperatur zu trocknen. Nach genauem Wiegen werden die 4 Gewebe nun einzeln in geschlossenen Flaschen mit je der 25fachen Menge der folgenden Lösung gefärbt: 120 mg Chicagoblau 6B (Schultz-Lehmann Nr. 510) und 480 mg Natriumsulfat auf 100 cm^3 Wasser. Die Flaschen sind hierzu unter häufigem Umschütteln im Wasserbad binnen ½ Std. gleichmäßig auf 70 °C zu erhitzen und sodann weitere ½ Std. bei dieser Temperatur zu belassen. Nach schnellem Abkühlen unter fließendem Wasser werden die Gewebe aus den Flaschen entfernt; die Farblösungen werden nach Verdünnen auf das 20fache durch Vergleich mit einer Lösung, die 3 mg Chicagoblau 6B und 12 mg Natriumsulfat auf 100 cm^3 Wasser enthält, colorimetriert. Die berechneten absoluten Farbstoffmengen [mg/100 g] werden in Verhältniszahlen (ursprüngliche Probe = 100) ausgedrückt und in ein Diagramm über den Laugenkonzentrationen eingetragen.

Glanzzahl-Bestimmung[1]

Es wird mit dem Stufenphotometer nach Pulfrich gearbeitet unter Verwendung der Glanzwippe, die gleichzeitige und gleichstarke Kippung von Prüfling und Barytweißplatte ermöglicht. Wird auf gleiche Helligkeit der beiden Gesichtsfeldhälften im „Stupho" eingestellt, so ergibt sich die Glanzzahl

$$G = 10 \cdot (\log P - \log P_0 - \log p + \log p_0)\,,$$

worin

P_0 = Pupillengröße über Barytweiß in Grundstellung,
p_0 = Pupillengröße über Prüfling in Grundstellung,
P = Pupillengröße über Barytweiß in Kippstellung,
p = Pupillengröße über Prüfling in Kippstellung

bedeutet. (Die Pupillengrößen-Werte sind an den Einstelltrommeln direkt abzulesen!)

Bei glatten *Flächen mit starkem Glanz* wird die Prüflingshelle in der Grundstellung kleiner, in der Kippstellung größer als die zugeordnete Helligkeit des Barytweiß. Man stellt in diesem Fall die Trommel über dem Prüfling fest auf $p_0 = 1{,}0$ und stellt mit der Trommel über dem Barytweiß (P_0) ein. In Kippstellung steht die Trommel über dem Barytweiß fest ($P = 1{,}0$) und es wird mit der Trommel über dem Prüfling eingestellt (p). Die Formel lautet dann

$$G = -10 \cdot (\log P_0 + \log p)\,.$$

Bei matten Flächen mittlerer oder geringer Helligkeit in Grundstellung ist die Prüfungshelligkeit in der Grund- wie in der Kippstellung kleiner als die zugeordnete Helligkeit des Barytweiß. Man stellt in diesem Fall die Trommel über dem Prüfling auf 1,0 ($p_0 = p = 1$) und macht die Gesichtsfeldhälften mit Hilfe der Trommel über dem Barytweiß (P_0, P) gleich hell. Es wird dann

$$G = 10 \cdot (\log P - \log P_0)\,.$$

[1] Klughardt, A.: Z. techn. Phys. **8** (1927), 109ff.; Richter, M.: Centralztg. f. Optik u. Mechanik 1928, 287ff.; Klughardt, A.: Textile Forschg. **12** (1930), 36–46.

d) Baumwolle und Kapok

Um eine Verfälschung von Kapok (als Polstermaterial) durch Baumwolle nachzuweisen, kann man sowohl die bestehenden mikroskopischen Unterschiede beider Fasern heranziehen als auch chemisch-färberische Reaktionen ausführen, deren unterschiedlicher Ausfall auf dem beträchtlichen Ligningehalt von Kapok basiert (nach A. Herzog[1] 13%, bezogen auf die Trockensubstanz), s. Tab. 15.

Tabelle 15. *Unterscheidung von Baumwolle und Kapok*

Verfahren	Charakteristika von Baumwolle	Charakteristika von Kapok
Mikroskopische Untersuchung, Längsansicht	Haare mit meist kräftiger, oft aufgewulsteter Zellwand (etwa 2 bis 5 μ dick); stellenweise gedreht	Haare dünnwandig (mittlere Wanddicke etwa 1 bis 2 μ), strukturlos-glatt und ohne Drehungen; an der meist verbreiterten Basis netzartig verstärkt
Querschnittsform	länglich-oval bis bohnenförmig	rundlich
Färbung in Chlorzinkjodlösung	violett	gelb
Quellungsverhalten in Kuoxam	tonnen- bzw. kugelförmiges Aufquellen der Zellwand, in späterem Verlauf aufgelöst	nur schwache, meist glatte Quellung, bleibt ungelöst
Verholzungsreaktionen [Ansätze s. Tab. 9]:		
p-Nitranilin	nicht angefärbt	rot
Phloroglucin + Salzsäure	nicht angefärbt (beige)	violettrot, evtl. rosa (s. u.)
Anfärbung mit Farbstoffgemischen:		
Detex (CIBA)	graublau	rot
Neocarmin W	blau (rötlich)	schmutzig gelb
Malachitgrün/Oxaminrot	rotviolett	blaugrün

[1] Herzog, A., in Berl-Lunge: Chemisch-technische Untersuchungsmethoden, 8. Aufl., V. Bd., S. 612. Berlin: Springer 1934.

Malachitgrün/Oxaminrot[1]. Man färbt die Probe zuerst in kochender neutraler Lösung von Malachitgrün, anschließend in einer schwach ammoniakalischen, knapp kochenden Lösung von Oxaminrot. Zweckmäßig wird die Anfärbung in der Weise vorgenommen, daß man die Probe 15 bis 20 Sekunden in eine kochende 0,1%ige Malachitgrünlösung eintaucht, kurz in warmem Wasser abspült, darauf wieder 15 bis 20 Sekunden in eine fast kochende, schwach ammoniakalische 0,1%ige Lösung von Oxaminrot eintaucht und abermals in warmem Wasser nachspült. – Baumwolle ist rotviolett, Kapok blaugrün angefärbt.

Infolge der deutlichen Farbunterschiede können Mischungen aus Baumwolle und Kapok nach dieser Anfärbung durch Ausklauben und Wägung der beiden Komponenten annähernd quantitativ auf das Mischungsverhältnis hin analysiert werden.

Die beiden wichtigsten Arten von Kapok können nach einer Veröffentlichung des Textile Institute, Manchester[2] wie folgt unterschieden werden:

Art	80 gew.-%ige Schwefelsäure, kalt	Phloroglucin + Salzsäure (Rezept s. Tab. 9)
Java-Kapok (*Eriodendron anfractuosum* D.C.)	löst unter Verdrehung	rosa
Indischer Kapok (*Bombax malabaricum* D.C.)	löst nicht	rötlich violett

e) Baumwolle und Flachs

Beide Faserarten sind mikroskopisch (Chlorzinkjod-Präparat) gut zu unterscheiden. Die Beurteilung kann erleichtert werden, wenn man, nach Dickson[3], die Probe vorher mit Silbernitratlösung färbt und mit verd. Salpetersäure nachbehandelt; Baumwolle ist durch die Nachbehandlung wieder hell geworden und läßt ihre Struktur, sowie die Erscheinungsformen deutlich erkennen, während Flachs als zylindrisches, schwarzes Fasergebilde beobachtet wird.

Für die makroskopische Erkennung von Baumwolle bzw. Flachs in *gebleichten* „Halbleinen"-Waren (solange keine Fasermischungen vorliegen, die – insbesondere bei Flockenbast/Zellwoll-Mischgespinsten – sicherer mikroskopisch analysiert werden) ist eine Vielzahl von Prüfverfahren vorgeschlagen worden[4]. Als zuverlässig haben sich die folgenden Verfahren erwiesen; zu ihrer Durchführung werden etwa 1 cm²

---

[1] Lejeune: J. Soc. Dyers Col. 1926, S. 232.
[2] Handbooks of Textile Technology, No. 3: The Identification of Textile Materials, 2nd edition, Table C. Manchester: The Textile Institute 1948.
[3] Dickson, W.: Analyst 1925, S. 318.
[4] Siehe die tabellarische Zusammenstellung von A. Herzog in Berl-Lunge: Chemisch-technische Untersuchungsmethoden, 8. Aufl., V. Bd., S. 625. Berlin: Springer 1934.

große, appreturfreie Gewebestückchen verwendet, deren Randfäden vorher entfernt worden sind:

Ölprobe[1]. Das Gewebestückchen wird zwischen zwei Glasplatten z.B. in Olivenöl eingelegt. Die Baumwollfäden bleiben undurchsichtig (erscheinen mithin bei Betrachtung in durchfallendem Licht dunkel, in auffallendem Licht – gegen dunklen Hintergrund – hell), die Flachsfäden hingegen werden durchscheinend (in durchfallendem Licht hell, in auffallendem Licht dunkel).

Luminescenzprobe[2]. Man tränkt die Probe mit einer 5%igen Lösung von 8-Oxychinolin-Kaliumsulfat, wäscht dann gut aus und behandelt mit 5%iger Sodalösung nach. Die noch feuchte Probe wird im gefilterten Uviollicht geprüft: Flachs leuchtet hell kanariengelb, Baumwolle (auch mercerisierte) dagegen dunkelviolett.

Cyanin[3]. Man färbt die Probe einige Minuten in lauwarmer, kaltgesättigter alkoholischer Cyaninlösung, spült mit Wasser und behandelt mit verd. Schwefelsäure nach. Baumwolle wird rasch entfärbt, Rohflachs bleibt blaugrün (als Folge der Eigenfarbe), gebleichter Flachs erscheint deutlich blau. (Zellwollen werden ebenfalls hellblau angefärbt!)

Fuchsin[4]. Die Probe wird in eine warme 1%ige alkoholische Fuchsinlösung eingelegt, nach Anfärbung in Wasser gespült, sodann 3 Min. in konz. Ammoniak nachbehandelt. Baumwolle (auch Zellwolle) entfärbt sich, während gebleichter Flachs rosa gefärbt bleibt. – Die Beurteilung muß in der Schale bzw. im Reagenzglas erfolgen, da nach einem Spülen die ursprüngliche Rosafärbung von Baumwolle bzw. Zellwolle an der Luft zurückkehrt.

Neocarmin B. Spezial-Färbereagenz zur Unterscheidung von Baumwolle und Flachs[5]. Baumwolle wird (violett-)rot, Flachs blau angefärbt.

Safranin/Chrysophenin[6]. Die Probe wird in einer heißen neutralen Lösung von Safranin dunkelrosa gefärbt, hiernach kalt ausgewaschen, bis der letzte Tropfen nahezu farblos abläuft. Die zweite Ausfärbung erfolgt bei gewöhnlicher Temperatur in einer mit etwas Soda versetzten Lösung von Chrysophenin. (Wird diese entfärbt, so muß Farblösung zugesetzt werden.) Die Färbung wird beendet, wenn einzelne Fasern rein gelb geworden sind. Baumwolle erscheint gelb mit Spuren von rot, Flachs ziegelrot.• (Lösungen für jeden Versuch neu herstellen!)

Zartsche Lösung (s. p). Nach Eppendahl[7] mit Vorteil auch zur Unterscheidung von Baumwolle (bläulich rosa bis rötlich lila gefärbt) und Flachs (blau gefärbt) verwendbar.

---

[1] Frankenstein und Leykauf.
[2] Grünsteidl, E.: Faserforschg. **10** (1932/33), 215.
[3] Herzog, A.: Die Unterscheidung von Baumwolle und Leinen, 2. Aufl. Sorau: Verlag f. Textilind. 1908.
[4] Böttger.
[5] Geliefert von Fesago, Chem. Fabrik Dr. Gossler GmbH., Heidelberg.
[6] Behrens, H.: Anleitung zur mikrochemischen Analyse der wichtigsten organischen Verbindungen, 2.Heft, S. 55. Hamburg und Leipzig: L. Voss 1896.
[7] Eppendahl, Fr.: Qualitative Analyse der wichtigsten Faserarten für die Färberei, S. 121–123. Wittenberg Lutherstadt: A. Ziemsen 1948.

f) Baumwolle und Zellwolle

*Acetat*zellwolle kann gegenüber Baumwolle durch ihre Löslichkeit in *Eisessig* (s. Gruppe E) sofort erkannt werden. Die Feststellung, ob *Viscose-* bzw. *Kupfer*zellwolle und/oder Baumwolle in der Probe vorliegt, ist mittels der von (Windeck-) Schulze angegebenen *Jodfärbung* möglich, deren Ausführung in Gruppe A, 1. beschrieben ist; Baumwolle wird nach der verfahrensgemäßen Behandlung fast vollkommen wieder entfärbt, während Viscose- bzw. Kupferzellwolle dunkelbraun bis schwarz bleiben. – Die Universal-Färbereagenzien u. ä. versagen hier.

Bei *Vorliegen von Mischungen* aus Baumwolle und Zellwolle färbt man die Probe zunächst mit **Reservedirektschwarz D** aus. Bleibt ein Teil der Fasern ungefärbt, so liegt eine Mischung mit *Acetat*zellwolle vor. (Bei mikroskopischer Prüfung stelle man ein Chlorzinkjodpräparat her, in dem Acetatzellwolle gelb gefärbt erscheint und allmählich zerfließt!) Hatte Reservedirektschwarz eine einheitliche Färbung ergeben, so wendet man an einer neuen Probe wiederum die *Jodfärbung* an. Je nach dem erzielten Farbton - zwischen schwarz, dunkelgraubraun und hellgrau – kann man auf die Anwesenheit von viel oder wenig *Viscose-* bzw. *Kupfer*zellwolle schließen. Lupenbetrachtung ist zweckmäßig, auch empfiehlt sich, Zellwoll/Baumwoll-Mischgespinste von bekannten Mischungsverhältnissen gleichzeitig für Vergleichszwecke mit anzufärben.

Mikroskopisch sind beide Komponenten nach Einbettung in 8 bis **10%ige Natronlauge** auch dann mit Sicherheit zu unterscheiden, wenn ihre mikroskopische Struktur sehr ähnlich ist (z.B. mercerisierte Baumwolle und die früher im Handel gewesene Viscosezellwolle *Vistra HB*[1] oder die kürzlich mit nierenförmigem Querschnitt erneut auf den Markt gekommene *Duraflox*): Baumwolle bleibt fast unverändert (nur unmerkliche Quellung), während Viscose- und Kupferzellwolle in der Breite stark quellen.

g) Bastfasern (Flachs, Hanf, Jute, Ramie)[2]

Flachs und Hanf sind makroskopisch nicht mit völliger Sicherheit zu trennen. Es sei aber auf die Methode verwiesen, die bei Bastfasern nach dem Befeuchten auftretenden Drehungserscheinungen zur Unterscheidung heranzuziehen. Nach Sonntag[3] zeigen Faserbündel bzw. Garne von Flachs (ebenso von Ramie und Brennessel) nach dem Befeuchten zahlreiche schnelle Linksdrehungen (im Sinne des Uhrzeigers) und bald darauf einige Rechtsdrehungen, während Jute (ebenso Ginster) zahlreiche schnelle Rechtsdrehungen und sodann

---

[1] Siehe Koch, P.-A.: Klepzigs Textil-Z. **41** (1938), 121–122.

[2] Die mikroskopischen Unterscheidungsmerkmale der Bastfasern und Hartfasern auf Grund der morphologischen Struktureigenschaften (botanische Mikrofaserdiagnostik) sind von H. M. Ulrich (Handbuch der chemischen Untersuchung der Textilfaserstoffe, I. Bd., S. 188–212. Wien: Springer 1954) ausführlich zusammengestellt worden (Verfahrensgang, Untersuchungsschlüssel, Fasertabellen, umfassendes Literaturverzeichnis).

[3] Sonntag, P.: J.ber. Ver. f. angew. Botanik **9** (1911), 149ff., bzw. Ber. dtsch. bot. Ges. **29** (1911), 669; s. a. Schwede, R.: Textile Forschg. **3** (1921), 168–170.

einige Linksdrehungen erkennen läßt. Bei Hanf ist die Drehrichtung unbestimmt, doch erfolgen stets nur ganz wenige Drehungen. Das Faserbündel bzw. Garn (etwa 5 cm lang) wird zweckmäßigerweise in einer Klemme eingespannt unter Befestigung (Ankleben) eines kleinen Kartonstreifens am unteren Ende und sodann mit einem Pinsel benetzt. – Der Versuch ist mehrfach an verschiedenen Faserbündel- bzw. Garnabschnitten zu wiederholen, um den Charakter der Drehung eindeutig zu erkennen!

Auch für die mikroskopische Unterscheidung ist einige Erfahrung nötig, da hierzu Quellungserscheinungen (besonders in Kuoxam), Querschnittsform und Beschaffenheit der „Leitelemente" herangezogen werden müssen. Nähere Angaben hierüber finden sich bei A. Herzog[1] Eine Zusammenstellung aller mikroskopischen Unterscheidungsmerkmale, mit einem Schema für den Gang der Untersuchung von ungebleichten Flachs- und Hanffasern ist auch in Berl-Lunge[2] enthalten. In nebenstehender Tab. 16 sind die wichtigsten Merkmale, wie sie bei spezieller mikroskopischer Prüfung in Erscheinung treten, wiedergegeben. Siehe auch Tab. 11.

Für die Erkennung von *Jute gegenüber Hanf* können die Reagenzien zum Nachweis verholzter Zellmembranen (Tab. 9) herangezogen werden. Jute weist einen Ligningehalt von etwa 40% auf, gegenüber 1,7 bis 2,5% bei Flachs in den üblichen Qualitäten, und 5,3 bis 5,5% bei Hanf. Demgemäß sprechen die Verholzungsreaktionen bei Flachs praktisch nicht, bei Hanf nur stellenweise und schwach, bei Jute hingegen kräftig an und geben bei letzterer die in Tab. 9 genannten Färbungen sehr intensiv.

Nach Vincenz[3] ist auch *Chlorwasser in Verbindung mit Ammoniak* zur Unterscheidung von Flachs/Hanf gegenüber Jute brauchbar: Man läßt Chlorwasser 1 Min. auf die zu untersuchende Probe einwirken, breitet diese sodann auf einer Porzellanplatte aus und fügt einige Tropfen Ammoniak hinzu. Flachs und Hanf nehmen orange oder hellbraune Färbung an, während Jute zuerst hellrot, später dunkelbraun gefärbt wird.

Über die Verwendung von *Glycerinschwefelsäure in Verbindung mit Jod-Jodkaliumlösung* zur mikroskopischen Unterscheidung von Bastfasern einschl. der Hartfasern s. Gruppe M.

Ramie unterscheidet sich von den anderen Bastfasern im gebleichten Zustand durch ihre erheblich größere Einzelfaserlänge (60 bis 250 mm). Hierzu Garn aufdrehen und vorsichtig langsam auseinanderziehen, ohne Fasern zu zerreißen. Aus einem Ende einzelne Fasern behutsam herausziehen und Länge messen. Ist ein (größerer oder auch nur kleinerer) Teil über 60 mm lang, so liegt mit Sicherheit Ramie vor (gebleichter Flachs zeigt nur Längen von 10 bis 50 mm!).

[1] Herzog, A.: Die Unterscheidung der Flachs- und Hanffaser. Berlin: Springer 1926.
[2] Berl-Lunge: Chemisch-technische Untersuchungsmethoden, 8. Aufl., V. Bd., S. 622–624 (Beitrag A. Herzog).
[3] Vincenz, J.: Anleitung zur mikroskopischen Untersuchung der Gespinstfasern. Cottbus 1890.

Tabelle 16. *Mikroskopische Unterscheidung von ungebleichtem Flachs und Hanf* (nach A. Herzog)

Untersuchungsverfahren	Faserteil	Charakteristika von Flachs	Charakteristika von Hanf
Gut auseinander präparierte Fasern in *Chlorzinkjod* einbetten	Faserenden (soweit vorhanden)	vorwiegend scharf spitz, daneben aber auch abgerundet (für Unterscheidungszwecke kaum brauchbar)	abgerundet, z.T. gegabelt (für Hanf nur beweisend, wenn fast alle Fasern abgerundete Enden zeigen)
	Wandung	rotviolett; Lumen scharf abgesetzt	schmutzig rotviolett, auch grünlich; Lumen häufig undeutlich begrenzt
Querschnitte in *Chlorzinkjod* einbetten	Inhaltsreste	gelb, fadenförmig, fast in jeder Faser vorhanden	gelb, meist körnig oder brockig, selten
	Querschnittsform	meist polygonal, Lumen meist punktförmig	teils polygonal, teils abgerundet, Lumen meist strichförmig oder unregelmäßig sternförmig, selten kreisförmig
	Wandung	rotviolett, nur einzelne Fasern gelb umrandet oder ganz gelb	rotviolett, alle Fasern deutlich gelb umrandet
Fasern in *Kupferoxydammoniak* einbetten	Allgemeiner Quellungsverlauf	rasche Quellung und Lösung, wenig Rückstände	langsame Quellung und Lösung, viel Rückstände
	Inhaltsreste	die meisten Fasern zeigen im Innern einen feinen gewellten Plasmafaden	nur wenige Fasern zeigen Plasmareste in körniger oder schuppiger Form
	Mittellamelle	wenig auffallende Reste	höchst charakteristische Reste in Form von zahlreichen Querfalten an der Oberfläche der Fasern
„Leitelemente" (durch Reiben der Fasern über einer Glasplatte angereichert)	Oberhautteile	langgestreckte Zellen, meist gut erhalten; Spaltöffnungen in großer Zahl vorhanden, mit je 4 Nebenzellen; Haare fehlen	kurze Zellen, dazwischen große Haarnarben; Spaltöffnungen selten, mit je 2 Nebenzellen; Haare stets vorhanden, an Oberfläche feinwarzig
	Sekretschläuche	fehlen	häufig (Bruchstücke), mit rotbraunem Inhalt
	Rindenparenchym	kristallfrei	kristallführend (Drusen von Calciumoxalat)

h) Hartfasern (Sisal, Manila [= Abacá], Phormium [Neuseeland-Faser]; Kokos)[1]

Zur Feststellung, ob in Garnen oder Seilen rein Manila (Abacá) oder eine Mischung mit Sisal vorliegt, wird die *Swettsche Reaktion* oder die „*Amoaprüfung*" ausgeführt.

Swettsche Reaktion[2]. Die in Äthyläther entfetteten Fasern werden ½ Min. in eine Natriumhypochloritlösung (mit 50 g aktivem Chlor/l) eingelegt, die mit Essigsäure angesäuert ist. Nach Waschen in Wasser und in Alkohol wird die Probe über konz. Ammoniak 3 Min. geräuchert. – Jute, Sisal und Kokos färben sich rein rot, Manila (Abacá) und Phormium (Neuseeland-Faser) rötlich braun.

„**Amoaprüfung**"[3]. Probe 5 bis 10 Min. in 5%iger Salpetersäure kochen, dann zur Entfernung der Säure zuerst mit warmem, dann kaltem Wasser waschen. Hierauf 10 Min. in eine kalte Lösung von 1 Vol.-Teil Natriumhypochlorit 30 °Bé + 3 Vol.-Teilen dest. Wasser einlegen. Bei Sisal entwickelt sich eine schwach gelbe Farbe (ebenso bei Phormium [Neuseeland-Faser] und Mauritius-Faser), bei Manila (Abacá) ein helles Orangerot.

Auch durch Veraschung können Sisal und Manila (Abacá) unterschieden werden; ersterer zeigt weißliche, letzterer eine schwarzgraue Asche[4].

i) Neuwolle und Reißwolle

Der Nachweis von Reißwolle bzw. die Erkennung solcher neben Neuwolle kann nur mikroskopisch erfolgen und gehört zu den schwierigsten Aufgaben der technischen Mikroskopie, da im allgemeinen *ein* Merkmal der Reißwolle zu deren sicherer Identifizierung nicht genügt, sondern erst das Zusammentreffen mehrerer Charakteristica. Nach Cramer[5] und v. Höhnel[6] sind bei der Prüfung auf Reißwolle insbesondere folgende Merkmale zu beachten:

1. *Länge der Haare*: Kürzer als bei Neuwolle (viel Haare unter 10 mm), da bei der Aufarbeitung der Lumpen oder Abfälle zerrissen.

2. *Feinheit der Haare*: Ungewöhnlich große Abweichung in der Feinheit der einzelnen Haare, da Haare verschiedenster Provenienz und damit auch Feinheit zusammen aufgearbeitet wurden.

3. *Oberfläche der Haare*: Teilweises Fehlen der Schuppenschicht als Folge der Beanspruchung und Schädigung der Haare beim vorherigen Gebrauch (aber: Auch bei manchen sonst guten Landwollen sind z. B. die oberen Teile der Haare schuppenlos!)

---

[1] Die mikroskopischen Unterscheidungsmerkmale der Bastfasern und Hartfasern auf Grund der morphologischen Struktureigenschaften (botanische Mikrofaserdiagnostik) sind von H. M. Ulrich (Handbuch der chemischen Untersuchung der Textilfaserstoffe, I. Bd., S. 188–212. Wien: Springer 1954) ausführlich zusammengestellt worden (Verfahrensgang, Untersuchungsschlüssel, Fasertabellen, umfassendes Literaturverzeichnis).

[2] Swett, C. E.: J. Ind. Engng. Chem. **10** (1918), 377.

[3] Billingham, A. V.: Text. Manuf. **66** (1940), Nr. 783, S. 118.

[4] Herzog, A., in Berl-Lunge: Chemisch-technische Untersuchungsmethoden, 8. Aufl., V. Bd., S. 610, Abb. 2. Berlin: Springer 1934.

[5] Cramer, C.: Progr. der Polytechn. Schule, Zürich 1881, S. 12.

[6] von Höhnel, Fr.: Die Mikroskopie der technisch verwendeten Faserstoffe, 2. Aufl., S. 168-177. Wien und Leipzig: A. Hartleben (1905).

4. *Enden der Haare*: Häufiges Auftreten ausgesprochen pinselartiger Enden als Folge des vorherigen Gebrauches und der Aufarbeitung, im Gegensatz zu den glatten Schnittenden der Schur-Neuwolle; stark mechanisch oder chemisch beanspruchte Reißwollen weisen dazu auch in ihren mittleren Teilen fibrilläre Zerschlitzungen und Quetschungen auf.

5. *Färbung der Haare*: Anwesenheit verschieden gefärbter Haare in einem scheinbar gleichmäßig gefärbtem Garn, die von den ursprünglich verschieden gefärbten Lumpen stammen und beim vorangegangenen Carbonisieren nicht oder unvollständig entfärbt und daher auch nicht einheitlich überfärbt wurden (um die Farbe der einzelnen Haare besser hervortreten zu lassen, legt man sie vor der Betrachtung unter dem Mikroskop in verd. Salzsäure).

6. *Fremde Fasern*: Nur bei vermehrtem Vorkommen gefärbter Baumwoll- und anderer Pflanzenfasern (auch Zellwolle und anderen chemischen Fasern). [Das Fehlen von pflanzlichen Beimengungen ist andererseits kein verläßliches Kennzeichen für Neuwolle, da die pflanzlichen Stoffe der Reißwolle in der Regel durch Carbonisation beseitigt wurden!]

Die unter 3. und 4. erwähnten Schädigungen der Wollhaare können durch entsprechende Schädigungsreaktionen chemisch-färberisch nachgewiesen werden, s. Gruppe S, 2.

j) Schafwolle und Naturseide

Eine Unterscheidung dürfte in den meisten Fällen schon durch die äußerlichen Merkmale beider Faserarten möglich sein: Kräuselung bei Schafwolle (die allerdings bei groben Wollen und bei den überdies stark glänzenden Mohair- und Alpakahaaren sehr zurücktritt), Feinheit und Glanz bei Naturseide, die zudem aus endlosen Einzelfäden besteht, soweit nicht Schappe- oder Bourretteseide vorliegt. Soll in Zweifelsfällen der Befund erhärtet werden und steht kein Mikroskop zur Verfügung, so sind nachstehende Reaktionen zweckdienlich:

Säurelöslichkeit. Beim Kochen mit konz. Salzsäure (oder auch in heißer konz. Schwefelsäure) geht edle Seide nach ½ Min. in Lösung, nach längerem Kochen auch Tussahseide. Schafwolle bleibt ungelöst.

Alkalische Bleilösung. Man löse 2 g Bleiacetat in 50 cm³ Wasser und versetze diese Lösung mit einer solchen von 2 g Natriumhydroxyd in 30 cm³ Wasser. In dieser alkalischen Bleilösung werden beim Erwärmen angefärbt

Schafwolle und Tierhaare	dunkelbraun bis schwarz
Naturseide	unverändert
(Kaseïn- und Erdnußeiweißfaser	hellbraun)

Die Reaktion – Schwefelnachweis durch Bildung von dunklem Schwefelblei – beruht auf dem unterschiedlichen Schwefelgehalt der verschiedenen tierischen Faserstoffe: Schafwolle etwa 2,5%, Naturseide 0%, Kaseïnfaser etwa 0,75%.

Dreapersches Reagenz. Alkalische Bleilösung wie vorstehend wird aufgekocht und auf 60 °C abgekühlt. Dann setzt man 0,3 g Fuchsin, in 5 cm³ Alkohol gelöst, zu und füllt auf 100 cm³ auf. Die nötigenfalls entfärbte Probe wird 2 Min. bis nahe zum Sieden mit dem Reagenz erhitzt und gut gespült. Nach dem Trocknen erscheinen

Schafwolle und Tierhaare	dunkelbraun bis schwarz
Naturseide	rot
Pflanzenfasern, Cellulosekunstseiden und Zellwollen	ungefärbt

Aminosäureprobe[1]. 0,5 g Natriumnitrit werden in 10 cm³ Wasser gelöst, mit einigen Tropfen Salzsäure versetzt und nach Hinzugeben der Fasern etwa 2 Min. gekocht. Wird die so vorbehandelte Probe in eine erwärmte alkalische β-Naphthollösung gebracht, so färben sich

Schafwolle und Tierhaare	dunkelbraun
entbastete Naturseide	dunkelrot

Die Probe ist auch bei erschwerter Naturseide brauchbar.

k) Schafwolle und Zellwolle

Anfärbung der Probe mit **Neolanschwarz WA extra N** bzw. mit **Säureschwarz D** (oder auch einem anderen geeigneten sauren Farbstoff) läßt Schafwolle oder Tierhaare erkennen, während Viscose- und Kupferzellwolle bzw. Acetatzellwolle unangefärbt bleiben.

l) Schafwolle und Kaseïnfaser

Zur Unterscheidung kann zunächst die unter j) angeführte **alkalische Bleilösung** herangezogen werden.

Farbtonunterschiede ergeben sich nach Ausfärbung mit verschiedenen Säurefarbstoffen, bei denen mit einem Überschuß von Schwefelsäure gefärbt wird, da hier Kaseïnwolle im Gegensatz zu Schafwolle schon in der Kälte den Farbstoff stark aufnimmt. Hierfür sind z.B. empfohlen:

Alizarinsaphirolblau B[2]. 0,5 g Alizarinsaphirol B werden in 100 cm³ Wasser gelöst und 0,5 cm³ konz. Schwefelsäure zugegeben. – Probe einige Minuten kalt färben, dann spülen. Kaseïnfaser erscheint kräftig, Schafwolle nur schwach angefärbt. (Ebenso kann *Kitonrot G* verwendet werden.)

Anthralanrot 3B[3]. 1 g Anthralanrot 3B in 200 cm³ Wasser gelöst und mit 1 cm³ konz. Schwefelsäure versetzt. – Probe 2 Min. kalt färben und dann zuerst kalt, anschließend warm spülen zur Entfernung nicht fixierten Farbstoffes. Schafwolle erscheint schwach rosa, Kaseïnfaser rot angefärbt.

Echtgelbsalz GC[4] (Diazoreaktion). Echtgelbsalz GC in kaltem Wasser lösen, mit konz. Sodalösung bis zur alkalischen Reaktion versetzen und die bereit gehaltene, vorher genetzte Probe sofort mit der alkalischen

[1] Formhals: J. Soc. Dyers Col. 1919, S. 222.
[2] Luniak, Br.: Die Unterscheidung der Textilfasern, S. 60–61. Zürich: Gebr. Leemann & Co. AG. 1945.
[3] Eppendahl, Fr.: Qualitative Analyse der wichtigsten Faserarten für die Färberei, S. 119 bis 120. Wittenberg Lutherstadt: A. Ziemsen 1948.
[4] Eppendahl, Fr.: Qualitative Analyse der wichtigsten Faserarten für die Färberei, S. 105 bis 106. Wittenberg Lutherstadt: A. Ziemsen 1948.

Diazolösung behandeln. Nach einigen Minuten wird die Probe in kaltem Wasser gespült. Schafwolle erscheint beige, Kaseïnfaser rot angefärbt.

Zartsche Lösung, kochend[1]. Man mische gleiche Teile einer 0,2%igen Lösung von Eosin extra und einer 0,2%igen Lösung von Siriuslichtblau B. – Gegenüber der für die Unterscheidung von Viscose- und Kupferkunstseide üblichen Färbemethode wendet man die Zartsche Lösung im vorliegenden Fall nach Eppendahl kochend an, d.h. man übergießt die Probe mit der kochenden Lösung, färbt 5 Minuten und spült kalt. Schafwolle erscheint rosa, Kaseïnfaser dunkelbordo gefärbt.

Schließlich kann auch durch Diazotierung der Probe mit Natriumnitrit (1:10) und Kupplung mit **α-Naphthol** nach Eppendahl[2] eine Unterscheidung beider Faserarten erzielt werden; nach etwa 5 bis 10 Min. erscheint Schafwolle nur hellorange angetönt, Kaseïnfaser hingegen rot gefärbt.

Alle vorstehend genannten Farbreaktionen setzen voraus, daß *ungeschädigte Schafwolle* vorliegt. Auf geschädigte Schafwolle wie auf gechlorte Schafwolle sprechen die Farbstoffe ähnlich stark an wie auf Kaseïnfaser!

m) Edle und wilde Seide

Zur Trennung der verschiedenen Naturseiden-Arten [edle Seide = Maulbeerseide (von *Bombyx mori* L.); wilde Seide von verschiedenen wildlebenden Seidenspinnern, Hauptqualität: Tussahseide] können neben den mikroskopischen Unterschieden (s. Tab. 2) nach Heermann folgende Reaktionen herangezogen werden:

Zinkchloridlösung von 45 °Bé ($s = 1{,}455\ g/cm^3$) löst edle Seide beim Kochen nach 1 Min. auf, während Tussahseide kaum angegriffen wird.

Halbgesättigte Chromsäure (1 Teil kaltgesättigte Chromsäure [s. Gruppe M] + 1 Teil Wasser) löst beim Kochen edle Seide in 1 Min. auf, Tussahseide hingegen nicht.

Konz. Salzsäure löst kochend entbastete edle Seide in ½ Min. unter ganz schwacher Violettfärbung auf, während Tussahseide erst nach längerem Kochen in Lösung geht (vorher deutlich violett gefärbt). Evtl. vorhandenes Sericin bleibt immer ungelöst.

n) Naturseide und Kunstseide (bzw. Schappe und Zellwolle)

Soll Naturseide von Kunstseiden der verschiedenen Arten (Cellulose-, Alginat-, Polymerisat- oder Polykondensatkunstseiden) unterschieden werden, so verwendet man **Millons Reagenz** (Mercurinitratlösung). Ansatz s. oben unter 1.

Die Reaktion ist auch für Kurzfasern (Schappe bzw. Zellwolle) anwendbar, sofern Kaseïnfaser abwesend ist (evtl. auf letztere vorher mit Carbazol prüfen, s. Gruppe E).

Die oft zitierten Reaktionen mit ammoniakalischer Nickellösung (Nickeloxydammoniak = Nioxam) oder mit alkalischer glycerinhalti-

[1] Eppendahl, Fr.: Qualitative Analyse der wichtigsten Faserarten für die Färberei, S. 121 bis 123. Wittenberg Lutherstadt: A. Ziemsen 1948.

[2] Eppendahl, Fr.: Qualitative Analyse der wichtigsten Faserarten für die Färberei, S. 107. Wittenberg Lutherstadt: A. Ziemsen 1948.

ger Kupferlösung (Kupferglycerin) sind nicht universell anwendbar, da erstere zwar die edle Seide, nicht aber wilde Seide (Tussah) löst, während durch die zuletzt genannte Lösung nur entbastete Naturseide gelöst wird, hingegen das Sericin von Kokonseide ungelöst bleibt und Tussahseide sich beim Erhitzen der Lösung auch nur teilweise auflöst.

Soweit Naturseide nur gegenüber Cellulosekunstseiden und Zellwollen unterschieden werden soll, kann auch das **Dreapersche Reagenz** [s. j] Anwendung finden.

o) Chemische Faserstoffe insgesamt

Für die nachfolgenden Abschnitte o) bis x) wird auf die hervorgehobene Bemerkung „Achtung" in Gruppe E verwiesen!

α) Zur Feststellung der *Art eines unbekannten chemischen Faserstoffes* kann der chemische Bestimmungsschlüssel Tab. 17 herangezogen werden. Die Versuche sind im Reagenzglas in der angegebenen Reihenfolge an jeweils neuen Proben vorzunehmen.

Tabelle 17. *Chemischer Bestimmungsschlüssel für chemische Faserstoffe*[1]

Trockenes Erhitzen im Reagenzglas:	
Reaktion der Dämpfe gegen Lackmuspapier (wenn anfangs neutral, dann länger erhitzen!)	
sauer	siehe I
alkalisch	siehe III
I. Cellulosekunstseiden, Zellwollen, Alginatkunstseide	
1. Kochen mit 10%iger Sodalösung:	
gelöst	*(Calcium)-Alginatkunstseide*
nicht gelöst	siehe 2
2. Kochen mit konz. Salzsäure:	
gelöst oder langsam gelöst	siehe 3
nicht gelöst (höchstens schrumpfend)	siehe II
3. Übergießen mit kaltem Eisessig:	
gelöst	($2^1/_2$-)*Acetatkunsts./-zellwolle*
langsam gelöst, z. T. mit Rückstand	*Triacetatkunstseide/-zellwolle*
nicht gelöst	siehe 4
4. Ausfärben in Zartscher Lösung [2 g/l Siriuslichtblau B und 2 g/l Eosin (extra), 1:1 gemischt] bei Zimmertemperatur:	
rosa (gelblich- bis bläulich-) angefärbt	*Viscosekunstseide/-zellwolle*

[1] Koch, P.-A.: Faserstoff-Tabellen: Erkennung und Unterscheidung der verschiedenen Arten von chemischen Faserstoffen. Textil-Rdsch. **7** (1952), 273—277, abgeändert.

Tabelle 17. (Fortsetzung)

violett-blau angefärbt	
bei Vorliegen von Kunstseide	*Kupferkunstseide*
bei Vorliegen von Zellwolle ...	*Viscosezellwolle vom Lanusa-Typ* oder *Kupferzellwolle*[1]
II. Kunstseiden bzw. Fasern aus Polyvinylchlorid, Polyacrylnitril, Mischpolymerisaten oder Polyestern	
1. Übergießen mit Toluol:	
gelöst	*PeCe-Faser* (nachchlor. Polyvinylchlorid)
nicht gelöst	siehe 2
2. Übergießen mit Methylenchlorid:	
gelöst	*Rhovyl* bzw. *Fibrovyl* (= *Rhovyl-Fibra*) (Polyvinylchlorid)
kochend gelöst	*PCU-Faser* (Polyvinylchl.)
nicht gelöst	siehe 3
3. Übergießen mit Aceton:	
langsam gelöst	*Dynel* (Mischpolymerisat Vinylchlorid/Acrylnitril)
nicht gelöst	siehe 4
4. Übergießen mit konz. Salpetersäure:	
gelöst	*Dolan, Dralon, Orlon, PAN, Redon* usw. (Polyacrylnitril)
nicht gelöst	*Terylene, Dacron* (Polyester)
III. Chemische Eiweißfasern, Kunstseiden bzw. Fasern aus Polyamiden	
1. Übergießen mit kalter 85%iger Ameisensäure:	
rasch gelöst	*Nylon, Perlon, Grilon* usw. (Polyamide 6.6 bzw. 6)
nicht gelöst	siehe 2
2. Kochen mit Eisessig:	
gelöst	*Rilsan* (Polyamid 11)
nicht gelöst	siehe 3
3. Eine Minute kochen in 0,1%iger Ninhydrinlösung:	
1 bis 2 Min. nach dem Kochen ist die Faser graublau gefärbt	*Vicara* (Zeïnfaser)
(schwach) violettblau gefärbt ...	*Caseïnfasern*
blaß graubraun gefärbt	*Ardil* (Erdnußeiweißfaser)

β) „Typreaktionen – s. Gruppe E.

[1] Zur Unterscheidung dieser beiden Zellwollarten Spezialfärbung mit Victoriablau 4R nach Feubel und P.-A. Koch, sodann Betrachtung der Fasern unter dem Mikroskop [s. p)].

p) Cellulosekunstseiden und Zellwollen

Besteht auch die Möglichkeit der Anwesenheit von Kaseïnfaser, so ist vor Durchführung einer oder mehrerer der nachstehenden Reaktionen die Abwesenheit von chemischen Eiweißfasern mittels der Brennprobe bzw. trockenen Destillation (s. Tab. 8) festzustellen.

Zur Unterscheidung der einzelnen Kunstseiden- bzw. Zellwollarten und zur Identifizierung der Zellwollart auch bei Vorliegen von Spezialtypen (Viscosezellwollen nach dem Lanusa-Verfahren) ist der Bestimmungsschlüssel Tab. 18 zu verwenden. Die Prüfung (1) auf Nitratkunstseide kann heute fast immer entfallen, da diese bereits seit langen Jahren nicht mehr im Handel ist. Für (2) wird auch in amtlichen Vorschriften oft auch Aceton empfohlen, doch kann dieses nicht als unbedingt zuverlässig angesehen werden, weil Kunstseiden bzw. Zellwollen aus Cellulose*tri*acetat (mit 62,5% Essigsäuregehalt), die versuchsweise schon früher hergestellt wurden und heute wieder in Handel gekommen sind (Arnel, Courpleta, tri-a-faser, Trialbène, Tricel, Trilan), in Aceton nur langsam oder nur z. T. löslich sind.

Bezüglich der Notwendigkeit, bei Vorliegen von Zellwolle noch die Zusatzprüfung (4) auszuführen, um auch die Viscose-Spezialtypen nach dem Lanusa-Verfahren zu erkennen, die in ihrer mikroskopischen Längsansicht wie Querschnittsform den Kupferzellwollen gleichen, s. P.-A. Koch[1].

An Stelle der Färbung mit Victoriablau 4R kann für (4) auch die Jodazid-Reaktion oder die Reaktion mit Natriumäthyl-dithiocarbamat (s. u.) Anwendung finden.

Zartsche Lösung[2]. Man stellt zwei Ansätze her: 2 g Eosin (extra) in 1 Liter Wasser und 2 g Siriuslichtblau B in 1 Liter Wasser, die im Verhältnis 1:1 gemischt werden. – Die Probe wird in dieser Lösung 5 Min. bei Zimmertemperatur ausgefärbt, kalt gespült und an der Luft oder bei 60 °C getrocknet.

Bei Vorliegen einer Kunstseide ist die Unterscheidung eindeutig: Viscosekunstseide wird gelblich bis bläulich rosa angefärbt. Kupferkunstseide violett-blau. Viscosezellwollen und Kupferzellwollen hingegen sind nicht sicher zu trennen, da sich die Viscosespezialzellwollen nach dem Lanusa-Verfahren ebenso wie die Kupferzellwolle violettblau anfärben.

Victoriablau 4R[3]. 1 g Probe wird in einer Lösung von 5 g/l Marseiller Seife 15 Min. gekocht und zweimal in dest. Wasser gründlich gespült, sodann mit 50 cm³ Färbebad übergossen (0,5 g Victoriablau 4R in 50 cm³ Essigsäure 30%ig gelöst und auf 1 Liter mit dest. Wasser verdünnt). Man bringt zum Kochen, hält 10 Min. kochend und spült darauf mehrmals, bis der Farbstoffüberschuß entfernt ist. Die Probe wird nunmehr nochmals in einer Seifenlösung (5 g/l) 15 Min. kochend geseift, wobei ein Teil des Farbstoffes wieder in Lösung geht, mit dest. Wasser gespült und getrocknet.

---

[1] Koch, P.-A.: Melliand Textilber. **20** (1939), 177–179.
[2] Zart, A.: Kunstseide **14** (1932), 150.
[3] Feubel, A., und Koch, P.-A.: Klepzigs Textil-Z. **42** (1939), 141–143.

Die Beurteilung erfolgt mikroskopisch bei schwacher Abblendung mit mindestens 400facher, zweckmäßigerweise noch stärkerer, z.B. 600facher Vergrößerung nach Einbettung in konz. Glycerin. (Der Gesamtfarbton ist *nicht* maßgebend!) Art, Größe und Verteilung der

Tabelle 18

Bestimmungsschlüssel für Kunstseiden auf Cellulosebasis und Zellwollen

(1) Einige Kriställchen Diphenylamin in wenig konz. Schwefelsäure auflösen, Probe [nur Kunstseide in Betracht kommend] hineinlegen:	
Auflösung unter kräftiger Blaufärbung	*Nitrat-KS*
Auflösung unter schwacher Braunfärbung	siehe (2)
(2) Probe im Reagenzglas mit Eisessig übergießen:	
rasche od. langsame Auflösung (evtl. Zurückbleiben eines Häutchens)	*Acetat-KS bzw. -ZW*
keine Auflösung	siehe (3)
(3) Ausfärben bei Zimmertemperatur in Zartscher Lösung (s.u.):	
rosa Anfärbung (gelblich bis bläulich)	*Viscose-KS bzw. -ZW*
violett-blaue Anfärbung	
bei Vorliegen von Kunstseide ..	*Kupfer-KS*
bei Vorliegen von Zellwolle	siehe (4)
(4) Färbung mit Victoriablau 4R (s.u.); Betrachtung der Fasern unter dem Mikroskop in mindestens 400facher Vergrößerung:	
sehr feine bis feine, dicht liegende strichförmige bis länglich-ovale Einschlüsse dunkel gefärbt	*Viscose-ZW vom Lanusa-Typ*[1]
nur grobe, vereinzelt liegende langgezogene, spitz auslaufende Hohlräume dunkel gefärbt, ohne feinere Struktur	*Kupfer-ZW*

durch Victoriablau 4R angefärbten Inhomogenitäten ermöglichen die Unterscheidung zwischen Viscose-Spezialzellwollen nach dem Lanusa-Verfahren und Kupferzellwolle, wie in Tab. 18 angeführt. (Da auch andere normale Viscosezellwollen nach Anfärbung mit Victoriablau 4R nicht unähnliche Strukturen aufweisen, ist dieses Unterscheidungsverfahren erst in Anwendung zu bringen, wenn eine Zellwolle in Zartscher

[1] Zu diesem Spezialtyp Viscosezellwolle gehören die Fabrikate Lanusa, Schwarza W und Telusa (heute nicht mehr hergestellt).

Lösung sich violett-blau gefärbt hatte.) Bei Vorliegen stark gefärbter Proben können die strukturellen Unterschiede bzw. Inhomogenitäten auch in verfeinerter Dunkelfeldbeleuchtung erkannt werden[1]. – In Spezialfällen können nach Anfärbung mit Victoriablau 4R auch verschiedene normale Viscosezellwoll-Fabrikate auf Grund der unterschiedlichen Art und Verteilung ihrer Inhomogenitäten voneinander unterschieden werden[2].

Jodazid-Reaktion[3]. 2 g Natriumazid werden in 100 cm³ 0,1 n-„Jodlösung" gelöst. Die 0,1 n-Jodlösung erhält man wie folgt: 18 g Kaliumjodid werden in 30 cm³ Wasser aufgelöst, daraufhin werden 12,7 g Jod zugefügt (bis zur völligen Lösung schütteln!), sodann wird mit Wasser auf 1 Liter aufgefüllt. – Vorsicht beim Arbeiten mit Jodazid: Neigung zum Verpuffen! –

Die zu untersuchenden Fasern müssen völlig fettfrei sein, sind daher vorher mit Petroläther (oder einem anderen Fettextraktionsmittel, s. Gruppe H) zu behandeln und nachher nicht mehr mit den Fingern zu berühren. Man gibt die entfetteten Fasern mit einer Pinzette auf einem ausgeschliffenen Objektträger in die Jodazidlösung und beobachtet sofort unter dem Mikroskop bei schwacher Vergrößerung. Die Bildung von Bläschen (Stickstoffentwicklung) weist die geringen Rückstände von Schwefelverbindungen in Viscosefasern nach; ist keine Bläschenbildung zu beobachten, so liegt Kupferzellwolle vor. [Heute nicht mehr zuverlässig: bei einigen neuen Viscosezellwollen negativ!]

Zur Unterscheidung von Viscosekunstseide und -zellwollen aller Typen gegenüber Kupferkunstseide und -zellwolle ist nach Eppendahl[4] auch die

Reaktion auf Kupfer mit Natriumdiäthyl-dithiocarbamat mit Vorteil heranzuziehen: Man übergießt die zu untersuchende Faserprobe in einer Porzellanschale mit einer Lösung von 0,1 g des Reagenzes in 100 cm³ Wasser. Durch die in Kupferkunstseide bzw. -zellwolle meist (aber nicht immer!) vorhandenen Kupferspuren färben sich diese direkt ocker=hellbraun an, während alle übrigen Kunstseiden und Zellwollen unangefärbt bleiben. (Nicht brauchbar bei gefärbten Proben!) – Die Lösung ist nicht unbeschränkt haltbar, daher stets frisch zubereiten.

Feststellung von Provenienzunterschieden und Ungleichmäßigkeiten in Viscosekunstseiden: Anfärbung mit

a) Direkthimmelblau grünlich (rasch ziehend, schlecht egalisierend),
b) Riganhimmelblau G (gut egalisierend bei streifig färbender Ware).

q) Hydrophobierte bzw. animalisierte Spezialzellwollen[5]

„*Hydrophobierte*" = wasserabweisende Zellwollen mit waschechtem Abperleffekt infolge chemischer Umsetzung der Faseroberfläche. Erkennbar unter dem Mikroskop bei der *Quellung in Kuoxam* (s. Gruppe

[1] Koch, P.-A.: Klepzigs Textil-Z. **41** (1938), 442.
[2] Koch, P.-A.: ZKS **46** (1941), 54.
[3] Herzog, A., und H. Rückert,: Melliand Textilber. **18** (1937), 485–486.
[4] Eppendahl, Fr.: Qualitative Analyse der wichtigsten Faserarten für die Färberei, S. 73 und 108. Wittenberg Lutherstadt: A. Ziemsen 1948.
[5] Beide Typen derzeit nicht auf dem Markt.

M): Während gewöhnliche Zellwollen gleichmäßig aufquellen und zerfließen, lösen sich bei hydrophobierten Zellwollen *Fetzen* von den Fasern ab, die auch nach völliger Ausquellung bzw. Auflösung der Fasern im Quellungsmittel unverändert verbleiben. Besonders gut im Dunkelfeld auch schon bei schwacher Vergrößerung zu erkennen[1]!

„*Animalisierte*" = durch Zusatz von stickstoffhaltigen oder Eiweißkörpern mit Wollfarbstoffen anfärbbar gemachte Zellwollen. Während der Zusatz von Caseïn oder Fischeiweiß als Animalisierungssubstanz zur Viscose in der fertigen Faser homogen verteilt und nur durch entsprechende Färbereaktionen erkennbar ist, treten andere Animalisierungsstoffe nach Anfärbung mit *Victoriablau 4R* (s. vorstehend) im Mikroskop als dunkel angefärbte rundliche bzw. in Faserlängsrichtung ausgezogene Einlagerungen hervor, so bei Vistralan XT. Diese lassen sich auch bei der Quellung der Fasern in *Kuoxam* oder *8- bis 10%iger Natronlauge* gut beobachten. – Zur Feststellung der Art der Animalisierung bzw. zur färberischen Unterscheidung ist nach Eppendahl[2] **Millons Reagenz** [s. Gruppe U, 1.] verwendbar; in ihm färben sich beim Erwärmen ungefärbte Proben von

Viscosezellwolle mit Caseïn oder Fischeiweiß animalisiert	tief rot bis rotbraun
Vistralan XT	erst gelb, dann schnell grün (oliv)

während

Viscosezellwolle, nicht animalisiert, unverändert bleibt.

Als spezifische Reaktion für *Vistralan* gibt Heermann-Agster[3] die folgende an: Man bringe die Faserprobe in konz. Salpetersäure und läßt 1 Std. bei Zimmertemperatur stehen; Vistralan wird hiernach kräftig grün gefärbt. Andere Faserstoffe geben diese Reaktion nicht. (Ähnlich verhält sich Vistralan XT in Millons Reagenz – s. vorstehend.)

r) Chemische Eiweißfasern

„**Morse test**" nach Simon und Tonn[4]:

Eine kleine Probe der Fasern wird in 18%iger Natronlauge behandelt, bis sie teilweise aufgelöst ist. Zu etwa 1 cm³ der Lösung werden 4 Tropfen Isoamylalkohol und 15 Tropfen 30%iges Wasserstoffperoxyd zugegeben (letzteres vorher in Eis stellen und kalt verwenden!). Nach gutem Durchmischen wird auf einem Wasserbad erhitzt bis das Schäumen nachläßt und der größte Teil des Alkohols und des Wassers verdunstet ist. Dann fügt man 2 cm³ 5 n-Salzsäure zu und erhitzt wieder auf dem Wasserbad während 10 bis 15 Minuten. Caseïnfasern werden rosarot, Sojabohneneiweißfasern bleiben ungefärbt.

Ninhydrin (Schwangerschaftsdiagnostikum von Abderhalden und Schmidt auf Eiweiß) nach Mecheels und Gasser[5]:

---

[1] Koch, P.-A.: Melliand Textilber. **20** (1939), 179–181.

[2] Eppendahl, Fr.: Qualitative Analyse der wichtigsten Faserarten für die Färberei, S. 103 Wittenberg Lutherstadt: A. Ziemsen 1948.

[3] Heermann-Agster: Färberei- und textilchemische Untersuchungen, 9. Aufl., S. 304. Berlin/Göttingen/Heidelberg: Springer 1956.

[4] Simon, W., und Tonn, W. H.: Rayon Textile Monthly **22** (1941), No. 9, S. 63.

[5] Mecheels, O.: Melliand Textilber. **16** (1935), 43–44.

Probe in 0,1%iger Lösung von Ninhydrin 1 Min. kochen. 1 bis 2 Min. nach dem Kochen sind Caseïnfasern (schwach) violettblau, Zeïnfasern graublau, Erdnußeiweißfasern blaß graubraun gefärbt. (Mitanfärbung von Proben bekannter Provenienz empfehlenswert!)

s) Anorganische Faserstoffe untereinander

Nach Bobeth und U. Müller, welche die Identifizierungsmöglichkeiten der anorganischen Faserstoffe untersuchten[1], sind nur Lichtbrechungsexponent bzw. Doppelbrechung und das mikrochemische Verhalten für die Feststellung der Art des anorganischen Faserstoffes brauchbar. Im *mikroskopischen Bild* unterscheidet sich zwar Asbest durch Längsansicht wie Querschnitt eindeutig von den künstlichen anorganischen Faserstoffen, hingegen zeigen letztere sämtlich kreisrunde Querschnitte bei „Glasstab"-Form in Längsansicht (daneben bei geblasenen oder geschleuderten Fasern Schmelzperlen und grobe Dickstellen).

Asbest: Längsansicht ... mehr oder weniger dicke Faserbündel, die durch mäßigen Druck weiter aufteilbar sind (die eigentlichen Einzelfasern, mit Durchmessern bis zu 0,02 μ herab, werden nur im Elektronenmikroskop sichtbar[2]); mitunter in den Bündeln auffallende „Verwerfungen".

Querschnitt .... charakteristische Bündelung, wobei die unrunden Bündelformen (als Folge ihrer Spaltung) auffallen.

Bei der Prüfung auf die *Lichtbrechungsverhältnisse* (allerdings langwierig und spezielle Fachkenntnisse erfordernd!) ergibt sich einmal, daß nur die kristallinen *Asbestfasern doppelbrechend* (zwischen 0,1 und 0,3), während sämtliche *künstlichen anorganischen* – also erschmolzenen (und damit glasigen) – *Faserstoffe* amorph sind. Letztere zeigen aber deutliche Unterschiede im *Lichtbrechungsexponenten*, der, wie die nachstehenden Werte von Bobeth und U. Müller[1] zeigen, zu Erkennungszwecken herangezogen werden kann:

Quarzfasern	1,459
Glasfaserstoffe	etwa 1,48 bis 1,55
Keramik-Faser Fiberfrax	1,545
Gesteinsfasern	etwa 1,60 bis 1,61
Schlackenfasern	etwa 1,635.

Auf der Basis des unterschiedlichen *mikrochemischen Verhaltens* der einzelnen anorganischen Faserstoffe haben Bobeth und U. Müller einen *Bestimmungsschlüssel* aufgestellt (s. Tab. 19), der auf den Erscheinungen der Faserauflösung beruht, verbunden mit den hierbei evtl. auftretenden Kristallbildungen und Farbreaktionen. Auflagerungen organischer Natur (Öle, Fette, Harze usw.), die auf den Proben vorhanden sein können, vermögen die Faserauflösung zu verzögern bzw.

[1] Bobeth, W., und U. Müller: Faserforschg. u. Textiltechn. **7** (1956), 497—504.
[2] Koch, P.-A., H. Freytag und M. von Ardenne: Glastechn. Ber. **21** (1943), 249—255.

sogar verändernde Wirkung zu haben; derartige *Auflagerungen* sind daher vor Durchführung der Untersuchungen nach Tab. 19 in bekannter Weise (mittels Lösungsmittel oder thermisch) zu entfernen, wobei sie vielfach durch Luminescenz-Analyse zu erkennen sind.

Wichtig für den Verlauf der Reaktionen ist, daß die Fasern zwischen *indifferenten Objektträgern und Deckgläschen* liegen. So müssen bei Verwendung von Flußsäure (rein oder in Mischungen; s.u.) Objektträger wie Deckglas einen gegen Flußsäure indifferenten Schutzüberzug (z.B. Vinoflex-Lösung, Paraffin) tragen. Die vollkommene Wirksamkeit eines derartigen Überzuges muß durch einen Blindversuch nachgeprüft werden: innert 5 Minuten darf es nach Aufbringen von Flußsäure zu keiner Kristallbildung kommen! Außerdem dürfen einerseits nicht zu große Fasermengen, andererseits aber auch keine Einzelfasern allein zur Untersuchung gelangen, da sonst das Mengenverhältnis, das für die Kristallbildung wichtig ist, gestört wird. – Die %-Angaben bei den Säuren sind Gewichtsprozente. Die Flußsäure(mischungen) sind in Vinidurgefäßen aufzubewahren. Für die Jod-Jodkaliumlösung ist folgender Ansatz zu verwenden: 6 g Jodkalium in 10 cm³ dest. Wasser lösen, darin 2 g reines Jod auflösen und dann auf 100 cm³ auffüllen.

t) Synthetische Faserstoffe untereinander

α) *Anfärbung mit Neocarmin MS*[1].

β) *Chemischer Bestimmungsschlüssel* nach P.-A. Koch.

Dieser Bestimmungsschlüssel (s. Tab. 20) berücksichtigt auch die Acetatfaserstoffe, deren Triacetat-Fabrikate wegen verwandter Eigenschaften teilweise mit den synthetischen Faserstoffen zusammengenannt werden – durch die Brennprobe wäre somit für allgemeinere Anwendbarkeit vorher die Abwesenheit von Viscose- oder Kupferkunstseide oder -zellwolle, sowie von chemischen Eiweißfasern [beide mit typischem Befund bei der Brennprobe] festzustellen. Nicht berücksichtigt sind hingegen diejenigen Faserstoff-Arten, die nur in Form grober Monofile auf dem Markt sind [Polyäthylen-, Polystyrol-, Polyvinylidenchlorid-].

Arbeitsweise: Jeweils eine neue Faserprobe wird gemäß den einzelnen Reagenzglasversuchen in nachstehender Reihenfolge geprüft, bis ein Versuch Löslichkeit zeigt. Etwaiges Schrumpfen oder Zerfall allein besagen nicht schon Löslichkeit!

Die in [...] stehenden Versuche sind nur auszuführen, wenn der vorhergehende Hauptversuch Löslichkeit ergeben hatte!

Die *Polyvinylchlorid*-Faserstoffe, die einen erheblichen Anteil an Chlor enthalten, sind durch die Beilsteinprobe zu erkennen. Hierzu verbrennt man das Fasermaterial auf einem gut ausgeglühten Kupferblech oder Kupferdraht. Bei Anwesenheit von Chlor färbt sich die Flamme leuchtend grün.

Faserstoffe der *Acrylnitril-Gruppe* können nach Kunze[2] durch Diphenylamin in Verbindung mit konz. Schwefelsäure und Kupfersulfat erkannt werden (Nachweis der CN-Gruppe).

[1] geliefert von Fesago, Chem. Fabrik Dr. Gossler GmbH., Heidelberg.
[2] Kunze, W.: Reyon-Zellwolle 1955, 386.

Tabelle 19. *Mikrochemischer Bestimmungsschlüssel für anorganische Faserstoffe* nach Bobeth

Vor Anwendung dieses Untersuchungsganges sind die speziellen Hinweise im Text zu beachten!

A. Hauptuntersuchung	B. Ergänzungsuntersuchungen	
1. *Einbettung in 2%ige* H_2SO_4	*Einbettung in 1:3,5-Mischung aus* HCl (*15%ig*) / *Ferrocyankaliumlösung* (*5%ig*)	
→ *Schlackenwollen* lösen sich unter Bildung von Calciumsulfatkristallnadeln auf	Je nach Eisengehalt entstehen dunkelblaue bis hellgrünliche Färbungen	
	Schlackenwolle Saxonia Freiberg	Dunkles Blaugrün
	Mineralwolle Leuna	Dunkelblaue Auswüchse auf den Fasern
	Schlackenwolle Unterwellenborn	Grünliche Substanzen
	Schlackenwolle Gelsenkirchen	Hellgrüne Substanzen
unverändert ↓		
2. *Einbettung in 37%ige* H_2SO_4	*Einbettung in 2:1-Mischung aus* H_2SO_4 (*17%ig*) / H_2F_2 (*10%ig*)	
→ *Gesteinsfasern* lösen sich unter Bildung von Calciumsulfatkristallen auf	*Sillan-Faser*	Auflösung und Bildung von Calciumfluoridkristallen und Calciumsulfatkristallen. Bei starken Faseranhäufungen bilden sich in deren Mitte die stäbchenförmigen Calciumsulfatkristalle und kreisförmig um diese unter deutlicher Abgrenzung Calciumfluoridkristalle in Oktaeder- und Tetraederform Bei geringen Fasermengen treten nur Calciumfluoridkristalle auf Es ist zu beachten, daß bei Schlackenfasern entsprechende Erscheinungen sogar noch intensiver auftreten
	Basalt-Faser	Ziemlich rasche Substanzumsetzung unter Scheinlumenbildung und Auflösung ohne Kristallbildung
unverändert ↓		
3. *Einbettung in 1:1-Mischung* H_2SO_4 (*37%ig*) / H_2F_2 (*10%ig*)		
→ a) „*Keramik*"-*Faser* (Fiberfrax) löst sich ohne Rückstand auf (nur Dickstellen und Schmelzperlen bleiben übrig!)		entfällt

unverändert

→ b) *Glasfasern* lösen sich unter Bildung von Kristallen bzw. körnigem Rückstand mehr oder weniger schnell auf, was von der Faserzusammensetzung, der Fasermenge und der Faserdicke abhängig ist

Einbettung in 1:1-Mischung aus H_2SO_4 *(37%ig) /* H_2F_2 *(10%ig)*

Alkalireiche Glasfasern	Auflösung und Bildung von Natriumfluorsilikatkristallen in größerer Anzahl
Alkaliarme Glasfasern	Auflösung und Bildung von Natriumfluorsilikatkristallen in geringerer Anzahl
Calciumhaltige Glasfasern	Auflösung und Bildung von Calciumsulfatkristallen
Quarzfasern	Im begrenzten Beobachtungszeitraum unverändert

4. *Einbettung in 4:1-Mischung* H_2F_2 *(20%ig) / Ferrocyankaliumlösung (5%ig)*

→ a) *Asbestfasern* ungelöst, aber vorwiegend blaue oder grünblaue Anfärbung (auch auf Grund des strukturellen Aufbaues in Bündelform meist erkennbar)

1. Einbettung in 40%ige Flußsäure

Chrysotil	ziemlich langsame Umsetzung in gelartige Substanzen und Auflösung (vgl. 2)
Amosit (südafrikanisch)	Bildung von Ferrofluorsilikatkristallen und Auflösung (vgl. 3)
Krokydolith (südafrikanisch)	Bildung von Ferrofluorsilikatkristallen und Auflösung (vgl. 3)
Krokydolith (chinesisch)	Bildung körniger, bräunlicher Kristallsubstanzen und langsame Auflösung
Tremolit (finnisch)	kaum verändert

2. Einbettung in Jod-Jodkaliumlösung (1:9 mit H_2O *verdünnt)*

Chrysotile (Serpentinasbeste)	orangebraune Färbung (Bündel möglichst weitgehend zerteilen!)
Amphibol – (Hornblende-)Asbeste	keine Anfärbung

Ferner ist bemerkenswert, daß im Lumineszenz-Mikroskop nur die Chrysotile eine Fluoreszenz erkennen lassen.

3. Einbettung in 4:1-Mischung aus H_2F_2 *(20%ig) / Ferrocyankaliumlösung (5%ig)*

Amosit (südafrikanisch)	Blaugrünfärbung und Bildung eines blaugrünen Farbsaumes
Krokydolith (südafrikanisch)	Aufhellung und Bildung eines blauen Farbsaumes

→ b) *Quarzfasern* während der Beobachtungszeit ungelöst und ungefärbt — entfällt

5. Undurchsichtige, glattbegrenzte und gleichmäßig dicke Faserstoffe sind im allgemeinen *Metallfäden*, die vorwiegend aus Kupfer, Aluminium, Nickel, Eisen, Monel u.a. bestehen können. Sie sind als „Drähte“ unverkennbar. Hier können die aus der Literatur bekannten qualitativen Nachweisreaktionen Anwendung finden. Siehe auch Abschnitt y). — entfällt

Tabelle 20: *Chemischer Bestimmungsschlüssel für synthetische Faserstoffe* nach P.-A. Koch

Versuch	Lösungsmittel	Lösliche Faserstoff-Art	Fabrikatnamen
I	Toluol, kalt	nachchlorierte Polyvinylchlorid-Faserstoffe	*PeCe-Faser*
II	Dioxan, kalt	Acetatfaserstoffe [für Triacetatfaserstoffe spezieller Nachweis nach IIa]	–
[IIa]	Chloroform	Triacetatfaserstoffe	*Arnel, Courpleta, tri-a-faser, Tricel, Trilan*
III	Toluol, kochend	Polyvinylidenchlorid-Faserstoffe	*Saran*
IV	Dioxan, kochend	Polyvinylchlorid-Faserstoffe (nicht nachchloriert)	*PCU-Faser, Rhovyl, Rhovyl-Fibra = Fibrovyl*
V	Aceton, kochend	Mischpolymerisatfasern mit Acrylnitril [Trennung der Fabrikate nach Va]	*Dynel, Verel*
[Va]	Äthylendiaminhydrat, kochend	*Schrumpfklümpchen:* *fasriges rotbraunes Klümpchen:*	*Dynel* [PVM aus VC/VY 60/40%] *Verel* [PVM aus modifiziertem VY]
VI	Eisessig, kochend	Polyamid-Faserstoffe [Trennung der Fabrikate nach VIa und VIb]	.....
[VIa]	Ameisensäure, konz. kalt	*gelöst:* *ungelöst:*	*Nylon, Perlon* usw. [Polyamid 6.6 bzw. 6] *Rilsan* [Polyamid 11]
[VIb]	Dimethylformamid, kochend	*gelöst:* *ungelöst:*	*Perlon, Rilsan* *Nylon*
VII	Ameisensäure, konz. kalt	Polyvinylacetal-Faserstoffe *langsam gelöst:*	Vinylon: *Kuralon, Mewlon;* deutsche *PVA-Faser*
VIII	Kalilauge 40%ig, kochend	Vinylidencyanid-Mischpolymerisatfaser	*Darvan*
IX	Salpetersäure, konz. kalt	Polyacrylnitril-Faserstoffe	*Dolan, Dralon, Orlon 42, PAN, Redon*
X	Dimethylformamid, kochend	Polyester-Faserstoffe	*Diolen, Terylene, Trevira*
ungelöst bleiben aus den Versuchen I bis X zurück		Polytetrafluoräthylen-Faserstoffe	*Teflon*

Das Löslichkeitsverhalten der einzelnen synthetischen Faserstoffe in den verschiedensten Lösungsmitteln haben Bumiller[1] sowie P.-A. Koch und Stratmann[2] kritisch zusammengestellt.

γ) *Mikroskopischer Bestätigungsschlüssel* für synthetische Faserstoffe auf Grund von Quellungscharakteristika, nach Bobeth[3].

Auch hier müssen vorerst evtl. mitanwesende Naturfasern oder sonstige Chemiefaserstoffe durch mikroskopische Vorprüfung ermittelt werden! Es empfiehlt sich außerdem immer, bekanntes Vergleichsmaterial mit heranzuziehen. Der Schlüssel baut auf den verschiedenen Quellungs- und Auflösungserscheinungen auf, welche die einzelnen synthetischen Faserstoffe zeigen, wenn jeweils ein entsprechendes Quellungsmittel zur Einbettung des mikroskopischen Präparates verwendet wird, das die typischen Erscheinungen wie nachstehend hervorruft (Tab. 21):

Tabelle 21
Quellungscharakteristika synthetischer Faserstoffe nach Bobeth[3]

Faserstoff-Art	Quellungsmittel	Charakteristischer Befund
(1) Polyvinylchlorid, nachchloriert	Toluol/Alkohol 1:5 (schwierig auszuführen, da Lösungsmittel rasch verdampft)	starke Aufquellung unter nur kurzzeitig und schwer erkennbarer „Scheinlumen"- und „Spitzen"-Bildung. Später blasige Zersetzung (Unterbrechung durch stärkere Alkoholzugabe möglich)
(2) Polyvinylchlorid, *nicht* nachchloriert	Chloroform/Toluol 5:1	typische Aufquellung unter „Scheinlumen"- und „Spitzen"-Bildung (Unterbrechung durch stärkere Toluolzugabe möglich)
(3) Mischpolymerisat Vinylchlorid/Acrylnitril *(Dynel)*	Schwefelsäure, konz.	typische Aufquellung unter „Scheinlumen"- und „Spitzen"-Bildung (Unterbrechung durch Wasserzugabe möglich)
(4) Polyamid	a) Chlorzinkjodlösung/Alkohol 1:1	mehr oder weniger schnelle Auflösung unter häufiger „Scheinlumen"- und „Spitzen"-Bildung, seltener Fältelung (Unterbrechung durch Wasserzugabe möglich)

[1] **Bumiller, M. L.: Färber-Ztg.** (Färber u. Chemischreiniger) **7** (1954), 25—27.
[2] **Koch, P.-A., und M. Stratmann:** Melliand Textilber. **39** (1958), 1141—1145.
[3] **Bobeth, W.: Faserforschg. u. Textiltechn. 5** (1954), 115—130 und 168—170.

Tabelle 21. Fortsetzung

Faserstoff-Art	Quellungsmittel	Charakteristischer Befund
	b) Schwefelsäure/ Amylacetat 1:2	starke Quellung und grobe Fältelung, dann mehr oder weniger starkes Zerlaufen
	c) Salzsäure 10°Bé	*Caprolactam-Typ:* sehr schnelles Auflösen nach Quellen unter „Scheinlumen"- und „Spitzen"-Bildung *Nylon-Typ:* nur langsames Quellen unter „Scheinlumen"- und „Spitzen"-Bildung
	c') Salzsäure 10°Bé, verdünnt 4:1 mit Wasser	*Caprolactam-Typ:* langsames Quellen unter Bildung von „Spitzen"- und nicht durchgehendem „Scheinlumen" *Nylon-Typ:* keine Veränderung
(5) Polyacrylnitril	a) Chlorzinkjodlösung (langsam auf Objektträger über Sparflamme erwärmen)	Spitzenbildung, fibrillenartiges Aufteilen und Zerlaufen (Unterbrechung durch Abkühlen möglich)
	b) Schwefelsäure/ Amylacetat 1:1	starke Aufquellung unter „Spitzen"- und „Scheinlumen"-Bildung nebst sehr starker Fältelung und Schrumpfung [bei Mischung 1:2 gemäß (4) b) reagiert Polyacrylnitril noch nicht!]
(6) Polyester	Phenollösung, konz. (handwarm)	typische Aufquellung unter „Spitzen"- und „Scheinlumen"-Bildung (Geschwindigkeit des Vorganges abhängig von Verstreckungsgrad und thermischer Vorbehandlung)
(7) Polyvinylidenchlorid	Dioxan-Bromoform 1:1 (auf Objektträger erwärmen)	typische Aufquellung und „Scheinlumen"-Bildung unter leichter Fältelung und Streifung (Unterbrechung durch Abkühlung möglich)

u) Verschiedene Fabrikate der Polyvinylchlorid-Faserstoffe

Nachchlorierte Polyvinylchlorid-Faserstoffe (*PeCe-Faser*) sind durch ihre Löslichkeit in kaltem Toluol sicher zu identifizieren („Typ-Reaktion", s. Tab. 7, Gruppe E), werden außerdem in heißem Äthylendiamin als einzige PVC-Faserstoffe zunächst orangebraun, später schwarz gefärbt[1] (s. Tab. 6).

Nicht nachchlorierte PVC-Faserstoffe (*PCU-Faser*; *Rhovyl/Fibrovyl*) sind auf Grund ihres mikroskopischen Befundes speziell am Querschnittsbild zu unterscheiden (s. Tab. 2).

v) Verschiedene Fabrikate der Polyacrylnitril-Faserstoffe

Einzelne Fabrikate können an ihrer charakteristischen Längsansicht und Querschnittsform des mikroskopischen Bildes erkannt werden (s. Tab. 2).

Zur Unterscheidung verschiedener *amerikanischer* Faserstoffe auf Polyacrylnitril-Basis (Orlon-Typen, Acrilan, X-51 bzw. X-54 = Creslan) sind spezielle Reaktionen angegeben worden, die von Ulrich[2] zusammengestellt worden sind. Für den Bedarfsfall sei hierauf verwiesen.

w) Polyamid-Faserstoffe unter sich

Es sind folgende Typen zu unterscheiden:

Polyamid 6.6 (= nylon 66) aus Hexamethylendiamin und Adipinsäure, Schmp. 250 °C, Fabrikatnamen *Nylon, Nylsuisse* usw.

Polyamid 6 (= nylon 6) aus ε-Caprolactam, Schmp. 215 °C, Fabrikatnamen *Perlon, Grilon, Bodanyl* usw. – s. „Einteilung der Faserstoffe", Tab. 1.

Polyamid 11 (= nylon 11) aus ω-Aminoundekansäure, Schmp. 186 °C, Fabrikatname *Rilsan*.

Die Trennung kann erfolgen

α) durch *Bestimmung des Schmelzpunktes* im Schmelzpunktröhrchen, mit dem Koflerschen Thermomikroskop oder mit Hilfe von Schmelzkörpern[3]. Hierfür verwendet man solche von 200 bzw. 220 °C, bringt jeweils einige Körnchen davon auf eine kleine Metallplatte und erwärmt diese von unten langsam mit kleiner Flamme. Sobald der Schmelzkörper schmilzt, nimmt man die Flamme weg und legt einige Fasern der Probe auf. Schmelzen diese, so liegt das Material vor, das einen niedrigeren Schmelzpunkt aufweist.

β) durch *Unterschiede in der Löslichkeit in Säuren*; so wird nach A. Müller[4] Polyamid 6.6 (*Nylon*) in **42%iger Ameisensäure** bei Kochtemperatur nicht gelöst (nur teilweises Schrumpfen), Polyamid 6 (*Per-*

---

[1] Koch, P.-A.: Textilchemische Prüfungen, 5. Aufl., S. 16/17. Wuppertal-Barmen: Dr. Spohr-Verlag 1952.

[2] Ulrich, H. M.: Handbuch der chemischen Untersuchung der Textilfaserstoffe, 2. Bd., S. 649 bis 655. Wien: Springer 1956.

[3] Geliefert von E. Merck, Darmstadt, oder Tempil°-Tabletten der Tempil-Corp. von der Medicina AG., Vaduz (Liechtenstein).

[4] Müller, A.: SVF Fachorg. f. Textilveredlg. 6 (1951), 128–134.

lon, Grilon usw.) hingegen gelöst. Nach Brennecke[1] trifft das Gleiche mit **60%iger Essigsäure** bei Erhitzen auf 100 °C zu: *Perlon* usw. geht rasch in Lösung, *Nylon* bleibt ungelöst. Ludewig[2] empfiehlt zur Unterscheidung der Polyamide vom Nylon- bzw. Caprolactam-Typ eine **4,2 n-Salzsäure** (153,3 g HCl/l). Polyamid 6 wird schon in der kalten, Polyamid 6.6 aber nur in der heißen 4,2 n-Salzsäure gelöst. In **konz. Ameisensäure** (98- bis 100%ig) werden die Polyamide 6.6 und 6 schon in der Kälte, Polyamid 11 (*Rilsan*) wird hingegen erst beim Kochen gelöst[3]. (Achtung: Verstreckungsgrad, wie z.T. auch Thermofixierung beeinflussen die Löslichkeit der Polyamid-Faserstoffe gegenüber Säuren!)

Die Anwendung von 6n-Salzsäure (konz. Säure 1:1 verdünnt) ermöglicht nach Stratmann[3] nicht nur die Trennung der verschiedenen Polyamid-Typen, sondern läßt auch leicht Polyamid-Fasern in Fasermischungen erkennen. Die Probe wird im Reagenzglas mit der kalten Säure übergossen. Tritt Lösung ein, so wird anschließend mit Wasser verdünnt und beobachtet, ob ein weißer, flockiger Niederschlag entsteht. Nur die Polyamid-Typen 6.6 und 6 lösen sich unter Bildung eines Niederschlages beim Verdünnen mit Wasser, Polyamid 11 bleibt ungelöst. (Außerdem lösen sich – aber *ohne* Fällung beim Verdünnen der Lösung! – die Polyvinylacetal-Faserstoffe. Alle übrigen Faserstoffe bleiben ungelöst.) Zur qualitativen Analyse der verschiedenen Polyamid-Faserstofftypen geht man daher wie folgt vor:

Nach Behandlung mit kalter **6 n-Salzsäure**

- gelöst: *Nylon, Perlon* usw.
  - In **Dimethylformamid,** 3 Min. kochend
    - gelöst: *Perlon* usw. [PA 6]
    - ungelöst: *Nylon* [PA 6.6]
- ungelöst: *Rilsan* [PA 11]

[Wird statt mit kalter 6 n-Salzsäure mit kochendem o-Dichlorbenzol behandelt, so löst sich umgekehrt nur *Rilsan,* während *Nylon, Perlon* usw. ungelöst bleiben]

Für die Prüfung, ob in einer Faser*mischung* Polyamid-Fasern vom Typ 6.6 oder 6 vorliegen, wird die Probe mit 6n-Salzsäure versetzt und nach etwa 1 Min. die Lösung mit Wasser verdünnt. Liegt die Beimischung einer Polyamid-Faser obiger Typen vor, so entsteht je nach Menge eine milchige Trübung oder ein weißer Niederschlag.

[1] Brennecke, W.: Textil-Praxis **8** (1953), 589–590.
[2] Ludewig, H.: Faserforschg. u. Textiltechn. **3** (1952), 354–356.
[3] Stratmann, M.: Z. ges. Textilind. **59** (1957), 1035–1036.

γ) durch *Löslichkeitsreaktion mit Sesolvan NK*[1]; verbesserte Methodik nach Wöllhaf[2]. Etwa 20 mg der zu untersuchenden Probe (kann auch gefärbt sein!) wird in einem Reagenzglas mit 5 cm³ **Sesolvan NK** (γ-Butyrolacton) übergossen und in einem Paraffinölbad auf 180 °C erhitzt. Polyamide vom Nylon-Typ bleiben ungelöst, und das Lösungsmittel ist nach dem Erkalten klar durchsichtig, während solche vom Caprolactam-Typ gelöst werden (bei thermofixierten Proben kann die Zeit bis zur Auflösung allerdings bis 10 Min. betragen!) und die Lösung beim Abkühlen zu einer Gallerte erstarrt.

δ) *unter dem Mikroskop* nach Pekar[3] – unabhängig von einer Thermofixierung, welche die Löslichkeit beeinträchtigen kann:

aa) Chloralhydrat löst je nach Konzentration Polyamid 6.6 rasch oder nicht. Man setze die folgenden beiden Chloralhydratlösungen an: 3,8 g krist. in 2 cm³ dest. Wasser (= konz.) und 2,5 g krist. in 2 cm³ dest. Wasser (= verd.). In der konz. Lösung wird *Nylon* (Polyamid 6.6) rasch gelöst, in der verd. Lösung erfolgt keine Lösung, doch quellen die Fasern stark und die Schnittenden werden etwas verbreitert. *Perlon* u. ä. (Polyamid 6) wird in beiden Konzentrationen langsam aufgelöst.

bb) Lactophenol-Baumwollblau (s. Abschnitt M) gibt deutliche Unterschiede in bezug auf Quellung und Anfärbung bei den beiden Polyamid-Typen 6 und 6.6. Das Reagenz wird hier wie folgt angesetzt: 10 g krist. Phenol, 10 g Milchsäure (75%ig), 20 g Glycerin (95%ig) und 22 cm³ dest. Wasser werden gemischt. Hierein wird sodann noch Baumwollblau (oder auch Siriusblau) bis zu annähernder Sättigung eingetragen. [Der Zusatz von Farbstoff ist nicht unbedingt nötig!] In dieser Mischung werden einige Fasern auf einem Objektträger eingebettet, dann wird ein Deckglas aufgelegt und nach 30 bis 45 Sekunden mit Wasser bis zur Farbfreiheit der Einbettungslösung durchgespült (mit Filterpapierstreifen absaugen). Polyamid 6.6 (*Nylon*) ist in der Lösung praktisch nicht gequollen und auch kaum angefärbt; Polyamid 6 (*Perlon* u. ä.) erscheint hingegen tiefblau angefärbt, wobei die Fasern stark gequollen (z. T. örtlich gelöst) und die Schnittenden stark verbreitert sind (zündholzkopfartig aufgetrieben und noch dunkler angefärbt) und die Faseroberfläche narbig erscheint. [Polyamid 11 (*Rilsan*) verhält sich wie Polyamid 6.6 (*Nylon*).]

ε) *unter dem Mikroskop* nach Stratmann[4] zur Unterscheidung aller drei Polyamid-Typen 6.6, 6 und 11: Beobachten der „Frottébildung" nach Herstellen eines Präparates mit der Mischung Chlorzinkjodlösung/Rezept Merck und Äthanol 5 + 1 (s. Gruppe M unter „Chlorzinkjod"), wobei

Frottébildung bei Raumtemperatur nach etwa 3 Min. .... *Nylon; Perlon, Grilon* u. ä.
Frottébildung erst nach Erwärmen auf 65 °C nach etwa 3 Min. .... *Rilsan.*

[1] Reif, W.: Melliand Textilber. **34** (1953), 219.
[2] Wöllhaf, A.: Melliand Textilber. **35** (1954), 533.
[3] Pekar, W.: Melliand Textilber. **35** (1954), 532–533.
[4] Stratmann, M.: Z. ges. Textilind. **60** (1958), 450–456.

Für die Unterscheidung der verschiedenen Polyamid-Faserstofftypen sind in den letzten Jahren neben vorstehenden leicht ausführbaren Methoden noch verschiedene andere Verfahren angegeben worden, so auch durch Nachweis der Hydrolysatprodukte. Eine vollständige Zusammenstellung dieser Unterscheidungsmethoden bringt Ulrich[1].

Die Erkennung und Unterscheidung der Mischpolyamid-Faserstoffe (*Eftrelon*, s. Tab. 1) ist, wie Ludewig[2] gezeigt hat, auf Grund der bestehenden kleinen Unterschiede hinsichtlich ihrer Beständigkeit gegen Säuren möglich. Näheres s. die Originalliteratur.

x) Polyamid- und Polyester-Faserstoffe

Diese beiden Arten synthetischer Faserstoffe, die wegen gleicher kreisrunder Querschnitte mikroskopisch nicht trennbar sind, werden unterschieden mit verflüssigtem **Phenol:** Polyamid-Faserstoffe (ebenso aber auch Acetatfaserstoffe) werden schon in kaltem verflüssigten Phenol gelöst, Polyester-Faserstoffe sind nur in heißem löslich.

Bei der *trockenen Destillation* (s. diese Gruppe, 1. Gruppentrennung) geben Polyamid-Faserstoffe alkalische, Polyester-Faserstoffe hingegen saure Reaktion (s. auch Tab. 8).

Nach Roff[3] tränkt man ein Filterpapier mit **o-Nitrobenzaldehyd** und etwas Natronlauge und hängt einen Streifen über den Rand eines Reagenzglases, in dem die Probe trockendestilliert wird. Die Dämpfe von Polyamid-Faserstoffen des Nylon-Typs färben das Filterpapier violett bis schwarz (Farbe mit verd. Schwefelsäure auswaschbar), von Polyester-Faserstoffen hingegen grünlich-blau, am Rand gelb (Indigo, mit verd. Schwefelsäure nicht auswaschbar).

y) Untersuchungsmethoden für leonische Fäden, Textilien mit Metallfäden und metallisierte Gewebe nach Ulrich[4]

1. Mikroskopische Untersuchung

Prüfe die Metallfäden, metallisierten Garne o.ä. speziell auf dem Querschnitt, der oft Aufschluß über den Aufbau des Metallgebildes gibt. Bei „Baykogarn" sind z.B. der Baumwollfaden als Seele und die mit Metallflittern durchsetzte Hüllschicht erkennbar, bei „Verbundmaterialien" die einzelnen Schichten, aus denen das Gebilde aufgebaut ist[5].

2. Feststellung der Art der metallischen Umspinnung, der metallischen Auflagerung und der Art der Faserstoff-Grundsubstanz

Die Art der Umspinnung wird nach mechanischer Ablösung oder nach dem Weglösen – bei metallisierten Geweben – mit entsprechenden

---

[1] Ulrich, H.M.: Handbuch der chemischen Untersuchung der Textilfaserstoffe, 2. Bd., S. 510 bis 519. Wien: Springer 1956.
[2] Ludewig, H.: Faserforschg. u. Textiltechn. **6** (1955), 277–285.
[3] Roff, W. J.: Laut Chemiker-Ztg. **78** (1954), 743.
[4] Ulrich, H. M.: Handbuch der chemischen Untersuchung der Textilfaserstoffe, 2. Bd., S. 743 bis 744. Wien: Springer 1956.
[5] Wagner, E., und P.-A. Koch: Zellglasbändchen, ihre Systematik und mikroskopische Untersuchung. Klepzigs Textil-Z. **40** (1937), 19–24, 135–142 und 279–283, sowie Koch, P.-A: Kunstbändchen. Melliand Textilber. **20** (1939), 479–483.

anorganischen Medien (Säure, Lauge, Kaliumcyanid usw.) nach den Methoden der anorganischen Metallanalyse oder auch mittels mikrochemischer Einzelreaktionen ermittelt. Die Faserstoff-Grundsubstanz wird nach schonender mechanischer oder chemischer Abtrennung des Metalles oder metallisierten Überzuges (z. B. aus Acetylcellulose oder Kunststoffen) mit dem Mikroskop oder mittels chemisch-färberischer Erkennungsverfahren (Näheres s. diese Gruppe!) festgestellt.

3. Feststellung der Metallechtheit von Textilien

Manche Faserstoffe greifen im Gewebe unedle Metalle, wie z. B. Eisen, Messing, und auch Silber an. Ursache dieses Angriffes sind Faserauflagerungen, wie Chlorrückstände, Chloramine (z. B. in gebleichter Baumwolle), Säure- und Alkalispuren, Sulfidschwefel (in Viscosefaserstoffen). Man führt hierzu *Wickel(Preß)-versuche* durch. Es muß bei diesen Prüfungen die evtl. Einwirkung von Dämpfen aus der Luft aber ausgeschaltet werden.

a) *Wickelversuch mittels Blattsilber* (zum Nachweis von Sulfidschwefel in Viscosefaserstoffen): Man legt die gedämpfte oder angesäuerte Probe des Gebildes zwischen zwei Silberblätter ein, gibt alles zusammen zwischen zwei reine Glasplatten und beschwert das Ganze mit einem Gewicht. Zur Ausschaltung der Lufteinwirkung stülpt man eine Glasglocke darüber oder stellt das Ganze in einen Exsiccator. Sind sulfidartige Verbindungen vorhanden, so verfärbt sich schon innerhalb weniger Tage das Blattsilber braun. Ist innerhalb von 2 Wochen keine Verfärbung der Silberblätter feststellbar, so enthält die Probe keine nennenswerten Sulfidschwefelmengen.

Bei tierischen Wollen kann die Braunfärbung des Blattsilbers auch auf einer Wollschädigung beruhen.

b) *Wickelversuch mittels Blattsilber und gleichzeitig unechtem (leonischem) Blattgold*: Die feuchte (aber nicht angesäuerte) Probe des Gebildes wird zwischen Blattsilber und unechtes Blattgold wie vorstehend angegeben eingelegt. Bei Gegenwart von Spuren von Säure oder sauer reagierenden Körpern (Appreturen!) in der Probe wird das unechte Blattgold grün.

c) *Wickelversuch mittels blank polierter Stahlplatten*: Die Ausführung des Versuches erfolgt wie vorstehend angegeben. Spuren von Säure oder anderer aggressiver Körper lassen Ätzungen feststellen.

4. Metallechte Färbungen

Diese zeigen gegen mitversponnenes Metall keine Schwärzung oder Bräunung. (Schwefelfärbungen sind nicht metallecht!)

Nicht faser-eigentümliche Nachbehandlungen, durch welche die Fasereigenschaften verändert werden, sind in Gruppe B abgehandelt. Nachweise zur Erkennung von waschfest gemachter (formaldehydbehandelter) oder knitterfrei ausgerüsteter (z. B. harnstoff-formaldehyd-behandelter) Kunstseide bzw. Zellwolle s. daher *unter „B"*.

Analyse von Fasermischungen (quantitativ) [„A“]

Wichtige Vorarbeiten: Qualitative Vorprüfung auf Art der Fasermischung (am besten mikroskopisch!), vorheriges Entfernen von Fremdsubstanzen, Probeentnahme an verschiedenen Stellen des Garnes oder Gewebes (Kette und Schuß getrennt analysieren!) zwecks Bildung guter Durchschnittsmuster.

1. Physikalische Trennungsverfahren

Mechanische Sortierung (Ausklauben) der zwei Komponenten einer Fasermischung mittels Lupe ist möglich nach Kontrastfärbung. Vorteil: Beide Komponenten bleiben erhalten. Nachteil: Großer Zeitaufwand, da Fehlerquelle, die in kleinen Probemengen begründet liegt, nur durch eine Vielzahl von Proben ausgeglichen werden kann (mindestens 5). Im allgemeinen wird man das Ausklaubverfahren nur anwenden, wenn aus speziellen Gründen (z.B. gleicher chemischer Aufbau beider Faserkomponenten) die bequemeren chemischen Verfahren [s. 2.] nicht herangezogen werden können. Hingegen ermöglichen *kontrast-angefärbte Proben* bei Vorliegen von gleich angefärbten Vergleichsmustern mit bekannten Mischungsverhältnissen eine rasche Beurteilung des in der zu untersuchenden Probe vorhandenen ungefähren Mischungsverhältnisses auch ohne Ausklauben.

Für Schwarz-Weiß-Färbung von Fasermischungen sind mit Vorteil verwendbar:

Neolanschwarz WA extra N	in Mischungen von *Baumwolle oder Viscosezellwolle* mit *Schafwolle* wird letztere schwarz angefärbt, erstere bleiben ungefärbt,
Reservedirektschwarz D ...	in Mischungen von *Baumwolle oder Viscosezellwolle* mit *Acetatzellwolle* werden erstere schwarz angefärbt, letztere bleibt ungefärbt,
Säureschwarz D	in Mischungen von *Schafwolle* und *Acetatzellwolle* wird erstere schwarz angefärbt, letztere bleibt ungefärbt.

Mischungen von *Baumwolle* und *Flachs* färbt man zur mechanischen Zerlegung mit Neocarmin B an [s. Gruppe U, 3., e)].

Mischungen von *Baumwolle* und *Viscose- oder Kupferzellwolle* sind durch mechanische Sortierung zu analysieren nach Anwendung der *Jodfärbung* nach (Windeck-)Schulze[1]; Jod-Jodkaliumlösung nach folgendem Ansatz: 20 g Jod in 100 cm^3 kaltgesättigter Kaliumjodid-

[1] (Windeck-)Schulze: Mh. Seide u. Kunstseide **42** (1937), 52—55 u. 173ff.; siehe auch Melliand Textilber. **18** (1937), 486—488.

lösung (etwa 150 g Kaliumjodid in 100 cm³ Wasser) gelöst. Probe nach vorherigem Entschlichten ohne zu netzen 1 Min. in 150 cm³ der Jod-Jodkaliumlösung umziehen, abquetschen und zweimal je 1 Min. in je 400 cm³ dest. Wasser auswaschen, abquetschen, bei Zimmertemperatur trocknen. – Baumwolle (nur soweit nicht mercerisiert!) erscheint praktisch unangefärbt, Zellwolle dunkelbraun bis schwarz.

Nach Meyer[1] ist die Jodfärbung auch für Mischungen aus *Flockenbast* und *Zellwolle* geeignet, wenn mehrere Stunden in die Jod-Jodkaliumlösung eingelegt wird. – Flockenbast wird nicht angefärbt (gebleichter Flachs nur bräunlich), Zellwolle hingegen tiefschwarz.

Mischungen von *Sisal* und *Manila* (*Abacá*) lassen sich trennen nach Anwendung des „Amoa-Verfahrens" [s. Gruppe U, 3., h].

Mischungen von *Viscosezellwolle* und *Kupferzellwolle* – die wegen des gleichen Grundstoffes chemisch nicht getrennt werden können – werden für mechanisches Ausklauben vorher mit Zartscher Lösung angefärbt [s. Gruppe U, 3., p)]. (Bei Anwesenheit von Viscosezellwollen nach dem *Lanusa-Verfahren* nicht brauchbar!)

Mischungen von *Schafwolle* und *Caseïnfaser* (bzw. anderen chemischen Eiweißfasern) können differenziert werden mit folgenden Farbstoffen:

Alizarinsaphird B oder *Kitonrot G* in 0,5%iger Lösung mit 0,5 cm³/l Schwefelsäure: Probe einige Minuten kalt färben, sodann spülen. Schafwolle hell, Caseïnfaser dunkel angefärbt.

Anthralanrot 3B (1 g in 200 cm³ Wasser gelöst und mit 1 cm³ konz. Schwefelsäure versetzt): Probe 2 Min. kalt färben, sodann erst kalt, dann warm spülen zur Entfernung des nicht fixierten Farbstoffes. Schafwolle schwach rosa, Caseïnfaser kräftig rot angefärbt.

Sedimentationstrennung in Flüssigkeiten von bestimmtem spezifischen Gewicht nach Ganssmüller[2] bzw. Fehlmann[3], auch bei ungefärbten Waren anwendbar; eine sichere Trennung der Mischungskomponenten ist jedoch nur möglich, wenn die Differenz zwischen den spezifischen Gewichten der zu trennenden Faserstoffe (s. Tab. 22) mindestens 0,080 g/cm³ beträgt. Die Fasermischung ist soweit zu zerkleinern, daß kein Faserstückchen länger als ½ mm ist und keine Faserklumpen mehr vorhanden sind. Etwa 50 mg Fasern in tariertes Reagenzgläschen (zweckmäßigerweise mit konischem Boden oder kugeliger Erweiterung unterhalb einer Verengung) einbringen, mit *Chloroform puriss.* übergießen, bis alle Faserteilchen frei schwimmen können, mit Stopfen verschließen, durchschütteln, Gläschen in Wasser von Zimmertemperatur einhängen. – Das spez. Gewicht von Chloroform beträgt bei

10°	15°	18°	20°	25 °C
1,497	1,487	1,482	1,478	1,473 g/cm³

und kann erforderlichenfalls durch tropfenweise Zugabe von Äthylalkohol (0,791 g/cm³ bei 18 °C) oder Benzol (das den Fasern weniger

[1] Meyer, W.: Allg. Textil-Z. **1** (1943), 204.
[2] Ganssmüller, G.: Klepzigs Textil-Z. **44** (1941), 662—663.
[3] Fehlmann, P.: Schweizer Arch. angew. Wiss. Techn. **9** (1943), 109—112

Wasser entzieht) herabgesetzt bzw. durch Zufügen von Tetrachlorkohlenstoff (1,598 g/cm³ bei 18 °C) gesteigert werden bis zu einem Zustand, in dem eine Faserkomponente der Mischung leichter, die

Tabelle 22. *Gebrauchswerte für spezifische Gewichte von Faserstoffen*[1] (Basis absolut trockener Zustand)

	[g/cm³]
Baumwolle	1,55
Baumwolle, mercerisiert	1,53
Flachs, roh	1,49
Jute	1,45
Ramie	1,55
Schafwolle	1,30
Naturseide, entbastet	1,37
Asbest, Hornblende-	3,10
Asbest, Serpentin-	2,40
Kupferkunstseide bzw. -zellwolle	1,52
Viscosekunstseide bzw. -zellwolle	1,52
Acetatkunstseide bzw. -zellwolle aus	
Triacetat	1,29
handelsüblichem Sekundäracetat (2½-Acetat)	1,31
Alginatkunstseide (Calcium-)	1,78
Gummifäden	0,92
Zeïnfaser	1,25
Erdnußeiweißfaser	1,30
Caseïnfaser	1,30
Glaskunstseide bzw. -faser	2,49
Polyäthylen-Faserstoffe	0,92
Polytetrafluoräthylen-Faserstoffe (Teflon)	2,25
Polyvinyl-Faserstoffe aus	
Polyvinylchlorid (PCU, Rhovyl/Fibrovyl)	1,40
nachchloriertem Polyvinylchlorid (PeCe)	1,44
Polyvinylidenchlorid (Saran)	1,72
Polystyrol (Styroflex)	1,06
Polyvinylacetal (Vinylon)	1,31
Polyacrylnitril (Dolan, Dralon, Orlon, PAN, Redon usw.)	1,17
Polyvinylidencyanid (Darvan)	1,18
Mischpolymerisat-Faserstoffe: Dynel	1,28
Verel	1,37
Polyester-Faserstoffe (Diolen, Terylene, Trevira usw.)	1,38
Polyamid-Faserstoffe aus	
Polyamid 6.6 bzw. 6 (Nylon, Nylsuisse; Perlon, Grilon usw.).	1,15
Polyamid 11 [ω-Amino-undekansäure] (Rilsan)	1,04
Polyurethan-Faserstoffe (Perlon U)	1,19

[1] Aus Koch, P.-A: Faserstoffe, Abschnitt 413 in Landolt-Börnstein: Zahlenwerte und Funktionen aus Physik, Chemie, Astronomie, Geophysik und Technik, 6. Aufl. IV. Bd.: Technik, 1. Teil, S. 322—420 (S. 346—357: 41351 Spezifisches Gewicht [Dichte] der Faserstoffe). Berlin/Göttingen/Heidelberg: Springer 1955. Ergänzt.

andere schwerer ist als die Flüssigkeit. Nach erfolgter Trennung (nach einigen Minuten) wird die schwimmende Komponente mit der über dem Sediment stehenden Flüssigkeit abgegossen und die am Boden liegende schwerere Faserkomponente mit dem Rest der Flüssigkeit getrocknet, sodann zurückgewogen. – Nähere Ausführungen zur Methodik dieser Fasertrennung s. Lassé[1].

Preston und Nimkar[2] haben die Methode abgewandelt und verwenden eine spezielle „Dichtegefällröhre".

Mikroskopische Analyse von Fasermischungen mittels des Gelatine-Zählverfahrens nach A. Herzog[3]: Einbringen kurzgeschnittener Garnabschnitte (nicht über 1 mm lang) von mindest 5, möglichst aber 25 verschiedenen Stellen der Probe in flüssige *10%ige Gelatinelösung*, kräftig durchschütteln, ausgießen der Gelatinefasermischung auf einen Spezialobjektträger mit Linienteilung, Bestimmung des zahlenmäßigen Mischungsverhältnisses durch systematisches Auszählen unter dem Mikroskop mit sehr schwachem Objektiv und sehr stark vergrößerndem Okular, Berechnung des Gewichtsverhältnisses. (Einzelheiten siehe die erwähnten Veröffentlichungen[3].) – Zweckdienlich bei Vorliegen sehr geringer Probemengen, sowie bei Mischungen aus Fasern gleicher chemischer Zusammensetzung, wo die quantitativ-chemischen Verfahren [siehe 2.] versagen, z. B. bei Mischungen aus Baumwolle und Flockenbast, Neuwolle und Reißwolle (schwierig!), Melangen, Schafwolle und Angora(kanin)wolle, glänzender und spinnmattierter Zellwolle.

2. Chemische Trennungsverfahren

Die quantitativ-chemischen Trennungsverfahren bauen auf der Löslichkeit bzw. Unlöslichkeit der einzelnen Faserarten in ausgewählten Lösungsmitteln auf: eine Faserkomponente der Mischung wird in Lösung gebracht, die ungelöst gebliebene andere Komponente gewichtsmäßig bestimmt und aus der Differenz Einwaage – Auswaage (= Rückstand) der Anteil der gelösten Komponente errechnet.

Die quantitativ-chemischen Trennungsverfahren vermögen keine „Analysen"methoden im Sinne der chemischen Analyse zu sein, da die Fasermischungen niemals vollkommen gleichmäßig versponnen werden können und dementsprechend in allen Mischgespinsten und -geweben mit mehr oder weniger großen Schwankungen in der Zusammensetzung der Faserkomponenten gerechnet werden muß. Die Abweichung des Ist-Mischungsverhältnisses vom Soll-Verhältnis kann innerhalb größerer Garnlängen mehrere Prozent betragen. Auch die Vorgeschichte der Fasern (Veredlung, chemische Veränderung, evtl. Schädigung) der Mischung kann das Ergebnis beeinflussen. Die Genauigkeit der quantitativ-chemischen Trennungsverfahren, die auch bei Heranziehen einer genügenden Anzahl genügend großer Proben und bei völlig zutreffendem Korrekturzuschlag (s. Tab. 24) keine absolute ist, liegt

[1] Lassé, R.: Melliand Textilber. **24** (1943), 466–470.
[2] Preston, J. M., und M. V. Nimkar: J. Textile Inst. **41** (1950), T 446–T 454.
[3] Herzog, A.: Textile Forschg. **4** (1922), 52–54. Heermann-Herzog: Mikroskopische und mechanisch-technische Textiluntersuchungen, S. 220–226. Berlin: Springer 1931.

dennoch zumeist innerhalb der Streuungen, welche durch die Ungleichmäßigkeiten der Ausspinnung gegeben sind. Es ist daher sinnlos, die Ergebnisse quantitativ-chemischer Trennungsverfahren mit mehreren Dezimalstellen anzugeben.

Allgemeines. Die Probe muß frei von Fremdstoffen sein, ist daher gegebenenfalls nach den Ausführungen in Gruppe H *vorzureinigen.* Vor Durchführung des chemischen Trennungsverfahrens ist eine *mikroskopische Vorprüfung* auf die anwesenden Faserarten zu unternehmen.

Können im vorliegenden Fall verschiedene Trennungsverfahren zur Anwendung kommen, so soll dasjenige ausgewählt werden, bei dem die anteilmäßig größte Faserkomponente ungelöst bleibt (genauestes Ergebnis infolge Wägung eines größeren Rückstandes und geringerer Faserverluste). Liegt eine Komponente in geschädigtem (oder durch Ausrüstung chemisch verändertem) Zustand vor, so ist möglichst eine solche Trennungsmethode zu wählen, bei der die geschädigte Komponente in Lösung geht, da chemisch abgebaute Fasern oftmals eine höhere Löslichkeit aufweisen und in solchen Fällen der übliche Korrekturzuschlag (s. Tab. 24) nicht mehr zutrifft. Evtl. Einflüsse spezieller Ausrüstungsverfahren auf das Untersuchungsergebnis sind jeweils bei Besprechung der einzelnen Verfahren erwähnt.

Probenahme. Die Genauigkeit des Ergebnisses hängt auch von richtiger Probenahme ab. Das Muster muß genügend groß sein, um aus *drei Einzelversuchen mit je mindestens 2 bis 3 g, möglichst 5 bis 10 g Einwaage* (bei einzelnen Verfahren ist jedoch eine kleinere Einwaage vorgeschrieben!) einen guten Durchschnitt zu gewährleisten. Das Material für die einzelnen Versuche ist von auseinanderliegenden Stellen des Musters zu entnehmen, z.B. bei Garnen 20 cm-weise in Abständen von je 20 m. Bei Geweben sind Kette und Schuß stets getrennt zu untersuchen!

Versuchsausführung. Bei allen Trennungsverfahren kann das „lufttrockene" (richtiger: normalfeuchte) Gewicht oder das absolute Trockengewicht als Grundlage genommen werden. Wenn schon die Angabe des Mischungsverhältnisses stets in Prozent des normalfeuchten Gewichtes – entsprechend den praktischen Verhältnissen – erfolgen soll, empfiehlt sich doch, *die Einwaage und den Rückstand als absolut trockene Substanz* (nach Trocknen bis zu konstantem Gewicht) zu bestimmen und die Ergebnisse auf normalfeuchtes Gewicht umzurechnen. Hierzu sind an Stelle der Zahlenwerte für die „Reprise" [die mit der wirklichen Feuchtigkeitsaufnahme vielfach nicht übereinstimmen, wie Bobeth[1] gezeigt hat] richtiger Werte für die „wahre Feuchtigkeitsaufnahme" (in Prozent des Trockengewichtes) zu verwenden, wie sie in Tab. 23 wiedergegeben sind.

Nach der chemischen Behandlung ist der Rückstand durch Filtration zu sammeln (Kupfersieb mit zweckdienlicher Maschenfeinheit – mindestens 2000 Maschen/cm² – bzw. Glasfilter mit gesinterten Glasplatten); beim Abgießen ist zuerst das Flüssige durchlaufen zu lassen.

---

[1] Bobeth, W.: Klepzigs Textil-Z. **44** (1941), 175ff.

Von der vollständigen Befreiung des Rückstandes von Lösungsmittel und gelösten Anteilen hängt ein einwandfreies Ergebnis zu großem Teil ab. Eine mikroskopische Nachprüfung nach der Rückwägung, daß die lösliche Faserkomponente restlos gelöst und beseitigt wurde, ist zu empfehlen.

Tabelle 23. *Gebrauchswerte für die wahre Feuchtigkeitsaufnahme von Faserstoffen im Normalklima*[1,2]
[„Feuchtigkeitszuschlag" in Prozenten des Trockengewichtes]

	[%]
Baumwolle	8,0
Baumwolle, mercerisiert	11,0
Flachs oder Hanf, roh	10,0
Flockenflachs oder -hanf	8,5
Jute	12,5
Ramie	7,5
Schafwolle, gewaschen	14,5
Naturseide, entbastet	9,5
Kupferkunstseide bzw. -zellwolle	12,5
Viscosekunstseide bzw. -zellwolle	13,5
desgl., hochfeste Typen	12,5
Spezial-W-Typen Zellwolle	12,0
animalisierte Zellwolle	11,0
Acetatkunstseide bzw. -zellwolle	6,0
Alginatkunstseide (Calcium-)	20,5
Zeïnfaser	13,0
Erdnußeiweißfaser	15,0
Caseïnfaser	14,0
Glaskunstseide bzw. -faser	0
Polyvinyl-Faserstoffe aus	
Polyvinylchlorid (PCU, Rhovyl/Fibrovyl)	0
nachchloriertem Polyvinylchlorid (PeCe)	0
Polyvinylacetal (Vinylon)	5,0
Polyacrylnitril (Dolan, Dralon, Orlon, PAN, Redon usw.)	1,0
Polyvinylidencyanid (Darvan)	2,5
Mischpolymerisat-Faserstoffe: Dynel	0,5
Verel	4,0
Polyester-Faserstoffe (Diolen, Terylene, Trevira usw.)	0,5
Polyamid-Faserstoffe aus	
Polyamid 6.6 bzw. 6 (Nylon, Nylsuisse; Perlon, Grilon usw.)	4,0
Polyamid 11 [ω-Amino-undekansäure] (Rilsan)	1,5
Polyurethan-Faserstoffe (Perlon U)	1,5

[1] 65% rel. Luftfeuchtigkeit bei 20 °C.
[2] Aus Koch, P.-A.: Faserstoffe, Abschnitt 413 in Landolt-Börnstein: Zahlenwerte und Funktionen aus Physik, Chemie, Astronomie, Geophysik und Technik, 6. Aufl., IV. Bd.: Technik, 1. Teil, S. 322–420 (S. 358–368: 41353 Wasseraufnahme der Faserstoffe). Berlin/Göttingen/Heidelberg: Springer 1955. Ergänzt.

Berechnungsschema

Gewicht der vorgereinigten Probe, vor der Behandlung, absolut trocken (= Einwaage)	a [g]		
Trockengewicht des Rückstandes nach der Behandlung (= Auswaage)	b [g]		
+ Korrekturzuschlag[1]	+ c [g]		
korrigiertes Trockengewicht der nicht in Lösung gegangenen Faserkomponente	d [g]		
+ Zuschlag für Feuchtigkeitsaufnahme[2]	+ e [g]		
normalfeuchtes Gewicht der nicht in Lösung gegangenen Faserkomponente ..	f [g]		$= x$ [%]
		a [g]	
		— d [g]	
Trockengewicht des bei der Behandlung in Lösung gegangenen Anteiles		g [g]	
+ Zuschlag für Feuchtigkeitsaufnahme[2]		+ h [g]	
normalfeuchtes Gewicht des in Lösung gegangenen Anteiles		i [g]	$= y$ [%]
Errechnetes normalfeuchtes Gesamtgewicht der in Arbeit genommenen Probe	f + i [g]	= 100%	$= x\,\% + y\%$

Tabelle 24. *Korrekturzuschläge bei chemischen Trennungsverfahren für den Verlust an Fasersubstanz an der nicht in Lösung gegangenen Faserkomponente* (abhängig vom Lösungsmittel)

Mischungen und Trennungsverfahren	Zuschlag zum Rückstand [%]	auf Anteil der
Mischungen von Baumwolle und Schafwolle		
Schafwolle mit 0,3 n-Kalilauge gelöst	3,0	Baumwolle
Baumwolle mit 75%iger Schwefelsäure gelöst	— 2,5	Schafwolle
Baumwolle mit Aluminiumchlorid carbonisiert	— 0,5	Schafwolle
Mischungen von Baumwolle und Naturseide		
Naturseide (Maulbeer-) mit alkalischem „Kupferglycerin“ gelöst	—	Baumwolle
Baumwolle mit Aluminiumchlorid carbonisiert	3,0	Naturseide
entbastete Naturseide mit Ameisensäure-Zinkchlorid gelöst	—	Baumwolle
Naturseide (Tussah-) mit 12n-Natronlauge gelöst	6,0	Rohbaumwolle

[1] Korrekturzuschläge s. Tab. 24.
[2] Zuschläge für die (wahre) Feuchtigkeitsaufnahme s. Tab. 23.

Tabelle 24. Fortsetzung

Mischungen und Trennungsverfahren	Zuschlag zum Rückstand [%]	auf Anteil der
Mischungen von Baumwolle und Zellwollen[1]		
Zellwolle mit Natriumzinkat gelöst	4,5	Rohbaumwolle
	3,5	gebl. bzw. merceris. Baumw.
Zellwolle mit Ameisensäure-Zinkchlorid gelöst	—3,5	Baumwolle
Mischungen von Schafwolle und Naturseide		
Naturseide (auch Tussah-) mit 75%iger Schwefelsäure gelöst	—2,5	Schafwolle
Naturseide (Maulbeer-) mit alkalischem „Kupferglycerin" gelöst	1,5	Schafwolle
Mischungen von Schafwolle und Zellwollen[1]		
Schafwolle mit Natriumhypochlorit gelöst	1,0	Zellwolle
Schafwolle mit 0,3 n-Kalilauge gelöst	3,0	Zellwolle
Zellwolle mit Ameisensäure-Zinkchlorid gelöst	—	Schafwolle
Regeneratzellwolle[1] mit Aluminiumchlorid carbonisiert	—2,0	Schafwolle
Mischungen von Schafwolle und Caseïnfaser		
Caseïnfaser mit Trypsin gelöst	3,5	Schafwolle
Mischungen von Naturseide (Maulbeer-) und Zellwollen[1]		
Naturseide (Maulbeer-) mit alkalischem „Kupferglycerin" gelöst	1,0	Zellwolle
Mischungen von Zellwollen[1] *und Caseïnfaser*		
Zellwolle mit 75%iger Schwefelsäure gelöst	2,5	Caseïnfaser
Caseïnfaser mit Trypsin gelöst	1,5	Zellwolle
Mischungen mit Acetatzellwolle (Sekundär- wie Tri-)		
Acetatzellwolle in Eisessig gelöst	—	alle Fasern außer Polyamid-Fasern
Mischungen von Asbest, Glasfasern und organischen Faserstoffen		
Glühverlust nach 1std. Glühen bei **500°** **900 °C**		
Serpentinasbest 2,6% 14,5%		
Glasfaser bzw. Gesteinsfaser 0,3% 0,5%		
organische Faserstoffe 99,0% 99,0%		

[1] „Regeneratzellwollen" = Celluloseregeneratfasern, d. h. nur Viscose- und Kupferzellwolle (aus regenerierter Cellulose).

Tabelle 24. Fortsetzung

Mischungen und Trennungsverfahren	Zuschlag zum Rückstand [%]	auf Anteil der
Mischungen von Polyvinylchlorid-Fasern mit anderen Fasern		
Polyvinylchlorid-Fasern in Methylenchlorid gelöst	—	alle Fasern
PeCe-Faser in Toluol gelöst	—	alle Fasern
Mischungen von Polyacrylnitril-Fasern mit anderen Fasern		
Polyacrylnitril-Fasern in Dimethylformamid gelöst	—	Baumwolle, Regeneratzellwolle
	1,5	Schafwolle
Polyacrylnitril-Fasern in konz. Salpetersäure gelöst	—	alle Fasern außer Regeneratzellwolle
	6,5	V-Zellwolle
	3,0	K-Zellwolle
Mischungen von Polyester-Fasern mit anderen Fasern		
Polyester-Fasern mit Nitrobenzol gelöst	1,0	Rohbaumw.
	1,0	V-Zellwolle
	2,0	K-Zellwolle
	1,0	Schafwolle
Mischungen von Polyamid-Fasern mit anderen Fasern		
Polyamid-Fasern in mindest 90%iger Ameisensäure gelöst	—	Baumwolle
	— 0,5	Regeneratzellwolle
	1,0	Schafwolle, Caseïnfas.

Ansatz der Lösungen und Durchführung der Analysen

a) Trennung von Baumwolle und Kapok

Nach Greshof[1] kann der Anteil an Kapok in Mischungen quantitativ bestimmt werden, indem man den Pentosangehalt der Mischung nach dem Verfahren von Tollens ermittelt durch Destillation mit verdünnter Salzsäure und Ausfällen des überdestillierten Furfurols mit

[1] Greshof: Pharm. Weekblad **45**, 867, s. Chem. Zbl. 1908 II, 642.

Hilfe von Phloroglucin. Da Kapok 23 bis 25% Pentosan, Baumwolle aber höchstens 3% Pentosan enthält, läßt sich aus dem gefundenen Pentosangehalt der Fasermischung leicht errechnen, wieviel Baumwolle dem Kapok beigemischt war. Näheres s. Originalliteratur.

b) Trennung von Baumwolle und Schafwolle

α) **Kalilauge-Verfahren**[1,2] (zweckdienlicher als das früher gebräuchliche Natronlauge-Verfahren!).

Probe in einem Rundkolben mit 0,3n-Kalilauge übergießen; Laugenmenge 50 cm³/g Faser. Nach Zugabe von Siedesteinchen am Rückflußkühler (zur Vermeidung von Verdampfen und Konzentrationsänderung!) auf Asbestdrahtnetz mit nichtleuchtender Flamme anheizen und ab Siedebeginn genau 15 Min. mit leuchtender Flamme kochen. Die Schafwolle wird hierbei gelöst. Rückstand (= Baumwolle) noch heiß durch Glasfilternutsche 17 G 2 abfiltrieren, zuerst mit reinem, dann mit schwach essigsaurem, zuletzt wieder mit reinem Wasser waschen. – Bei appretierten Garnen oder Geweben hat der Behandlung mit der Kalilauge eine solche mit heißer 3%iger Salzsäure während ebenfalls etwa 15 Min. voraufzugehen, hierauf ist die Probe solange mit heißem Wasser auszuwaschen, bis blaues Lackmuspapier nicht mehr gerötet wird. (In diesem Fall ist außer dem in Tab. 24 angeführten Korrekturzuschlag für den Verlust an Baumwolle durch die Behandlung mit Kalilauge noch 2,5% für den Gewichtsabgang der Baumwolle bei der Vorbehandlung mit Salzsäure in Ansatz zu bringen!) Liegt im Mischgespinst schwarz gefärbte Baumwolle vor, so empfiehlt sich allenfalls eine Entfärbung der Faser, wenn die Färbung, die einige Prozent des Baumwollgewichtes betragen kann, der Laugenabkochung widersteht.

[0,3n-Kalilauge erhalten durch Lösen von 39 g festem Kaliumhydroxyd reinst in dest. Wasser und Auffüllen auf 2 Liter (d = 1,0135).]

β) **Schwefelsäure-Verfahren**[3].

Speziell bei geringem Schafwollanteil zweckdienlicher als das Kalilauge-Verfahren, um die Fehlergrenze herabzusetzen. – Man verwendet zur Lösung 75gew.-%ige Schwefelsäure (d = 1,67), und als Gefäß einen weithalsigen Kolben mit Gummistopfen oder eine Weithalsflasche mit eingeschliffenem Glasstöpsel, um bei dem erforderlichen Schütteln ein Verspritzen von Säure zu vermeiden. Säuremenge 30 cm³/g Faser. Die Lösung der Baumwolle ist nach 3 Std. beendet. In der ersten Stunde muß fleißig geschüttelt werden, später genügt ein kräftiges Schütteln aller 10 bis 15 Min. Nach erfolgter Lösung wird der Kolbeninhalt in eine große Menge kaltes Wasser geschüttet und durch ein Drahtsieb filtriert. Rückstand (= Schafwolle) wiederholt auswaschen, zuletzt mit Ammoniakzusatz bis zu schwach alkalischer Reaktion.

---

[1] Kehren, M.: Z. ges. Textilind. **57** (1955), 1226—1234.
[2] Das Kalilauge-Verfahren ist durch die Schweiz. Normenvereinigung genormt, s. SNV 95545.
[3] Heermann, P.: Chemiker-Ztg. **37** (1913), 1257; Nacharbeitung von M. Kehren: Z. ges. Textilind. **57** (1955), 1226—1234.

(75%ige Schwefelsäure löst außer Baumwolle und Flachs sowie Flockenbast auch Naturseide, ferner Regeneratcellulose-, Acetat- und Polyacrylnitril- sowie Polyamid-Faserstoffe.)

γ) Aluminiumchlorid-Verfahren[1].

Durch freiwerdende Salzsäure wird die anwesende Baumwolle (ebenso Flachs sowie Flockenbast und Regeneratcellulose-, Acetat- und Polyamid-Faserstoffe) beim Kochen zerstört.

Fein zerschnittene Probe in heiße Aluminiumchloridlösung einbringen (9 g krist. Aluminiumchlorid in 100 cm³ dest. Wasser gelöst), 10 Min. kochen, abfiltrieren. Rückstand 3 Std. bei 105 bis 110 °C im Trockenschrank erhitzen (= carbonisieren), sodann zwischen zwei glatten Bogen Papier mechanisch bearbeiten, bis alle zerstörten Celluloseanteile zerstäubt und entfernt sind. Restlichen Rückstand (= Schafwolle) mit 70 °C heißem Wasser waschen, erneut abfiltrieren, mit 10%iger Salzsäure behandeln, auf neutral waschen. Der Korrekturfaktor (2%) ist hier negativ, da Schafwolle bei diesem Verfahren eine Gewichtszunahme erfährt.

c) Trennung von Baumwolle und Naturseide

bei Vorliegen von echter Seide (Maulbeerspinner-):

α) Verfahren mit alkalischem „Kupferglycerin"[2].

Ansatz der Lösung: 10 g krist. Kupfersulfat werden in 100 cm³ kaltem Wasser gelöst. Die Lösung wird mit 5 g konz. Glycerin versetzt, hiernach fügt man tropfenweise und unter stetem Umrühren konz. Natronlauge bis zur Wiederauflösung des zunächst entstandenen Niederschlages (Kupferhydroxyd) zu. Dazu sind etwa 2,8 cm³ einer 5n-Natronlauge erforderlich. Überschüssiger Gehalt an Lauge ist aber zu vermeiden. – Die Lösung zersetzt sich in der Hitze, ist daher kalt zu bereiten und muß immer kalt angewendet werden!

Probe in Flasche mit eingeschliffenem Glasstöpsel während 15 bis 20 Min. mit dem alkalischen „Kupferglycerin" bei Zimmertemperatur kräftig durchschütteln; Rohseide ist in 10 bis 15 Min., entbastete Seide in etwa 5 Min. gelöst. Rückstand (= Baumwolle) mit dest. Wasser kupferfrei waschen. Der Gewichtsverlust der Baumwolle kann, da weit unter 1%, vernachlässigt werden.

β) Kalilauge-Verfahren.

Arbeitsweise wie bei b), α). Rückstand = Baumwolle.

γ) Aluminiumchlorid-Verfahren.

Arbeitsweise wie bei b), γ). Rückstand = Maulbeerspinnerseide.

δ) Ameisensäure-Zinkchlorid-Verfahren.

Dieses Verfahren ist anwendbar, wenn entbastete echte Seide vorliegt (was bei den normalerweise anzutreffenden Mischungen mit Schappeseide der Fall ist).

Arbeitsweise wie bei d, β), Behandlungsdauer 1 Std. Rückstand = Baumwolle. Ein Korrekturfaktor braucht nicht in die Rechnung eingeführt zu werden.

---

[1] Viertel, O.: Mschr. Textilind. **51** (1936), Fachhefte S. 41 ff.

[2] Silbermann, H., und von Truchot: Siehe O. Viertel, vorstehend.

Bei Vorliegen von wilder Seide (Tussah-):

ε) Verfahren mit 12 n-Natronlauge[1].

Ansatz der 12n-Natronlauge: 480 g festes Ätznatron werden in einem Rundkolben mit ½ l dest. Wasser gelöst (Kolben mit fließendem Wasser kühlen!) und die Natronlauge nach Abkühlen auf 1 l verdünnt.

Arbeitsweise: Probe in Rundkolben ½ Std. unter Rückfluß mit 12n-Natronlauge kochen, abfiltrieren und Rückstand (= Baumwolle) nacheinander waschen mit gesättigter Kochsalzlösung, verd. Essigsäure, verd. Ammoniak und dest. Wasser.

d) Trennung von Baumwolle und Zellwollen

bei Vorliegen von Viscose- oder Kupferzellwolle („Regeneratzellwollen"):

Da beide Komponenten aus dem gleichen Rohstoff bestehen und native und regenerierte Cellulose im allgemeinen gleich reagieren, ist die Ausarbeitung geeigneter Trennungsverfahren besonders schwierig gewesen, zumal einerseits auch geschädigte Baumwolle nicht in Lösung gehen, andererseits auch hochpolymere Spezialzellwollen gelöst werden sollen. Das älteste, lange Zeit allein bekannte Calciumrhodanid-Verfahren versagt beispielsweise, wenn Spezialzellwollen nach dem „Lanusa-Verfahren" mit hohem Polymerisationsgrad vorliegen. Für *alle* Regeneratzellwollen sind folgende Verfahren brauchbar:

α) Natriumzinkat-Verfahren[2]

Ansatz: 300 g Natriumhydroxyd (chemisch rein, Plätzchenform) werden in 400 cm³ dest. Wasser aufgelöst. In die heiße Lösung werden löffelweise 150 g feinzerpulvertes, chemisch reines Zinkoxyd unter gutem Durchrühren eingerührt. Dann wird die Lösung unter Umrühren 15 bis 20 Min. gekocht, bis sie völlig klar ist. Nach raschem Abkühlen wird mit dest. Wasser auf 1 Liter verdünnt.

Arbeitsweise: Die Grundlösung wird mit dest. Wasser 1:1 verdünnt. Die Behandlung der Probe erfolgt in verschlossenem Kolben bei 13 bis 14 °C in einem entsprechend temperierten Wasserbad während 1 Std., wobei der Inhalt alle 15 Min. kräftig durchzuschütteln ist, anschließend wird durch ein Glasfilter 1 G 1 oder durch ein Kupfersieb mit 2500 Maschen/cm² filtriert. Der Rückstand (= Baumwolle) wird mit Natriumhydroxyd/Natriumzinkatlösung (1:1) gespült, mit 12%iger Natronlauge gewaschen, mit dest. Wasser nachgespült, mit 0,2n-Salzsäure neutralisiert, auf dem Filter bzw. Sieb mit 1 Liter kochendem Wasser gewaschen und mit dest. Wasser nachgespült.

β) Ameisensäure-Zinkchlorid-Verfahren[3, 4].

Ansatz: 80 Gew.-Teile Ameisensäure 85%ig techn. + 20 Gew.-Teile Zinkchlorid, wasserfrei.

[1] Howlett, Morley und Urquhart: J. Textile Inst. **33** (1942), T 75.
[2] Kirret, O.: Klepzigs Textil-Z. **43** (1940), 972–974; Grundlagen bei Howlett, F., und A. R. Urquhart: J. Textile Inst. **29** (1938), T 43 ff.
[3] Schlütter, A. von, und A. Marschall: Kunstseide u. Zellwolle **22** (1940), 215–223.
[4] Das Ameisensäure-Zinkchlorid-Verfahren ist durch die Schweiz. Normenvereinigung genormt, s. SNV 95550.

(Die Autoren haben außerdem einen zweiten Ansatz aus Ameisensäure und Calciumchlorid angegeben, doch führt dieser nach Agster bei Anwesenheit von hochpolymeren Zellwollen zu Lösungsschwierigkeiten und ist deshalb weniger zu empfehlen!)

Arbeitsweise: Die Probe wird in eine Glasflasche mit der auf 40 °C erwärmten Lösung gegeben, gut durchgeschüttelt und die verschlossene Flasche in einem Trockenschrank oder in einem Wasserbad während 2 ½ Std. auf genau 40 °C gehalten, währenddem die Flasche mehrfach zu schütteln ist. Anschließend wird durch eine Glasfilternutsche (17 G 1) abgesaugt und der Rückstand (= Baumwolle) mit dest. Wasser gewaschen. Einwaage: 0,2 g feinst zerschnittene Fasern, hierzu 50 cm³ Lösung.

Das Verfahren ist auch bei Vorliegen geschädigter Baumwolle anwendbar, da sich die Löslichkeit der Baumwolle auch bei weitgehendem chemischem Abbau nur ganz unwesentlich erhöht.

Der Korrekturfaktor ist bei diesem Verfahren negativ, da die Baumwolle eine geringe Gewichtserhöhung – vermutlich infolge Bildung geringer Mengen von Formylcellulose – erfährt.

γ) **Natronlauge-Quetschverfahren** (Auswalzverfahren)[1]

Das Verfahren ist gut brauchbar, aber umständlich, und bietet gegenüber den vorstehend geschilderten Verfahren keinen Vorteil. Bezüglich Durchfühlung wird auf die Originalliteratur verwiesen.

Bei Vorliegen von Acetatzellwolle:

Ist in einer Fasermischung Acetatzellwolle mit enthalten (mikroskopisch durch ein Eisessigpräparat zu prüfen, s. Gruppe E), so ist diese stets als erste Komponente herauszulösen.

δ) **Aceton-Verfahren**

Normale Sekundäracetatzellwollen (2½-) lösen sich in (konz.) Aceton; Behandlung in einem Erlenmeyerkolben während ½ Std. bei Zimmertemperatur unter häufigem Durchschütteln, wobei nach Abtrennen des Rückstandes noch ein zweites Mal 10 Min. mit frischem Aceton nachzubehandeln ist. (Man kann auch im Soxhlet erschöpfend extrahieren.)

Da Triacetatfasern wie auch teilweise verseifte Sekundäracetatzellwollen (z. B. geschädigte) in Aceton nur teilweise löslich sind, empfiehlt sich, das Herauslösen mit heißem Eisessig vorzunehmen, der alle Acetatfaserstoffe löst.

(In Aceton wird außerdem die PeCe-Faser gelöst!)

ε) **Eisessig-Verfahren**

Probe während einer Stunde für normale Acetatzellwolle in kaltem, für Triacatfaser in heißem Eisessig (auf kochendem Wasserbad!) behandeln, sodann filtrieren, Faserrückstand zuerst nochmal mit Eisessig, dann sehr gut mit dest. Wasser waschen.

(In heißem Eisessig – auf kochendem Wasserbad – werden außerdem nur die Polyamid-Fasern gelöst!)

---

[1] Schwertassek, K.: Kunstseide u. Zellwolle **21** (1939), 422–426.

e) Trennung von Flockenbast und Zellwolle

Die für die Trennung von Baumwoll/Zellwoll-Mischungen gebräuchlichen Verfahren (s. vorstehend) können für Flockenbast/Zellwoll-Mischungen wegen der sehr unterschiedlichen Gewichtsverluste der verschiedenen Flockenbaste bei der Behandlung nur angewendet werden, wenn das zugemischte Flockenbastmaterial gleichzeitig auch rein vorliegt, so daß durch einen sog. „Blindversuch" der dem betr. Rohmaterial entsprechende Korrekturzuschlag im Einzelfall ermittelt werden kann. Zudem sind aber die Gewichtsverluste teilweise sehr hoch (je nach Aufschlußverfahren des Flockenbastes bis zu 25% und mehr!) und bringen dadurch eine erhebliche Fehlerquelle mit sich.

Verfahren mit kalter 3 n-Natronlauge

P.-A. Koch[1] suchte durch Wahl eines geeigneten Lösungsmittels für die Zellwollen die Löslichkeitsfaktoren für die verschiedenartigen Flockenbaste so weit als möglich herabzudrücken, um auch die Unterschiede in der Höhe des Korrekturfaktors bei den einzelnen Flockenbasttypen auf ein tragbares Maß einzuengen. Dies gelingt bei Anwendung von 3 n-Natronlauge in der Kälte. Hierdurch werden alle Zellwollen einschl. der Viscosespezialtypen quantitativ gelöst, während die Flockenbaste fast durchweg Gewichtsverluste von erheblich unter 10% erfahren. Die Behandlung erfolgt in einem Kältebad ($-7^1/_2$ °C $\pm$ 1 °C) in verschlossenen Kölbchen unter öfterem Umschütteln während 2 Std.; anschließend ist durch ein Glasfilter 1 G 1 oder ein Kupfersieb mit 2500 Maschen/cm² zu filtrieren und der Rückstand (= Flockenbast) mit dest. Wasser zu spülen, mit 0,2 n-Salzsäure zu neutralisieren und nochmals mit reichlich Wasser nachzuwaschen. Als mittlerer Korrekturzuschlag – aus einer großen Anzahl verschiedenartiger Flockenhänfe ermittelt – sind 6,0% zuzurechnen.

Das unter d, γ) erwähnte Natronlauge-Quetschverfahren in der Abwandlung von Kocevar und Horak[2] mit zusätzlicher Bestimmung des Sodaabkochverlustes ist ebenfalls zur Trennung des Flockenbastes von Regeneratzellwollen brauchbar.

f) Trennung von Schafwolle und Naturseide

α) Schwefelsäure-Verfahren

Arbeitsweise wie bei b, β). Rückstand = Schafwolle. Bei Anwesenheit von Tussahseide ist länger zu behandeln und die völlige Auflösung der wilden Seide mikroskopisch im Rückstand nachzuprüfen.

β) Verfahren mit alkalischem „Kupferglycerin" (nur für Maulbeerspinnerseide).

Arbeitsweise wie bei c, α). Es ist hier besonders darauf zu achten, daß beim Ansatz der Lösung kein überschüssiger Gehalt an Lauge entsteht. Rückstand = Schafwolle.

---

[1] Unveröffentlicht.
[2] Kocevar, F., und H. Horak: Melliand Textilber. **25** (1944), 296–298.

γ) **Ameisensäure-Zinkchlorid-Verfahren** (nur für entbastete Maulbeerspinnerseide).

Arbeitsweise wie bei d), β), Behandlungsdauer 1 Std. Rückstand = Schafwolle. Ein Korrekturfaktor braucht nicht in die Rechnung eingeführt zu werden.

g) Trennung von Schafwolle und Zellwollen

α) **Natriumhypochlorit-Verfahren**[1]

Das Verfahren ermöglicht die Trennung von Schafwolle und Nichtproteïnfasern, da in der verwendeten n-Hypochloritlösung innerhalb 15 Minuten bei Raumtemperatur völlig gelöst werden: Schafwolle, gechlorte Wolle, Mohair, Kaschmir, rohe und entbastete echte Seide, sowie Caseïnfasern und Erdnußeiweißfaser. Tussahseide wird nach etwas längerer Behandlung ebenfalls gelöst, hingegen die chemische Eiweißfaser Vicara nur zu einem geringen Anteil.

Lösungsmittel: n-Natriumhypochloritlösung mit 35,46 g Aktivchlor je Liter, der 5 g/1 Natriumhydroxyd zur Erhöhung der Haltbarkeit zugefügt wurden (kühl und dunkel aufbewahren!).

Arbeitsweise: Probe von nicht mehr als 0,5 g mit 50 cm^3 des Lösungsmittels in einem Becherglas übergießen und während 15 Minuten lebhaft und ununterbrochen rühren. (Liegt Tussah in der Probe vor, so ist $^1/_2$ Stunde lang zu behandeln!) Hiernach Inhalt durch ein Glasfilter filtrieren und Rückstand zunächst mit kaltem Wasser, dann mit 0,5%iger Essigsäure, schließlich nochmals mit Wasser gut spülen und trocknen. Rückstand = Nichtproteïnfasern.

Korrekturfaktor für Celluloseregeneratfasern (Viskose- und Kupferzellwolle) nach Kehren und Maurer[2]: 1%.

β) **Kalilauge-Verfahren** (nur für Regeneratzellwollen)
Arbeitsweise wie bei b), α). Rückstand = Zellwolle.

γ) **Ameisensäure-Zinkchlorid-Verfahren**
Arbeitsweise wie bei d), β). Rückstand = Schafwolle, Gewichtsverlust der Wolle unter 1%, daher kein Korrekturfaktor nötig!

δ) **Aluminiumchlorid-Verfahren** (nur für Regeneratzellwollen)
Arbeitsweise wie bei b), γ). Rückstand = Schafwolle.

h) Trennung von Schafwolle und Caseïnfasern

Verschiedene der früher hierfür angegebenen Trennungsverfahren haben sich nach eingehenden Untersuchungen von Kirret als unsicher bzw. unbrauchbar erwiesen. Einwandfrei arbeiten nur das Pepsin-Salzsäure-Verfahren nach Hartung[3] und das Trypsin-Verfahren nach Kirret[4]; das zuletzt genannte Verfahren ist rascher durchzuführen und nicht an die genaue Einhaltung einer bestimmten Temperatur gebunden.

---

[1] Druce, E.: J. Textile Inst. **47** (1956), T 202–T 208.
[2] Kehren, M., und C. Maurer: Z. ges. Textilind. **60** (1958), 766–769, 810–813.
[3] Hartung, K.: Melliand Textilber. **20** (1939), 697–698.
[4] Kirret, O.: Klepzigs Textil-Z. **43** (1940), 1091–1093.

Trypsin-Verfahren

Ansatz der Lösung: In 100 cm³ dest. Wasser werden zunächst 0,3 g Natriumbicarbonat pro anal. gelöst – p_H-Wert der Lösung etwa 8,1 bis 8,2 –, sodann 1 g feingepulvertes lösliches Trypsin. Die optimale abbauende Wirkung von Trypsin auf Caseïnfasern erfolgt bei $p_H = 8,2$; kleine Abweichungen von diesem Wert vermindern aber die Wirkung des Trypsins nicht. Die Lösung ist nur kurze Zeit haltbar, daher stets frisch anzusetzen!

Arbeitsweise: Die gut zerfaserte und zerschnittene Probe wird zunächst im Becherglas mit 0,2%iger Schwefelsäure (Flottenverhältnis 1:100) 15 Min. gekocht, wobei die Probe entweder eingehängt oder dauernd gut umgerührt wird. Anschließend wird das Becherglas auf weitere 15 Min. in ein kochendes Wasserbad gestellt, hiernach auf ein dichtes Sieb abgegossen und mit einem Liter kochendem Wasser gespült. Nach nochmaligem Kochen in dest. Wasser während 10 Min. und heißem, sodann kaltem Spülen wird die Probe gut zerfasert in 100 cm³ obiger Trypsinlösung gebracht, die im Wasserbad oder im Wärmeschrank auf 40 °C angewärmt worden ist. (Die Temperatur kann hier und bei der folgenden Behandlung um ± 10 °C schwanken.) Becherglas mit Probe bleiben nun bei dieser Temperatur 2 Std. stehen, wobei alle 10 Min. umzurühren ist. Nach dieser Zeit wird auf ein feines Sieb abgegossen, zuerst mit 40 bis 50 °C warmem, dann kaltem Wasser reichlich gespült und getrocknet. Rückstand = Schafwolle.

i) Trennung von Naturseide und Zellwollen

Verfahren mit alkalischem „Kupferglyzerin" (nur für Maulbeerspinnerseide)

Arbeitsweise wie bei b, α). Rückstand = Zellwolle.

j) Trennung von Zellwollen (ebenso Baumwolle) und Caseïnfasern (ebenso Erdnußeiweißfaser)

α) Schwefelsäure-Verfahren

Arbeitsweise wie bei b, β). Rückstand = Caseïnfaser.

β) Trypsin-Verfahren

Arbeitsweise wie bei h). Rückstand = Baumwolle oder Zellwolle.

k) Mischungen mit Acetatzellwollen

(Sekundär- wie Tri-)

Siehe d).

l) Trennung von Baumwolle und Asbest

Die Trennung von Baumwolle und Asbest in „handelsreinen" Asbestgarnen sowie in Asbestmischgarnen erfolgt nach Heermann und Sommer[1] mittels Kupferoxydammoniak. Das wie üblich mit Kupfer-

[1] Heermann, P., und H. Sommer: Mitt. Mat.-Prüf.-Amt Berlin 1921, S. 315.

drehspänen und 25%igem Ammoniak hergestellte „Kuoxam“ soll etwa 3% Kupfer und 16,5% Ammoniak enthalten, was nach etwa 2std. Durchleiten eines kohlensäurefreien Luftstromes durch die mit Kupferspänen und Ammoniak gefüllte gekühlte Flasche erreicht ist. Zur besseren Haltbarkeit setzt man der Lösung einige Gramm Kupferoxydul zu und bewahrt diese dunkel und kühl auf. Die Kuoxamlösung ist nur beschränkte Zeit haltbar!

Die Probe wird mit Kuoxam übergossen und nach öfterem Umschütteln längere Zeit (z.B. über Nacht) sich selbst überlassen. Der Rückstand (= Asbest) wird durch Filtrieren durch einen gewogenen Goochtiegel mit Asbesteinlage bei geringem Saugdruck gesammelt, mit Kuoxam, dann mit ammoniakhaltigem Wasser bis zum Verschwinden der Kupferreaktion (d.h. der Blaufärbung) ausgewaschen und getrocknet.

m) Trennung von Asbest, Glasfasern und organischen Fasern

Auf der Erkenntnis aufbauend, daß der Glühverlust nach 1std. Glühen bei 900 °C für den in solchen Mischungen fast ausschließlich verarbeiteten Serpentinasbest 14,5%, für Glasfasern hingegen nur 0,5% beträgt, hat Satlow[1] ein quantitatives Trennungsverfahren entwickelt. Ergibt die mikroskopische Vorprüfung, daß die Mischung nur aus *Asbest und Glasfasern*, oder aus *Asbest oder Glasfasern mit organischen Fasern* besteht, so wird 1 g der Probe nach mindestens 3std. Vortrocknen bei 100 °C in einem Porzellantiegel eingewogen und 1 Stunde bei 900 °C (± 10 °C) in einem Platinröhrenofen mit offenem Tiegel geglüht, im Exsiccator erkalten gelassen und anschließend zurückgewogen. Aus dem Glühverlust G_v ergeben sich dann der

Asbestanteil $y = 3{,}57 \cdot (2G_v - 1)$ [%]

bzw. der Glasfaseranteil $z = 7{,}14 \, (14{,}5 - G_v)$ [%]

Der Glühverlust für organische Faserstoffe beträgt 99,0%.

Für Mischgespinste aus Asbest und organischen Fasern lauten die Berechnungsformeln wie folgt:

Organischer Anteil $x = 1{,}18 \cdot (G_v - 14{,}3)$ [%]

Asbestanteil $y = 1{,}18 \cdot (99 - G_v)$ [%]

für Mischungen aus organischen Fasern und Glasfasern:

Organischer Anteil $x = 1{,}016 \cdot (G_v - 0{,}5)$ [%]

Glasfaseranteil $z = 1{,}016 \cdot (99 - G_v)$ [%]

Liegt eine Mischung aus *Asbest, Glasfasern und organischen Fasern* vor, so ist das „*Doppelglühverfahren*“ anzuwenden. Hierzu wird die Probe unter gleicher Vorbehandlung wie bei der einfachen Glühung zunächst 1 Std. bei 500 °C geglüht und der Glühverlust G_{v1} durch Rückwaage bestimmt; anschließend wird die gleiche Probe 1 Std. einer weiteren Glühung bei nunmehr 900 °C unterworfen und der neuerliche Glühverlust G_{v2} ermittelt. (Für die einzelnen Komponenten ergeben sich nach 1std. Glühen bei 500 °C folgende mittlere Glühver-

[1] Satlow, G.: Glastechn. Ber. **22** (1948/49), 121–127; J. Textile Inst. **46** (1955), T 631–632.

luste: Serpentinasbest 2,6%, Glasfasern 0,3%, organische Faserstoffe 99,0%.) Aus den beiden Glühverlusten G_{v1} und G_{v2} lassen sich die Anteile der einzelnen Komponenten dann wie folgt berechnen:

$$\text{Anteil organischer Fasern } x = \frac{1{,}4\,G_{v1} - 0{,}23\,G_{v2} - 0{,}31}{1{,}155}\ [\%]$$

$$\text{Asbestanteil } y = \frac{9{,}87\,G_{v2} - 9{,}85\,G_{v1} - 1{,}98}{1{,}155}\ [\%]$$

$$\text{Glasfaseranteil } z = \frac{8{,}45\,G_{v1} - 9{,}64\,G_{v2} + 117{,}8}{1{,}155}\ [\%]$$

Die so erhaltenen, absolut trockenen Anteile sind auf normalfeuchte Mischungsanteile umzurechnen durch Zuschlag von 2,0% zum Asbestanteil, 0,5% zum Glasfaseranteil, 7,5% zum Baumwollanteil oder 13,25% zum Viscosezellwollanteil.

n) Trennung von Polyvinylchlorid-Fasern in Mischung mit anderen Fasern

Achtung: Zum Vorreinigen dieser Mischgespinste dürfen wegen der Löslichkeit von PeCe-Faser in Benzol und chlorierten Kohlenwasserstoffen, wie Tri, Tetra usw. nur Diäthyläther [Vorsicht!] oder Petroläther verwendet werden. Trockentemperatur vor und nach der Behandlung nicht über 75 °C!

Polyvinylchlorid-Fasern einschl. der nachchlorierten PeCe-Faser lösen sich (neben Triacetatfasern) als einzige in *kochendem Methylenchlorid*. Sind also in der Mischung Triacetatfasern abwesend (Prüfung nach Gruppe U), so wird die Probe für ½ Std. auf kochendem Wasserbad in Methylenchlorid behandelt.[1]

Ist in der Mischung als Polyvinylchlorid-Faser die PeCe-Faser vertreten (mikroskopisch zu prüfen, s. Gruppe M), so kann die Probe auch in einer Weithalsflasche und Glasstöpsel für ½ Std. bei Zimmertemperatur mit *Toluol* behandelt werden (öfters schütteln!), da nachchlorierte Polyvinylchlorid-Faser als einzige in Toluol gelöst wird („Typ-Reaktion“ – s. Gruppe E).

o) Trennung von Polyacrylnitril-Fasern in Mischung mit anderen Fasern

Liegen in der Mischung außer Polyacrylnitril-Fasern keine anderen synthetischen Fasern vor (also keine Polyvinylchlorid-, Polyester- oder Polyamid-Fasern) oder Acetatfasern, so wird der Polyacrylnitril-Faseranteil durch Behandlung mit *Dimethylformamid* (Vorsicht: hautreizend und giftig!) herausgelöst, als einem der wenigen Lösungsmittel für diese Faserstoff-Art. Nach Entfetten wird die Probe auf dem Wasserbad in Dimethylformamid auf 100 °C erhitzt und unter öfterem Umschütteln etwa 20 Min. bei dieser Temperatur belassen. Der Rückstand wird abfiltriert, zuerst reichlich mit Wasser, dann mit Methylalkohol ausgewaschen. Bei Anwesenheit von Baumwolle oder Regeneratzellwollen ist kein Korrekturzuschlag nötig, bei Vorliegen von Schafwolle sind dem Rückstand 1,5% zuzurechnen.

[1] Weigel und Schön: Reyon, Zellwolle u. and. Chemief. 1957, 180–182, 257–258.

Nach Vogler[1] lassen sich Polyacrylnitril-Fasern mit *kalter 65%iger Salpetersäure* (etwa 2 g der Probe 5 Min. bei Zimmertemperatur durch schwaches Umrühren mit etwa 100 cm³ der Salpetersäure [$d = 1,4$] behandeln) quantitativ trennen von den ungelöst bleibenden Baumwolle, Schafwolle, Viscosezellwolle (Korrekturfaktor 6,5%), Polyvinylchlorid- sowie Polyester-Fasern.

p) Trennung von Polyester-Fasern in Mischung mit anderen Fasern

Liegen in der Mischung außer Polyester-Fasern keine anderen synthetischen Fasern vor (also keine Polyvinylchlorid- oder Mischpolymerisat-Fasern) oder Acetatfasern, so wird der Polyester-Faseranteil durch Behandlung mit *heißem Nitrobenzol*[1] herausgelöst. Etwa 1 g der Probe wird in einem wärmeisolierenden Becherglas mit etwa 50 cm³ 160 °C warmem Nitrobenzol übergossen und 3 Min. ohne weitere Erwärmung mit einem Glasstab umgerührt (unter dem Abzug arbeiten!). Der Rückstand wird abfiltriert und mit Methylalkohol ausgewaschen. Bei der Berechnung sind nach Vogler[1] folgende Korrekturfaktoren in Ansatz zu bringen: für gebleichte Baumwolle 1%, für Viscosezellwolle 1%, für Kupferzellwolle 2%, für Schafwolle 1%.

Bei Mischungen mit Schafwolle ist auch das *Natriumhypochlorit*-Verfahren [s. g), α)] anwendbar.

q) Trennung von Polyamid-Fasern in Mischung mit anderen Fasern

Polyamid-Fasern lösen sich – neben Acetatfasern – als einzige in kalter 90%iger bis konz. Ameisensäure. Ebenso werden sie in kochendem Eisessig gelöst (normale Acetatfasern schon kalt!). Von Triacetatfasern (die sich gleicherweise erst in kochendem Eisessig lösen) können Polyamid-Fasern quantitativ-chemisch durch Dioxan getrennt werden (in diesem sind die Acetatzellwollen einschl. Triacetatfaser löslich, während Polyamid-Fasern ungelöst bleiben).

Liegt in der Mischung keine Acetatfaser vor oder ist diese bereits durch Behandeln mit Aceton oder Eisessig bei Zimmertemperatus herausgelöst worden [entsprechend d), δ) bzw. ε)] so kann demnach als Lösungsmittel für Polyamid-Fasern Verwendung finden:

a) *Eisessig, kochend* [s. d), ε)].

b) *90%ige Ameisensäure.*

Nach Rayon & Synth. Textiles[2] wird die Probe (etwa 5 g) in einem Erlenmeyerkolben mit eingeschliffenem Glasstopfen mit 100 cm³ *90%iger Ameisensäure* (techn.) [auch 85%ige Ameisensäure löst in gleicher Weise!] übergossen. Nach Verschließen läßt man die Säure

[1] Vogler, K.: Anleitung zur quantitativen Faseranalyse unter Berücksichtigung der vollsynthetischen Kunstfasern. St. Gallen, E.M.P.A. 1955.

[2] Rayon & Synth. Textiles **29** (1948), No. 9, S. 106—107.

unter öfterem Umschütteln 2 Std. einwirken, gießt ab, ohne daß Fasern des Rückstandes verloren gehen, behandelt mit weiteren 100 cm³ 90%iger Ameisensäure noch 1 Std. und saugt dann durch einen Glasfilter (3 G 3 oder 3 G 4) ab, dessen Tara nach Trocknen vorher bestimmt wurde. Der Lösungskolben ist mit etwas Ameisensäure nachzuspülen und diese noch auf den Filter zu gießen. Ebenso ist der Rückstand auf dem Filter nochmal mit 25 cm³ Ameisensäure zu waschen. Die Waschflotte ist auf evtl. Anwesenheit von gelöstem Polyamid zu prüfen durch Einbringen eines Tropfens der Waschsäure in Wasser. Wenn er es trübt, ist der Rückstand noch nicht frei von Polyamidresten; in diesem Fall ist weiter zu waschen, bis keine Reaktion mehr eintritt. Sodann wird noch mit Wasser nachgewaschen und getrocknet. – Korrekturzuschläge (nach Agster[1]) s. Tab. 24. – Vorsicht beim Arbeiten mit konz. Ameisensäure: Hautverbrennungen! Versuche unter dem Abzug ausführen!

Auch die oben angeführten Verfahren mit *Kalilauge* [siehe b), α)] bzw. *Schwefelsäure* [siehe b), β)] können auf die entsprechenden Mischungen mit Polyamid-Fasern angewendet werden. Ersteres muß auch bei Vorliegen von Mischungen aus Naturseide und Polyamid-Fasern herangezogen werden (hier 15 Min. in 5%iger Natronlauge kochen), da sich die Naturseide teilweise in Ameisensäure auflöst (Agster). Kein Korrekturfaktor braucht in die Berechnung eingefügt zu werden. Bei Mischungen mit Schafwolle ist auch das *Natriumhypochlorit*-Verfahren [s. g), α)] anwendbar.

Bei folgenden Mischungen ist eine *quantitativ-chemische Trennung unmöglich*:

Baumwolle und Flachs bzw. Flockenbast,
Schafwolle und Kamelwolle,
Schafwolle und Angora(kanin)haar,
Kupferzellwolle und Viscosezellwolle,
verschiedene Arten der chemischen Eiweißfasern.

Für solche Mischungen kommen die Verfahren nach 1., evtl. in Verbindung mit speziellen mikroskopischen Unterscheidungsmethoden (s. Gruppe M), in Frage.

Trennung von Mischungen mit mehr als zwei Komponenten

Hierfür sind die vorstehenden Trennungsverfahren in geeigneter Weise heranzuziehen, wobei besonders auf die richtige Reihenfolge ihrer Anwendung zu achten ist. Für jedes Herauslösen ist eine neue Probe zu nehmen (außer bei Mischungen mit Acetatfasern, da hier durch die Acetonbehandlung die Löslichkeit der Restkomponenten nicht verändert wird). Einzelne Beispiele bringt Ulrich[2].

---

[1] Agster, A.: Textil-Praxis 4 (1949), 138—139.
[2] Ulrich, H. M.: Handbuch der chemischen Untersuchung der Textilfaserstoffe I. Band, S. 297 bis 304. Wien: Springer 1954.

Prüfung auf Faser-Begleitstoffe [„B"]

1. Fettgehaltsbestimmung

Durchschnittsprobe von etwa 5 bis 10 g (normalfeucht oder nach Trocknung bei 100 °C eingewogen) im Extraktionsapparat (Soxhlet) 1 bis 2 Std., entsprechend etwa 20 Rückläufen, mit einem Fettlöser extrahieren. Als Fettextraktionsmittel (s. a. Gruppe H) verwendet man Diäthyläther (besondere Vorsicht geboten!), *Petroläther* (auch zur Entfernung von Avivage- und Appreturmitteln auf Acetatkunstseide bzw. -zellwolle), *Benzol-Alkohol* 1 : 1 oder eines der nicht feuergefährlichen Extraktionsmittel: *Tetrachlorkohlenstoff*, Dichloräthylen bzw. Trichloräthylen. Je nach dem gewählten Lösungsmittel werden außer den Fetten und Ölen auch Wachse, Harze u.a. mit ausgezogen [Einzelnachweis s. 4]; solange keine verbindlichen Vorschriften über die Fettextraktion bestehen, ist das verwende e Lösungsmittel jeweils anzugeben.

Zur Bestimmung des Fettgehaltes wird die entfettete Probe nach erneutem Trocknen zurückgewogen, oder der Fettlöser wird auf dem Wasserbad eingedampft und der Rückstand (Fettauszug) nach 1std. Trocknung direkt bei 100 °C erwogen. Im letzteren Fall muß sicher sein, daß das Extraktionsmittel beim Verdunsten keinen Rückstand hinterläßt; es muß sonst vorher durch Destillation gereinigt werden.

2. Rendementbestimmung von Rohwolle

Bei der Ermittlung des „Rendement" (= Gehalt einer Schmutz- oder Schweißwolle an reiner Wollsubstanz) wird der *Gesamtverlust an Begleitstoffen* bestimmt, der sich aus dem gesamten Fettgehalt der Probe und den auswaschbaren Verunreinigungen usw. zusammensetzt. Die Bestimmung beider Anteile kann einzeln erfolgen, indem zunächst der Fettgehalt allein durch Extraktion nach 1. ermittelt und dann erst die vorher getrocknete Probe mit Wasser gewaschen wird. Meist erfolgt aber die Feststellung des Verlustes insgesamt, indem eine normalfeucht eingewogene Durchschnittsprobe von etwa 50 bis 100 g mit einer Waschlauge der folgenden Zusammensetzung gewaschen wird: 5 g Kernseife, 2 g calc. Soda, 5 cm³ Ammoniak 25%ig und 5 cm³ Tetrapol (oder ein ähnliches Fettlösewaschmittel) in 1 l dest. Wasser. Man erwärmt etwa 1½ l dieser Waschlauge in einem Becherglas auf 40 °C und behandelt darin das Untersuchungsmaterial ½ Stunde lang unter öfterem Ausdrücken. Anschließend wird vorsichtig ausgewrungen und ein zweites Mal in gleicher Weise mit frischer Waschlauge behandelt. Zum Schluß wird unter wiederholtem Ausdrücken dreimal je 5 Min. in je 1½ l Wasser gespült und getrocknet, dann in Normalfeuchtigkeit (65% rel.) ausgelegt und zurückgewogen. – Die Berechnung des Gesamtwaschverlustes erfolgt bei Rohwolle auf das normalfeuchte Ausgangsgewicht der Probe.

Soll der „*technische Waschverlust*" ermittelt werden, der der Arbeitsweise in der Wollwäscherei entspricht (wo mit milderen Waschmitteln gewaschen zu werden pflegt und der Rohwolle für die Weiterverarbeitung ein Teil des Fettes belassen wird), so wäscht man beispielsweise in einer 3- bis 4%igen Soda- oder Pottaschelösung bei 40 bis 45 °C unter gutem Durchkneten und nachfolgendem Spülen.

Die *Waschvorschriften für rohe Wolle und für geschmälzte Wolle* sind durch den Schweizer. Verband für die Materialprüfungen der Technik genormt, s. SVMT 25, A 2102.

3. Bestimmung des Bast(Sericin-)gehaltes von Naturseide

(Abkochverlust)

Die Probe (etwa 20 g) wird normalfeucht gewogen, sodann mit 40facher Flotte in einer Lösung von Marseiller Seife (Olivenölseife) gekocht, die 10 g Seife je Liter dest. Wasser enthält. Je nach der Natur der Rohseide dauert die Abkochung 50 bis 75 Min., wobei öfters umzuziehen ist. Hierauf wird die Probe in dest. Wasser ausgewaschen, ausgewrungen, getrocknet und vor dem Rückwiegen wieder in Normalklima ausgelegt. – Der Abkochverlust entspricht im allgemeinen dem Bastgehalt (Sericin); in selteneren Fällen enthält er noch geringe Mengen sonstiger Fremdstoffe [s. 7]. Die vollständige Entfernung des Seidenbastes ist mikroskopisch nachzuprüfen (s. Cyanin, Gruppe M).

4. Nachweis von Mattierungsmitteln, insbesondere bei Chemiefaserstoffen

Die Glanzherabsetzung kann erfolgt sein

a) durch Spinnmattierung bei Chemiefaserstoffen, d.h. Einlagerung feinstverteilter fester, flüssiger oder gasförmiger Stoffe während der Herstellung des Fadens,

b) durch Nachmattierung, d.h. Auflagerung fester oder flüssiger Stoffe auf das Garn oder Gewebe.

Demgemäß hat der *Analysengang* – nach A. Herzog[1] – zunächst Art (Form) und Verteilung des Mattierungsmittels festzustellen, ehe die chemische Analyse der verwendeten Substanz durchgeführt wird.

(α) Prüfung der Fasern auf evtl. vorhandene *Ein- oder Auflagerungen* unter dem Mikroskop in Längsansicht (Hell- und Dunkelfeldbeleuchtung mit offenen Beleuchtungskegeln – „optische Schnitte" in verschiedenen Ebenen durch Verstellen der Mikrometerschraube, um festzustellen, ob die Mattierungsteilchen nur auf dem Faserrand oder auch im Faserinnern liegen; auch die Betrachtung trockener Fasern in Auflichtbeleuchtung ist empfehlenswert!). Zweckmäßigerweise werden auch Fasern untersucht, die mit verd. Safraninlösung oder mit Cyanin-Glycerin (s. Gruppe M) angefärbt sind, um evtl. vom Rohmaterial (Zellstoff) her vorhandene Einschlüsse zu erkennen, die auch bei nichtmattierten Viscosekunstseiden bzw. -zellwollen vorkommen.

[1] Herzog, A.: Melliand Textilber. **18** (1937), 77–84.

(β) Feststellung der *Art der Einlagerungen* unter dem Mikroskop durch Einbetten der Fasern in Kuoxam oder 10%ige Natronlauge (s. Gruppe M). Bei der Auflösung der Fasern werden feste Einschlüsse (von unterschiedlicher Form und Größe), Öltröpfchen oder Gasbläschen (in der Faser meist in die Länge gezogen) frei. Beobachtung des Quellungs- und Lösungsvorganges auch in Dunkelfeld; die in der sich langsam auflösenden Faser enthaltenen festen Einschlüsse treten als leuchtende Teilchen in die Flüssigkeit über und zeigen infolge ihrer Kleinheit lebhafte Molekularbewegung! – Ein weiteres Präparat wird mit Chloralhydratlösung (s. Gruppe M) hergestellt und über kleiner Flamme unter dem Deckglas kurz aufgekocht. Prüfung, ob ölige Tropfen auftreten oder ob nach dem Erkalten auch kristalline, wenig durchsichtige Brocken (feste Fette, Wachse, Paraffin usw.) vorhanden sind. Die genannten Stoffe sind deutlich doppelbrechend, was zwischen gekreuzten Nicols bei Einschalten eines Gipsplättchens Rot I unter $+ 45^\circ$ erkennbar ist.

(γ) Herstellung von Mikrotomquerschnitten der Fasern zur Feststellung der *Verteilung der Einschlüsse* oder an der Faseroberfläche sitzender *Auflagerungen*. (Beobachtung auch in Dunkelfeld!)

(δ) Etwa 10 g Fasermaterial werden im Soxhletapparat mit rektifiziertem Petroläther (Sdp. etwa 70 °C) ausgezogen. Nach Abdestillieren des Petroläthers wird der Rückstand im Trockenschrank bei etwa 100 °C getrocknet und auf *Fette, Öle, Wachse, Harze und Kohlenwasserstoffe*, wie Paraffin, Paraffinöl, Vaselinöl, Mineralöl usw. untersucht, s. Tab. 25.

Falls feste oder flüssige Fette nicht zugegen sind, kann unbeschadet etwa vorhandener Kohlenwasserstoffe die Hydroxamsäure-Reaktion auf *Wachse und Harze* nach Feigl, Anger und Frehden[1] ausgeführt werden:

Ein Tropfen des Ätherauszuges wird in einem kleinen Porzellantiegel nacheinander mit einem Tropfen gesättigter alkoholischer *Hydroxylaminchlorhydrat-Lösung* und gesättigter *alkoholischer Kalilauge* versetzt und mäßig erwärmt, bis ein Aufbrausen stattfindet. Hierauf wird mit 10%iger alkoholischer Salzsäure angesäuert und ein Tropfen 0,5%iger wässeriger *Ferrichloridlösung* zugesetzt. Die eintretende Färbung ist bei Bienenwachs .... violettbraun
Karnaubawachs .... dunkelbraunviolett
Kolophonium .... braungrün

(ε) Die vollständig entfettete Faserprobe von (δ) wird in einer nicht zu großen Porzellanschale einige Zeit mit verd. Schwefelsäure gekocht. Falls an der Oberfläche der Flüssigkeit *Fettaugen* zu beobachten sind (herrührend von freien Fettsäuren), ist dies ein Beweis für vorhandene *Metallseife* [als Mattierungsmittel kommen hauptsächlich Seifen der Erdalkalien, des Zinns, des Zinks und des Aluminiums (Kaolin) in Betracht]. Bestimmung der zugehörigen Metalle gemäß (ζ).

[1] Feigl, F., V. Anger und O. Frehden: Mikrochemie **15** (1934), 12.

Tabelle 25: *Unterscheidung von fettem Öl und Kohlenwasserstoffen der aliphatischen Reihe nach A. Herzog*[1]

Reaktion	Ansatz und Ausführung	Fettes Öl bzw. feste Fette pflanzlicher oder tierischer Herkunft	Paraffinöl, Vaselinöl, Mineralöl und andere Kohlenwasserstoffe der aliphatischen Reihe
Verseifungsprobe mit Molischs Reagenz	Gleiche Volumenteile konz. Kalilauge und Ammoniak. – Geringe Menge des Extraktionsrückstandes auf dem Objektträger mit einem Tropfen des Reagenzes versetzen (Verseifungsprobe)	Eintreten einer Trübung; unter dem Mikroskop: Bildung kristallinischer, häufig aus Kristallnadeln bestehender Massen (Seifen). Tritt scheinbar keine Veränderung ein, ist zwischen gekreuzten Nicols zu prüfen: Abnahme der Lichtbrechung von außen nach innen, Doppelbrechung d. gebildeten Seifenkristalle	Verseifungsprobe negativ
Acroleïnprobe: a) auf Geruch	Mischen des Extraktionsrückstandes im Reagenzglas mit der doppelten Menge Kaliumbisulfat und Erhitzen der krümeligen Masse bis zu lebhaftem Aufschäumen	charakteristischer, stark stechender und zu Tränen reizender Acroleïngeruch	unangenehmer, aber nicht stechender Geruch
b) mit p-Nitrophenylhydrazin	wie bei a). Bei Entwicklung der Dämpfe auf die Mündung des Reagenzglases kleines Uhrglas aufsetzen, an dessen Unterseite ein Tropfen einer wässerigen Lösung von p-Nitrophenylhydrazin hängt	Trübung des Tropfens unter Ausscheidung gelber Flöckchen. Unter dem Mikroskop: sehr feine, lange Kristallnadeln, oft sternförmig gruppiert, oder Haufwerg feiner stark gebogener Kristallnadeln, die deutlich polarisieren	keine Trübung bzw. Kristalle
Osmiumsäure (Osmiumtetraoxyd)	1%ige wässerige Lösung	nach längerer Zeit Braun- bis Schwarzfärbung	keine Färbung

[1] Herzog, A.: Melliand Textilber. **18** (1937), 82.

Nachweis von *Kalkseife* mit Nilblau nach Lorrain-Smith[1]:

Die Faserprobe wird in einer 0,3%igen wässerigen Lösung von *Nilblau A* bei etwa 60 bis 70 °C während 10 Min. behandelt, sodann in nahezu kochendem Wasser ausgewaschen. Vorhandene Kalkseifen und Fettsäuren erscheinen purpurfarbig bis blau und kräftiger angefärbt als das Cellulosematerial, das grünblau geworden ist.

Eine schnelle kolorimetrische Methode zur Bestimmung von *Kalkseife auf der Faser* gibt Ulrich[2] an. Die zu untersuchende Gewebeprobe wird gewogen, trocken in eine wässerige Alizarinlösung gebracht[3] und kochend ½ Std. umgezogen. Dann wird mit kochendem dest. Wasser solange gewaschen, bis das Waschwasser nicht mehr gefärbt ist, schließlich mit etwas warmem Wasser, dem etwas Äthylalkohol zugegeben wurde, nachgewaschen. Hierauf wird die Probe mit warmem, oxalsäurehaltigen Äthylalkohol behandelt (2 g feste Oxalsäure gelöst in 100 g 96%igem Alkohol), der Auszug durch ein mit Alkohol befeuchtetes Filter in einen Colorimeterbecher filtriert, mehrmals mit warmer alkoholischer Oxalsäure und zum Schluß mit etwas heißem Äthylalkohol nachgewaschen und gleichfalls in den Colorimeterbecher zufiltriert. Man gibt 10%igen Ammoniak bis zum violetten Farbumschlag zu und füllt mit dest. Wasser bis zur Marke auf. Als Vergleichslösung werden die gleichen Mengen von alkoholischer Oxalsäure und Alkohol, Wasser und Ammoniak in den Colorimetervergleichsbecher gegeben, bis zur Marke aufgefüllt und aus der Mikrobürette solange Alizarinstandardlösung zutropfen gelassen (0,06 g reines, aus Alkohol umkristallisiertes Alizarin auf 100 cm³ Äthylalkohol), bis Farbgleichheit entsteht. – 1 cm³ Alizarinstandardlösung (= 0,0006 g Alizarin) entspricht 1 mg Calcium[4].

(ζ) Etwa 10 g des Fasermaterials werden in einer Platin- oder Quarzschale bei möglichst niedriger Temperatur verascht. Nicht mattierte Kunstfasern hinterlassen bei der Veraschung nur sehr wenig Rückstand (etwa 0,5%), so daß zugesetzte Mineralstoffe ihre Gegenwart schon durch eine quantitative Veraschungsprobe verraten. So gibt Lassé[5] folgende Aschenwerte (in Prozenten der Trockensubstanz) als Beispiele an:

mit Bariumsulfat mattierte Viscosekunstseide 2,02%
mit Titandioxyd mattierte Viscosekunstseiden ..... 3,40 bis 4,75%
mit Titandioxyd mattierte Kupferkunstseide 2,05%
mit Zinnphosphat mattierte Viscosestückware ..... 10,30%.

Mit der *Asche* werden folgende Prüfungen vorgenommen:

Nachweis von Barium (Bariumsulfat)

Ein Teil der Asche wird mit der 4- bis 6fachen Menge Kaliumnatriumcarbonat (pro anal.) auf einem Platinlöffel geschmolzen. Sobald keine Gasentwicklung mehr erfolgt und die Schmelze ruhig zu fließen

[1] Lorrain-Smith, C.: J. Path. and Bact. **12** (1908), 1–4.
[2] Ulrich, H. M.: Textil-Rdsch. **5** (1950), 381–382.
[3] Ulrich, H. M.: Melliand Textilber. **14** (1933), 347.
[4] Laidlaw, P. P., und W. W. Payne: Biochem. J. **16** (1922), 494–498.
[5] Lassé, R.: Melliand Textilber. **14** (1933), 554.

beginnt, läßt man sie erkalten, zieht den Schmelzkuchen wiederholt mit heißem Wasser aus und filtriert die Lösung. Der Filterrückstand wird mit Wasser alkalifrei gewaschen, in wenig Salzsäure (1,125 pro anal.) gelöst und auf einem Objektträger mit einem Tropfen einer 2%igen alkoholischen Lösung von Pikrolonsäure versetzt. Bei Anwesenheit von Barium bilden sich feine fächerartige Büschel *gelber Kristallnadeln,* seltener Stachelkugeln von Bariumpikrolonat.

Nachweis von Titan (Titandioxyd)

Ein Teil der Asche wird in einem Achatmörser mit der 3- bis 5fachen Menge Kaliumbisulfat (pro anal.) gut gemischt und vorsichtig in einem Platinlöffel geschmolzen. Nach dem Erkalten verreibt man den Schmelzkuchen mit wenig Wasser, bringt einen Tropfen der Lösung auf Filterpapier und tüpfelt mit einer frisch bereiteten 10%igen Brenzkatechinlösung. Bei Anwesenheit von Titan entsteht ein *gelbroter Fleck* (innerkomplexes Brenzcatechinat des vierwertigen Titans). Eisensalze und überschüssige freie Säuren sind vorher zu entfernen; erstere liefern gleichfalls farbige Verbindungen, letztere verhindern die Reaktion[1].

Zur Kontrolle empfiehlt sich folgende Reaktion:

Auf der Tüpfelplatte wird ein Tropfen des mit Schwefelsäure (1:4) angesäuerten Schmelzauszuges mit einem Tropfen 3%iger Wasserstoffsuperoxydlösung zusammengebracht. Bei Gegenwart von Titan deutliche *Orangegelbfärbung* durch Bildung von $H_2[TiO_2(SO_4)_2] + H_2O$[2].

Nachweis von Zink (Zinksulfid)

Einen Teil der Asche in Salpetersäure aufnehmen und verdünnen, davon einen Tropfen auf Kaliumkobaltcyanidpapier (mit einer Lösung von 4 g Kaliumkobaltcyanid und 1 g Kaliumchlorid in 100 cm^3 wassergetränktes Filterpapier) bringen, nach dem Trocknen in Platinschale veraschen und Asche auf Tüpfelplatte geben. Bei Anwesenheit von Zink zeigt sich eine Grünfärbung.

Nachweis von Aluminium (Aluminiumsilikat: Kaolin)

Ein Teil der Asche wird mit Kaliumbisulfat vermengt und in der Öse eines Platindrahtes durch Glühen aufgeschlossen. Die erstarrte Schmelze wird in wenig heißem Wasser aufgelöst, ein Tropfen der Lösung auf Alizarinpapier (mit 2%iger alkoholischer Alizarinlösung getränktes Filterpapier) getüpfelt und das Papier über Ammoniak (24 °Bé) geräuchert. Bei Anwesenheit von Aluminium tritt nach schwachem Erwärmen eine *himbeerrote Färbung* auf[3].

Nachweis von Magnesium (Magnesiumsilikat)

Aufschließen der Asche wie für den Bariumnachweis. Aus der salzsauren Lösung wird etwaiges Calcium in ammoniakalischer Lösung mit Ammoniumoxalat (10%ig) ausgefällt. Das Calciumoxalat wird nach etwa 4 Std. abfiltriert. Vom Filtrat werden 1 bis 2 Tropfen auf einem Objektträger mit 1 Tropfen Natriumphosphatlösung (pro anal.,

[1] Picard, J.: Ber. dtsch. chem. Ges. **42** (1909), 4343.
[2] Schönn, Z.: Z. analyt. Chemie **9** (1870), 330.
[3] Feigl, F., und R. Stern: Z. analyt. Chemie **60** (1921), 9.

10%ig) zusammengebracht. Bei Anwesenheit von Magnesium bilden sich schneeflockenähnliche Kristallskelette und gut ausgebildete charakteristische *rhombische Kristalle* (häufig sog. „Sargdeckel" – zur Betrachtung schiefe Beleuchtung anwenden!) von Magnesiumammoniumphosphat $NH_4MgPO_4 + 6H_2O$[1].

Rascher erhält man den Magnesiumnachweis wie folgt: 1 Tropfen der salzsauren Lösung wird auf der Tüpfelplatte mit 2 Tropfen alkoholischer Chinalizarinlösung versetzt und 2 Tropfen 2n-Natronlauge bis zur Violettfärbung hinzugefügt. Nach nochmaligem Zusatz von Natronlauge zeigt *blaue Färbung* (oder blauer Niederschlag) Magnesium an (F. L. Hahn, H. Wolf und G. Jäger).

Nachweis von Calcium (Calciumsulfat)

Aufschließen der Asche wie für den Bariumnachweis. Ein Tropfen der salzsauren Lösung wird auf einem Objektträger mit verd. Schwefelsäure oder Natriumsulfat versetzt: Bildung von monoklinen *Gipskristallen* (Prismen, „Schwalbenschwanzzwillinge", Büschel und Fächer dünner Nadeln)[1].

Literatur[2, 3, 4].

5. Schlichtebestimmung

Durchführung des Entschlichtens s. Gruppe H, 1., a)

Nachweise für die Art der Schlichte[5]

Alginatschlichte
durch Methylenblau bzw. Kupferabsorption nach S. 183

Celluloseätherschlichten (Methylcellulose, wie Tylose usw.)
durch Direkthimmelblau grünlich
Tanninlösung

Celluloseglykolatschlichten (Hortol usw.)
durch kationaktive Substanzen, z. B. Levogen WW
Salzsäure

Eiweißschlichten (Gelatine-, Leim- u. a.)
durch Fehlingsche Lösung
Millons Reagenz
Biuretreaktion (s. Gruppe U, 1)

Öl- und Fettschlichten (Leinöl-, auch sulfonierte Produkte bzw. Seifen als Zusätze) durch Natriumcarbonatlösung
Natriumsulfidlösung
Sudanrot 7B

Poly(meth)acrylatschlichten
durch kationaktive Substanzen, z. B. Levogen WW
Salzsäure

---

[1] Behrens-Kley: Mikrochemische Analyse, 3. Aufl., Leipzig und Hamburg 1915.
[2] Lassé R: Melliand Textilber. **14** (1933), 185, 309, 358, 414, 461, 508 und 533.
[3] Herzog, A.: Die Mattierung der Kunstfasern. Melliand Textbilder. **16** (1935), 829–844 (mit 61 Abb.).
[4] Herzog, A.: Gang der Untersuchung auf die wichtigsten Mattierungsmittel. Melliand Textilber. **18** (1937), 77–84 (mit 12 Abb.).
[5] S. auch Köhler, W.: Kunstseide u. Zellwolle **22** (1940), 202–211.

Polyvinylalkoholschlichten
durch Jod-Jodkaliumlösung
Tannin-Eisenchlorid

Pektin- und Schleimschlichten
durch Bariumhydroxydlösung

Stärkeschlichten durch Jod-Jodkaliumlösung

Bei *Eigenfärbung des Gewebes* sind die Befunde der Anfärbungen nur sicher, wenn sie mit denen einer gleichen, aber ungeschlichteten Gewebeprobe verglichen werden können. Ist eine solche nicht vorhanden oder bestehen die nicht geschlichteten Schußfäden nicht aus dem gleichen Rohmaterial wie die Kette, so ist ein Abschnitt des Gewebes zu entschlichten und parallel mit anzufärben.

Bei Vorliegen von *Mischungen verschiedener Schlichtesubstanzen* wird die makroskopische Erkennung der Arten der Schlichtemittel oft schwierig. In solchen Fällen ist eine mikroskopische Beurteilung nötig. Näheres s. in der Arbeit von W. Köhler[1].

1. *Ätherauszug*: Evtl. *Rückstand* im Auszug deutet auf Anwesenheit von unverseiften Fetten, freien Fettsäuren, Paraffin o.dgl.

2. *Wasserauszug* (2- bis 3mal kurz in dest. Wasser bei 50 bis 60 °C behandeln): Tritt beim Schütteln dieser Auszüge starke *Schaumbildung* ein, so ist die Anwesenheit von Seifen oder Celluloseäthern anzunehmen. Auszüge von Polyvinylalkoholschlichten schäumen nur wenig, Auszüge anderer Schlichten überhaupt nicht.

Bariumhydroxydlösung. Bei Vorliegen von *Pektinschlichten* tritt nach Zugeben von etwas gesättigter Bariumhydroxydlösung zum wässerigen Auszug ein starkes, leicht gelblich gefärbtes Ausflocken ein. (Charakteristisch bei Abwesenheit von Seife und Türkischrotölen.)

Chicagoblau 6 B. Zum Nachweis von *Celluloseätherschlichte* (Tylose = wasserlösliche Methylcellulose) nach Brauckmeyer und Bühl[2]: Celluloseäther nehmen aus ganz verdünnten Lösungen substantiver Farbstoffe selbst bei normaler Temperatur und ohne Salzzusatz rasch fast den gesamten Farbstoff auf, was weder bei den vorliegenden Faserstoffen an sich, noch bei anderen Schlichtemitteln der Fall ist. Probe 2 bis 3 Min. in einer 0,05%igen Lösung von Chicagoblau 6 B oder einem anderen geeigneten substantiven Farbstoff kalt behandeln, spülen und unter der Lupe beurteilen. Besonders zweckmäßig ist die mikroskopische Betrachtung nach Einbetten eines Probestückchens in die Farbstofflösung, wobei die Methylcelluloseteilchen den Farbstoff rasch aufnehmen und sich von den Fasern deutlich abheben. – Bei dunkel gefärbtem Material ist ein kontrastierender Farbstoff anzuwenden!

Fehlingsche Lösung [s. Gruppe S, 1, d1, β)]. *Leim- und Gelatineschlichten* erkennt man daran, daß sich ein kalter wässeriger Auszug nach Zusatz

[1] Köhler, W.: Kunstseide u. Zellwolle **22** (1940), 202—211.
[2] Brauckmeyer, R., und F. Bühl: Melliand Textilber. **19** (1938), 518—519.

von Fehlingscher Lösung violett färbt. (Man kann auch zum wässerigen Auszug 1 bis 2 Tropfen einer 2%igen Kupfersulfatlösung zugeben und mit verdünnter Natronlauge bis zu schwacher Blaufärbung alkalisch machen; sofort oder nach einiger Zeit, evtl. bei gelindem Erwärmen, tritt Violettfärbung auf.) Biuretreaktion, die allgemein bei Anwesenheit von Eiweißkörpern beobachtet wird – s. a. Gruppe U.

Jod-Jodkaliumlösung. 5 g Kaliumjodid in 100 cm³ Wasser gelöst und 1 g Jod zugegeben; bis zu seiner Lösung schütteln! – Probe mit der Lösung betupfen: Bei Anwesenheit von *Stärke* bzw. modifizierten Stärkepräparaten tritt eine intensive reinblaue Färbung ein (heiß verschwindend). *Dextrin* wird rotbraun bis violett angefärbt. Das Reagenz ist auch zum Nachweis von Stärke im wässerigen Auszug brauchbar. (Eindeutige Reaktion auf Stärke bei Anwendung verdünnter Lösungen – weniger als 2 g/l Jod; mit sehr konzentrierten Jod-Jodkalium-Lösungen werden auch *Polyvinylalkoholschlichten* blau angefärbt, aber stark grünstichig.)

Kampfer (Campher). Zum Nachweis von *geölten Fasern* (z. B. auch Spinnöl) nach A. Herzog[1]: Glasschale mit Wasser füllen und auf die Oberfläche kleine Kampferstückchen streuen (zwischen Fließpapier zerdrücken, nicht mit den Fingern berühren!). Der Kampfer gerät in lebhafte rotierende Bewegung, die plötzlich aufhört, wenn geölte Fasern in das Wasser gebracht werden.

Kationaktive Substanzen (Levogen WW u.a.). 2%ige Lösung, dem wässerigen Auszug tropfenweise und unter Umschütteln zuzugeben. Bei Anwesenheit von *Celluloseglykolatschlichten* oder *Poly(meth)acrylatschlichten* entstehen schon in sehr verdünnten Lösungen flockige, weiße Niederschläge. (Evtl. leicht erwärmen!) – Trennung dieser bei den Schlichtearten durch Prüfung mit 10%iger Salzsäure, s. dort.

Millons Reagenz (Mercurinitratlösung) [s. Gruppe U, 1]. Wässeriger Auszug von *Leim- und Gelatineschlichten* wird durch Millons Reagenz rosa bis rot gefärbt, ohne daß eine Fällung wie bei anderen Eiweißkörpern eintritt.

Natriumcarbonatlösung 10%ig. Zum Nachweis von *Ölschlichten* wird die Probe in der Sodalösung gekocht und der Auszug mit etwas Salzsäure versetzt; bei Vorliegen von Ölschlichte wird Fett abgeschieden.

Natriumsulfidlösung 10%ig. Zur Erkennung von *Leinölschlichte*, bei deren Anwesenheit eine Braunfärbung der Probe eintritt.

Salzsäure 10%ig. Ist mit kationaktiven Substanzen (s. dort) die Anwesenheit von Celluloseglykolaten oder Poly(meth)acrylaten festgestellt worden, wird ein anderer Teil des wässerigen Auszuges mit 10%iger Salzsäure versetzt. Aus Poly(meth)acrylaten werden dann die freien Säuren als weiße Niederschläge ausgefällt, während Celluloseglykolate diese Reaktion nicht geben.

Sudanrot 7B. 0,5 g Sudanrot 7B werden in 10 cm³ Alkohol aufgeschlämmt und mit Wasser auf 1 Liter eingestellt. Nach Filtrieren

[1] Herzog, A.: Melliand Textilber. **18** (1937), 84.

setzt man gegebenenfalls (s.u.) 10 cm^3 konz. Salzsäure zu. – Probe 10 Min. in die Lösung einlegen, mit heißem Wasser spülen und trocknen. *Leinölschlichten* färben sich (ebenso wie andere Schlichten, die auf Öl- oder Fettbasis aufgebaut sind oder solche Zusätze enthalten) deutlich rot an; ölschlichtefreie oder entschlichtete Ware bleibt nahezu farblos. – Zur Zersetzung evtl. vorhandener Seifen ist eine Zugabe von 2n-Salzsäure zum Reagenz und evtl. Erhitzen zu empfehlen, da sulfonierte oder verseifte Fette geringere Anfärbbarkeit ergeben. (Eindeutige Reaktion auf Fette bzw. Fettstoffe.)

Tanninlösung 5%ig. Im wässerigen Auszug geben *Celluloseätherschlichten* mit 5%iger Tanninlösung eine weiße Ausfällung (ebenso *Eiweißschlichten*), *Polyvinylalkoholschlichten* hingegen zeigen mit 5%iger wässeriger Tanninlösung schwer- bis unlösliche Komplexverbindungen (schwach gelb opaleszierende Dispersion). Bei Vermuten der Gegenwart von Stärke ist die Reaktion mit einem kalten Auszug zu wiederholen, wo sie nur mit Polyvinylalkohol eintritt.

Tannin-Eisenchlorid. Probe in 5%iger Tanninlösung 2 Min. färben, 15 Min. in fließendem Wasser spülen, dann 1 Min. mit 5%iger wässeriger Eisenchloridlösung behandeln. *Polyvinylalkoholschlichten* werden intensiv blauschwarz gefärbt. (Eindeutig nur, wenn keine Stärke oder Leim gleichzeitig mit vorliegen!)

6. Farbstoff-Nachweise auf der Faser

Kürzlich haben Dierkes und Brocher[1] nach dem Vorbild der anorganischen Analyse *Trennungsgänge für die verschiedenen Farbstoffklassen auf den wichtigsten Faserstoff-Arten* aufgestellt, die dem neuesten Stand der Färbereitechnik entsprechen und es ermöglichen, mit einfachen Mitteln eine Farbstoffklasse zu identifizieren (Tab. 26 bis 31). Eine Farbstoffanalyse ist deswegen allerdings manchmal nicht eindeutig, weil viele Farbstoffe Übergänge zwischen verschiedenen Klassen bilden und weil neu hinzukommende Farbstoffe mit abweichenden Eigenschaften das Bild ändern können. Nach den bisherigen Erfahrungen läßt sich aber mit diesen neuartigen Trennungsgängen eine Farbstoffklasse genügend sicher identifizieren, wenn die im Anschluß an die Tabellen 26 bis 31 gegebenen *Anmerkungen* beachtet werden.

Die Anmerkungen, auf die in den Tabellen durch Zahlen hingewiesen wird, präzisieren besondere Arbeitsbedingungen und Nachweisreaktionen. Sie sind in jedem Fall zu beachten, weil sie das Arbeiten erleichtern und in vielen Fällen überhaupt erst eine einfache Identifikation möglich machen.

In der Tabelle 26 „Farbstoff-Nachweis auf Cellulosefaserstoffen" mögen die Säurefarbstoffe als Außenseiter erscheinen. Sie können aber in der Halbwollfärberei auftreten und wurden deswegen in den Trennungsgang einbezogen.

---

[1] Dierkes, G., und H. Brocher: Melliand Textilber. **40** (1959), im Druck.

Tabelle 26: *Farbstoff-Nachweis*

A. Mikroskopische Prüfung auf *Pigmentfarbstoffe, Spinnfärbung*

B. Tetracarnit TN

Testlösung gefärbt:

Schwefelfarbstoffe, Oxydationsfarbstoffe, basische Farbstoffe, Säurefarbstoffe (Beizenfarbstoffe), Direkt-

C. Schwefel-

positiv:

Schwefelfarbstoffe

Bestätigung: Blinde Küpe [5] [4] und Reoxydation [6] [4]. Blaue Schwefelfärbungen werden mit kalter konz. Salpetersäure violett

negativ:

Oxydationsfarbstoffe, basische Farbstoffe, Säurefarbstoffe (Beizenfarbstoffe), Direkt-

D. Bei Schwarzfärbungen **blinde Küpe** [5] [4];

Schwarze Färbungen werden braun und bei der Luftoxydation wieder schwarz:

Oxydationsfarbstoffe

Färbung mit kalter konz. Schwefelsäure behandeln und dann mit Wasser verdünnen

Lösung grünlich:

Anilinschwarz

Cr-Nachweis positiv [7]

Lösung unverändert:

Diphenylschwarz

negativ:

Basische Farbstoffe, Säurefarbstoffe (Beizenfarbstoffe),

E. Abziehen mit **Eisessig** und **Poly-**

Polyacrylnitril-Faser wird gefärbt:

Basische Farbstoffe

Bestätigung:

a) Farbtonumschlag [9]

b) Tannin-Brechweinstein-Beize [10]

c) Katanolbeize [11]

Poiyacrylnitril-Faser

Säurefarbstoffe (Beizenfarbstoffe),

F. Abziehen mit konz. **Ammoniak**

Wolle dunkler gefärbt:

Säurefarbstoffe (Beizenfarbstoffe)

G. Metall-Nachweise (Cr [7], Fe [13], Al [14])

positiv:	negativ:
Beizenfarbstoffe	*Säurefarbstoffe*

auf Cellulosefaserstoffen

oder *Mattierung* [1] (letztere nur bei regenerierten Cellulosefasern möglich)

– kalt – 1 Minute [2]

Testlösung gefärbt:

farbstoffe (evt. nachbehandelt)

Nachweis [3] [4]

negativ:

farbstoffe (evt. nachbehandelt)

andernfalls weiter bei E

negativ:

Direktfarbstoffe (evt. nachbehandelt)

acrylnitril-Faser färben [8]

bleibt ungefärbt:

Direktfarbstoffe (evt. nachbehandelt)

und **Anfärbereaktionen** [12]

Baumwolle dunkler gefärbt:

Direktfarbstoffe (evt. nachbehandelt)

H. Nachweis einer **Nachbehandlung** (Cu [15], Cr [7], Formaldehyd [16], kationaktive Produkte [17])

positiv:	negativ:
Direktfarbstoffe nachbehandelt mit Cu- oder Cr-Salzen, mit Formaldehyd oder einem kationaktiven Nachbehandlungsmittel Der Formaldehydnachweis kann auch auf eine hochveredelte Ware hinweisen	*Direktfarbstoffe, Diazotierungsfarbstoffe, Kupplungsfarbstoffe* Eine Unterscheidung ist evt. durch eine vergleichende Echtheitsprüfung möglich [18] [4]

Testlösung ungefärbt:

Schwefelfarbstoffe, Reaktivfarbstoffe, Phthalocyaninfarbstoffe, Küpenfarbstoffe, Naphtholfarbstoffe

I. Schwefelnachweis [3] [4]

positiv:

Schwefelfarbstoffe, Hydronblau

Bestätigung: Blinde Küpe [5] [4] und Reoxydation [6] [4]. Blaue Schwefelfärbungen werden mit kalter konz. Salpetersäure violett

negativ:

Reaktivfarbstoffe, Phthalocyaninfarbstoffe, Küpenfarbstoffe, Naphtholfarbstoffe

K. Dimethylformamid – kochend

Testlösung nicht gefärbt:

Reaktivfarbstoffe

Bestätigung: zu vergleichen gemäß [19]

Testlösung gefärbt:

Phthalocyaninfarbstoffe, Küpenfarbstoffe, Naphtholfarbstoffe

L. Eisessig – kochend – 1 Minute

Testlösung nicht gefärbt:

Phthalocyaninfarbstoffe

Bestätigung: mit kalter konz. Salpetersäure violett, Cu- oder Ni-Nachweis [15] [20] positiv

Testlösung gefärbt:

Küpenfarbstoffe, Naphtholfarbstoffe [24]

M. Blinde Küpe [4] [5] und **Reoxydation** [4] [6]

positiv:	negativ: [22]
Küpenfarbstoffe [21]	*Naphtholfarbstoffe* Bestätigung: Fluoreszenz [23]

Tabelle 27. *Farbstoff-Nachweis auf tierischen Faserstoffen*

A. Paraffinprobe [25]

- Paraffin wird gefärbt:
  - Küpenfarbstoff, Naphtholfarbstoff
  - **B. Blinde Küpe** [4] [5]
    - Farbton schlägt um; bei der Reoxydation [6] kommt der ursprüngliche Farbton zurück: *Küpenfarbstoff*
    - Testlösung wird gelb. Der Farbton der Probe ändert sich in den meisten Fällen nicht; geschieht es doch, dann kommt der ursprüngliche Farbton bei der Reoxydation [4] [6] nicht zurück: *Naphtholfarbstoff*
- Paraffin wird nicht gefärbt:
  - basischer Farbstoff, Säurefarbstoff, Direktfarbstoff, Chromierfarbstoff, Metallkomplexfarbstoff
  - **C. Metall-Nachweise**
    - **Chrom-** [7] **oder Kobalt-** [26] **Nachweis** positiv:
      - Metallkomplexfarbstoff, Chromierfarbstoff
      - Farbstoff mit verd. heißer Ammoniaklösung abziehen; Lösung nach dem Abkühlen mit Salzsäure ansäuern; Farbstoff mit **Äther** ausschütteln
        - Äther wird gefärbt: *Metallkomplexfarbstoff*
        - Äther wird nicht gefärbt: *Chromierfarbstoff* [27]
    - Metall-Nachweise negativ:
      - basischer Farbstoff, Säurefarbstoff Direktfarbstoff
      - **D. Eisessig kalt**
        - Eisessig wird gefärbt: *basischer Farbstoff* Bestätigung: [9]
        - Eisessig wird nicht gefärbt: Säurefarbstoff, Direktfarbstoff
          - **Anfärbereaktion** [12]
            - Wolle stärker gefärbt: *Säurefarbstoff*
            - Baumwolle stärker gefärbt: *Direktfarbstoff*

Tabelle 28. *Farbstoff-Nachweis auf Acetatfaserstoffen*

A. Mikroskopische Prüfung auf *Pigmentfarbstoffe*, *Spinnfärbung* oder *Mattierung* [1]

B. Alkohol konz. kalt (5 Min.)

Testlösung gefärbt:	Testlösung nicht (allenfalls schwach) gefärbt:
Dispersionsfarbstoff [28]	*entwickelter Dispersionsfarbstoff* (Cellitazole); *Naphtholfarbstoff* (Intramine)
Bestätigung: Acetatfaserstoffe färben [29]	Bestätigung: [29] [30] (Eine Unterscheidung ist mit einfachen Mitteln nicht möglich)

Tabelle 29. *Farbstoff-Nachweis auf Polyamid-Faserstoffen*

<table>
<tr><td colspan="6">**A. Mikroskopische Prüfung** auf *Pigmentfarbstoffe, Spinnfärbung* oder *Mattierung* [1]</td></tr>
<tr><td colspan="6">**B. Paraffinprobe** [25]</td></tr>
<tr><td colspan="4">Paraffin wird gefärbt:</td><td colspan="2">Paraffin wird nicht gefärbt:</td></tr>
<tr><td colspan="4">Dispersionsfarbstoff, Küpenfarbstoff, Naphtholfarbstoff:</td><td colspan="2">Säurefarbstoff, Chromierfarbstoff, Metallkomplexfarbstoff</td></tr>
<tr><td colspan="4">**C. Oxycarnit/Wasser — 1:10 — kochend**</td><td colspan="2">**D. Metall-Nachweise**</td></tr>
<tr><td colspan="2">Oxycarnit wird gefärbt</td><td colspan="2">Oxycarnit wird nicht gefärbt:</td><td>**Cr-** [7], **Cu-** [15] **oder Co-** [26] **Nachweis** positiv:</td><td>Metall-Nachweise negativ:</td></tr>
<tr><td colspan="2">Dispersionsfarbstoff, entwickelter Dispersionsfarbstoff</td><td colspan="2">Küpenfarbstoff, Naphtholfarbstoff</td><td rowspan="4">*Chromierfarbstoff* oder *Metallkomplexfarbstoff*</td><td rowspan="4">*Säurefarbstoff*</td></tr>
<tr><td colspan="2">**Ätherprobe** [29]</td><td colspan="2">**Blinde Küpe** [4] [5]</td></tr>
<tr><td>Äther gefärbt:</td><td>Äther nicht gefärbt:</td><td rowspan="2">Farbton schlägt um und kommt bei der Reoxydation [6] [4] zurück: *Küpenfarbstoff*</td><td rowspan="2">Farbton verändert sich nicht: *Naphtholfarbstoff*</td></tr>
<tr><td>*Dispersionsfarbstoff*</td><td>***entwickelter** Dispersionsfarbstoff* [30]</td></tr>
</table>

Tabelle 30. *Farbstoff-Nachweis auf Polyacrylnitril-Faserstoffen*

<table>
<tr><td colspan="6">**A. Mikroskopische Prüfung** auf *Pigmentfarbstoffe, Spinnfärbung* oder *Mattierung* [1]</td></tr>
<tr><td colspan="6">**B. Paraffinprobe** [25]</td></tr>
<tr><td colspan="2">Paraffin wird gefärbt:</td><td colspan="4">Paraffin wird nicht gefärbt</td></tr>
<tr><td colspan="2">Dispersionsfarbstoff, Küpenfarbstoff</td><td colspan="4">Basischer Farbstoff, Säurefarbstoff (Cuproionen), Chromierfarbstoff, Metallkomplexfarbstoff, Säurefarbstoff</td></tr>
<tr><td colspan="2">**C. Acetatfaserstoffe färben** [29]</td><td colspan="4">**D. Polyacrylnitril-Faser färben** [31]</td></tr>
<tr><td>Faser wird gefärbt:</td><td>Faser wird nicht gefärbt</td><td>Faser wird gefärbt:</td><td colspan="3">Faser wird nicht gefärbt:</td></tr>
<tr><td rowspan="7">*Dispersionsfarbstoff*</td><td rowspan="7">*Küpenfarbstoff*
Bestätigung:
Blinde Küpe [4] [5] und Reoxydation [6] [4]
Nach einem Farbtonumschlag kommt der ursprüngliche Farbton zurück</td><td rowspan="7">*basischer Farbstoff*</td><td colspan="3">Säurefarbstoff (Cuproionen), Chromierfarbstoff, Metallkomplexfarbstoff, Säurefarbstoff</td></tr>
<tr><td colspan="3">**E. Kupfer-Nachweis** [15]</td></tr>
<tr><td>positiv:</td><td colspan="2">negativ:</td></tr>
<tr><td rowspan="4">*Säurefarbstoff* (Cuproionen-Verfahren)</td><td colspan="2">Chromierfarbstoff, Metallkomplexfarbstoff, Säurefarbstoff</td></tr>
<tr><td colspan="2">**F. Chrom-Nachweis** [7]</td></tr>
<tr><td>positiv:</td><td>negativ:</td></tr>
<tr><td>*Chromierfarbstoff* oder *Metallkomplexfarbstoff*</td><td>*Säurefarbstoff*</td></tr>
</table>

Tabelle 31. *Farbstoff-Nachweis auf Polyester-Faserstoffen*

<table>
<tr><td colspan="4">A. Mikroskopische Prüfung auf Pigmentfarbstoffe, Spinnfärbung oder Mattierung [1]</td></tr>
<tr><td colspan="4">B. Eisessig kalt</td></tr>
<tr><td>Eisessig wird gefärbt:</td><td colspan="3">Eisessig wird nicht gefärbt:</td></tr>
<tr><td>Dispersionsfarbstoff (normal gefärbt)</td><td colspan="3">Dispersionsfarbstoff (Thermosolprozeß), Naphtholfarbstoff, Küpenfarbstoff (Thermosolprozeß)</td></tr>
<tr><td>Acetatfaserstoffe färben: [29]</td><td colspan="3">C. Eisessig (5 Min. kochen)</td></tr>
<tr><td rowspan="5">Dispersionsfarbstoff (normal gefärbt)</td><td colspan="2">Eisessig wird gefärbt:</td><td>Eisessig wird nicht gefärbt:</td></tr>
<tr><td colspan="2">Dispersionsfarbstoff (Thermosolprozeß), Naphtholfarbstoff</td><td rowspan="4">Küpenfarbstoff (Thermosolprozeß)</td></tr>
<tr><td colspan="2">Acetatfaserstoffe färben: [29]</td></tr>
<tr><td>Faser färbt sich:</td><td>Faser färbt sich nicht:</td></tr>
<tr><td>Dispersionsfarbstoff (Thermosolprozeß)</td><td>Naphtholfarbstoff</td></tr>
</table>

Anmerkungen zu den Tabellen 26–31:

Die Zahlen in den Tabellen weisen auf besondere Arbeitsbedingungen und Nachweisreaktionen hin. Sie bedeuten:

[1] Mikroskopisch läßt sich auf *Pigmentfarbstoffe* (= Pigment/Binder-Kombination), *Spinnfärbung* und *Mattierung* prüfen.

a) *Pigmentfarbstoffe*, die mit Hilfe von Kunstharzen (Binder) auf der Faser fixiert wurden, sitzen unregelmäßig verteilt, oftmals – besonders bei dunklen Färbungen – an einzelnen Stellen zusammengeballt, außen auf der Faser.

b) Bei *Spinnfärbungen* und *Mattierungen* sind die Partikelchen gewöhnlich gleichmäßig als dunkle Einlagerungen in der ganzen Faser verteilt. Mikroskopisch läßt sich kaum unterscheiden, ob es sich um eine Spinnfärbung oder um eine Mattierung handelt. Da meistens mit Titandioxyd mattiert wird, kann zur Identifikation der *Titan-Nachweis* wie folgt geführt werden: Man schmilzt die Färbung zusammen mit Kaliumbisulfat (Kaliumhydrogensulfat) in einem Porzellantiegel und löst die Schmelze nach dem Erkalten in verdünnter Schwefelsäure. Färbt sich diese Lösung auf Zusatz von einigen Tropfen Wasserstoffperoxyd gelb bis orange, dann ist dadurch Titan nachgewiesen. [S. auch Abschnitt 4 dieser Gruppe!]

[2] Das Untersuchungsmaterial wird unter ständigem Schütteln 1 Minute kalt in *Tetracarnit TN* (Böhme Fettchemie, Düsseldorf) behandelt.

[3] Ein Teil der Färbung wird im Reagenzglas mit einer Reduktionslösung versetzt, die auf 55 cm³ Wasser 10 g Zinnchlorür und 10 cm³ konz. Salzsäure enthält. Das Reagenzglas wird mit einem Stückchen Filterpapier verschlossen, das kurz zuvor mit einer Bleiacetatlösung getränkt wurde. Es wird langsam bis zum Kochen erwärmt. Eine braunschwarze Färbung zeigt Schwefel an.

[4] Bei einigen Nachweismethoden ist ein Vergleichsversuch vorteilhaft, weil auf diese Weise eine Färbung oder ein Farbton-Umschlag besser erkannt werden können. Beispiele:

a) Beim *Schwefelnachweis* wird gleichzeitig ein Schwefelnachweis an einer bekannten Schwefelfärbung durchgeführt.

b) Bei der Behandlung in *blinder Küpe* wird eine zweite Probe in einem Reagenzglas mit Wasser behandelt.

c) Bei der *Reoxydation* wird nur ein Teil der reduzierten Färbung oxydiert; die restliche Färbung bleibt zum Vergleich in der blinden Küpe.

[5] Die *blinde Küpe* enthält 15 g/l Natriumhydroxyd und 20 g/l Hydrosulfit C konz. Sie wird langsam bis auf 60 °C erwärmt, und zwar am besten, indem man das Reagenzglas mit der Probe einige Minuten in einem Becherglas mit heißem Wasser behandelt (statt direkt in der Flamme).

[6] Zur *Reoxydation* wird das Muster gespült. Oftmals bildet sich dabei der Farbton bereits zurück; anderenfalls behandelt man die Probe in einer ganz verdünnten Wasserstoffperoxydlösung. Auf synthetischen Faserstoffen arbeitet man mit 5 cm³/l Wasserstoffperoxyd (30%), 2 cm³/l Essigsäure (50%) und 0,5 g/l Levapon TH (o.ä.) bei einer Temperatur von 80 °C.

[7] Den *Chrom*-Nachweis führt man am besten am Magnesiastäbchen, und zwar in einer Soda/Salpeter(1:1)-Schmelze. Ein Teil der Färbung wird direkt in der heißen Schmelze verascht. Chrom zeigt sich durch eine Gelbfärbung der erkalteten Schmelze an. Oft sind die Chrommengen so gering, daß der Nachweis in der Schmelze nicht eindeutig ist. In solchen Fällen löst man die Schmelze (Perle am Magnesiastäbchen) im Reagenzglas mit etwa 1 cm³ Essigsäure auf und gibt 2 Tropfen Diphenylcarbazid (1 g in 100 cm³ Alkohol gelöst) zu. Die Lösung färbt sich bei Anwesenheit von Chrom rot bis violett.

[8] Eine Faserprobe wird in kochendem Eisessig abgezogen; der Eisessig wird abgedampft, der Farbstoff mit Wasser aufgenommen, und in der noch schwach essigsauren Lösung wird Polyacrylnitril-Faser gefärbt. (Mit Rücksicht auf die z. T. unterschiedliche Modifizierung der verschiedenen Polyacrylnitril-Fasern wird empfohlen, für diese Versuche Dralon zu verwenden!)

[9] Zur Bestätigung wird eine weitere Faserprobe in kochendem Eisessig abgezogen. In diese Lösung gibt man Natronlauge konz. bis zur alkalischen Reaktion; dabei tritt ein Farbtonumschlag oder eine völlige Entfärbung ein. Nach erneutem Ansäuern mit Essigsäure bildet sich der ursprüngliche Farbton zurück.

[10] Eine Faserprobe wird verascht, der Rückstand mit einigen Tropfen konzentrierter Salzsäure aufgenommen, im Verhältnis 1 : 4 mit Wasser verdünnt und dann erwärmt. In diese Lösung wird Schwefelwasserstoffgas eingeleitet. Nach einiger Zeit fällt orangefarbiges Antimonsulfid aus. Der Niederschlag setzt sich bedeutend gröber ab, wenn nach dem Einleiten von Schwefelwasserstoffgas noch einmal erwärmt wird.

[11] Eine Faserprobe wird in 5%iger Sodalösung gekocht; dadurch wird der Farblack zerstört; es bildet sich Natrium-Katanolat. Der Auszug wird mit chloridfreier Salpetersäure neutralisiert. Silbernitratlösung fällt bräunliches Silber-Katanolat aus, das sich beim Kochen durch abscheidenden Schwefel schwarz färbt.

[12] Ein Teil der Färbung wird in kochendem konzentrierten Ammoniak behandelt. Der Ammoniak wird dann abgedampft und der Farbstoff mit Wasser aufgenommen. Die Lösung wird in zwei Teile geteilt. Teil 1 wird mit Essigsäure angesäuert und Teil 2 mit Natriumsulfat versetzt. In beiden Lösungen werden gleichzeitig Wolle und Baumwolle gefärbt. Ist in Teil 1 die Wolle tiefer gefärbt, so handelt es sich um einen Säurefarbstoff, ist in Teil 2 die Baumwolle tiefer gefärbt, so handelt es sich um einen Direktfarbstoff.

Eine eindeutige Unterscheidung zwischen sauren und Direktfarbstoffen ist nicht immer möglich, weil ihre chemischen Konstitutionen oft sehr ähnlich sind.

[13] Die Färbung wird in einem Porzellantiegel verascht und der Rückstand mit Salzsäure aufgenommen. Es werden einige Tropfen einer Kaliumrhodanidlösung hinzugegeben. Eine dunkelrote Färbung zeigt *Eisen* an.

[14] Zum *Aluminium*-Nachweis wird ein Teil der Färbung verascht. Man gibt auf die Asche einige Tropfen konzentrierte Salpetersäure und einige Tropfen einer stark verdünnten Kobaltnitratlösung. Beim Glühen entsteht eine blaue Asche (Thénardsblau), wenn Aluminium anwesend ist.

[15] Zum *Kupfer*-Nachweis wird ein Teil der Färbung in einem kleinen Porzellantiegel verascht. Man gibt einige Tropfen konz. Salzsäure auf die Asche und dann im Überschuß konz. Ammoniak, bis die Lösung alkalisch reagiert. In dem weißen Tiegel ist eine intensive Blaufärbung der Lösung, die Kupfer anzeigt, gut zu erkennen.

[16] *Formaldehyd* kann aus zwei Gründen auf Färbungen vorkommen: Bei Schwarzfärbungen dient es zur Verbesserung der Naßechtheit; es kann aber auch aus der Knitterfestausrüstung stammen. Man

weist es mit einer frisch bereiteten Carbazollösung nach. Zu diesem Zweck wird die Färbung 5 Min. in einer ganz verdünnten Schwefelsäurelösung gekocht. 0,1 g Carbazol wird in 100 cm^3 konz. Schwefelsäure gelöst (dabei kann schon eine Grünfärbung auftreten). Die schwefelsaure Abkochung der Farbprobe wird tropfenweise in die Carbazollösung gegeben. Eine dunkle, grün-blaue Fällung zeigt Formaldehyd an.

[17] Etwas Untersuchungsmaterial wird 5 Minuten in 10%iger Phosphorsäure gekocht. In diesem Auszug werden einige Tropfen einer stark verdünnten Lösung von Siriuslichtscharlach BN (1 : 500) gegeben. Es wird noch einmal aufgekocht. Nach einiger Zeit fällt der Farbstoff aus, wenn die Färbung mit einem kationaktiven Produkt, wie z. B. Levogen WW, Solidogen FFL o. ä., nachbehandelt worden war.

[18] Das Farbmuster wird 1 Minute in dest. Wasser gekocht. Eine diazotierte und entwickelte Färbung blutet nur wenig aus, während eine nicht nachbehandelte Färbung das Wasser ziemlich stark anfärbt. Eine mit kationaktiven Produkten nachbehandelte Färbung bildet in ihrer Naßechtheit etwa ein Mittel zwischen den beiden anderen Färbungen.

[19] Die Färbung wird 5 Minuten bei 60–80° C in einer blinden Küpe behandelt (vergl. unter [4] und [5]). Wenn ein Reaktivfarbstoff vorliegt, schlägt der Farbstoff um oder verschwindet ganz. Die so behandelte Probe diazotiert man dann, indem man sie 20 Minuten kalt in einer Lösung behandelt, die 1 g/l Natriumnitrit und 3 cm^3/l Salzsäure konz. enthält. Nach dem Spülen wird die diazotierte Probe mit einer Lösung des Entwicklers ONL behandelt; dabei entsteht eine neue Färbung, deren Nuance gewöhnlich nicht mit dem ursprünglichen Farbton übereinstimmt.

[20] Zum Nachweis von *Nickel* wird ein Teil der Färbung verascht. Der Rückstand wird mit einigen Tropfen konz. Salzsäure versetzt und dann mit überschüssigem Ammoniak. Nach Zusatz einiger Tropfen Dimethylglyoxim zeigt ein erdbeerroter Niederschlag Nickel an.

[21] Um zwischen Indanthrenblau- und Indigo-Farbstoffen zu unterscheiden, betupft man eine Probe der Färbung mit konzentrierter Salpetersäure. Indanthrenblau- und Indigo-Färbungen ergeben einen gelb-grün-weißen Farbton-Umschlag. Bringt man auf diese Probe dann einige Tropfen einer Reduktionslösung, die aus gleichen Teilen Zinn(II)-chlorid, konz. Salzsäure und Wasser besteht, dann kehrt der Blauton bei einer Indanthrenblau-Färbung zurück, während der ursprüngliche Farbton bei einer Indigo-Färbung nicht wieder zurückkehrt.

Eine weitere Unterscheidungsmöglichkeit besteht darin, daß Indigo-Färbungen eine gelbe, Indanthrenblau-Färbungen eine blaue Küpe bilden (vergl. hierzu [4] und [5]).

[22] Durch eine Behandlung mit einer blinden Küpe bei 60 °C (vergl. [4] und [5]) löst sich der Naphtholfarbstoff fast vollständig von dem Fasermaterial herunter; die Faserprobe wird dabei nahezu weiß, die Lösung dagegen bleibt farbig. Bei einer Reoxydation der Faserprobe (vergl. [4] und [6]) verändert sich der Farbton nicht; in einigen Fällen wird die Faserprobe allerdings vollkommen farblos. Versetzt man die Küpenlösung mit Wasserstoffperoxyd, dann verändert sich bei verschiedenen Echtfärbesalzen der Farbton der Lösung etwas, kommt aber nicht in dem Originalfarbton der Färbung zurück.

Gelbnaphthole werden gesondert behandelt, und zwar mit einer heißen blinden Küpe. Dabei verändert sich der Farbton der Faserprobe nicht, und die Küpenlösung bleibt ungefärbt.

[23] Etwas Untersuchungsmaterial wird 5 Minuten in 2 n-Natronlauge und Alkohol (im Verhältnis 1 : 2 gemischt) gekocht. Dann setzt man der heißen Lösung etwas Hydrosulfit C konz. zu und kocht nochmals kurz auf. Wenn ein Naphtholfarbstoff vorliegt, dann fluoresciert die Lösung im UV-Licht.

[24] Einige wenige Gelbnaphthole – besonders wenn sie in hellen Nuancen vorliegen – färben den heißen Eisessig nicht bzw. kaum merklich an. Auf Grund des Farbtones ist aber eine Verwechselung mit den blauen bis grünen Phthalocyaninfarbstoffen nicht möglich.

[25] Die *Paraffinprobe* wird vorteilhaft in einem weißen Porzellantiegel durchgeführt. Etwas Paraffin wird bis zum Auftreten schwacher Dämpfe erwärmt. Einige Fäden der Färbung werden etwa 1 Min. in das geschmolzene Paraffin gehalten und wieder herausgenommen. Nach dem Erkalten ist eine Anfärbung des Paraffins auf dem weißen Porzellangrund gut zu erkennen. Bei Färbungen auf Polyacrylnitril-Faserstoffen darf das Paraffin nicht zu heiß sein; die Faser darf sich nicht deformieren.

[26] Um *Kobalt* nachzuweisen, wird Phosphorsalz [Natrium-Ammoniumphosphat, $NaH(NH_4)PO_4$] am Magnesiastäbchen zu einer Perle geschmolzen. Ein Teil der Färbung wird dann in der Perle verascht. Blaufärbung zeigt Kobalt an.

[27] Die meisten nachchromierten Färbungen lassen sich überhaupt nicht abziehen. Diese Tatsache kann schon als Hinweis dienen.

[28] Auch Intraminorange R färbt die Testlösung stark an. Es färbt aber in der nachfolgenden „Bestätigung“ Acetatfasern nicht an.

[29] Der Farbstoff wird so weit wie möglich (evtl. warm) mit einer 30%igen Essigsäure bzw. auf nicht säureempfindlichen Fasern mit Eisessig abgezogen. Die kalte Farbstofflösung wird mit Äther ausgeschüttelt. Nach einiger Zeit trennen sich die Schichten. Ein Dispersionsfarbstoff läßt sich in Äther ausschütteln, ein diazotierter und entwickelter Dispersionsfarbstoff bleibt in der sauren Lösung. Die Lösungsmittel werden getrennt und abge-

dampft. Der zurückgebliebene Farbstoff wird durch kräftiges Schütteln in Wasser dispergiert; in der neutralen Dispersion werden Acetatfaserstoffe gefärbt. Ein diazotierter und entwickelter Dispersionsfarbstoff färbt Acetatfaserstoffe nicht an.

[30] Zum Nachweis eines diazotierten und entwickelten Dispersionsfarbstoffes (Cellitazole) wird von einer neuen Probe der Farbstoff mit 30%iger Essigsäure abgezogen. In diese saure Lösung gibt man etwas Zinkpulver und erhitzt. Überschüssiges Zinkpulver wird abfiltriert und gelöstes Zinksalz mit Kaliumferrocyanid ausgefällt. Nach dem Filtrieren wird die Lösung mit Natriumacetat abgestumpft; sie muß aber schwach sauer bleiben (etwa p_H 6). Gibt man ein gelöstes Echtfärbesalz hinzu, dann bildet sich ein neuer Farbstoff.

[31] Ein Farbmuster wird so weit wie möglich mit Ameisensäure konz. abgezogen. Nach dem Verdünnen (1:6) wird in dieser Lösung eine Polyacrylnitril-Faser (zweckmäßig *Dralon*, S. [8]) gefärbt. Es wird gut gespült.

7. Nachweis von Beizen und anderen Substanzen auf der Faser

Die zumeist vorkommenden *mineralischen Beizen* werden nach *Veraschung* der Probe im Porzellantiegel nachgewiesen. Der Aschengehalt reiner Fasern beträgt selten mehr als 1%, in der Regel etwa 0,5%. Größere Aschenmengen können von Beizen oder Appreturen herrühren, bei Naturseide auch von der Erschwerung [s. 8.]. Aus der *Farbe der Asche* sind oft schon ihre Hauptbestandteile zu erkennen: weiße Asche fällt an bei Anwesenheit von Kieselsäure- oder Tonerdeverbindungen, gelbe Asche in der Hitze (beim Abkühlen weiß werdend) von Zinnbeizen, gelbe bis rötlichbraune von Eisenbeizen, grüne von Chrombeizen (bei leichten Nachchromierungen ist oft kein grünlicher Farbton der Asche bemerkbar!), bräunlichschwarze von Kupfer- und Manganbeizen. Eine genaue Untersuchung der Asche nach den folgenden analytischen Verfahren bleibt trotzdem zumeist nötig, zumal bei Mischbeizen und bei geringen Mengen eines gefärbten Anteiles in der Asche die Farbe nicht immer verläßlich ist.

Aluminium. Man benetzt die Asche mit wenigen Tropfen konz. Salzsäure, verdünnt mit 2 bis 3 cm³ Wasser, mischt gut durch, filtriert durch ein kleines Filter und gibt zu dem klaren Filtrat etwas Ammoniak im Überschuß zu. Bei Gegenwart von Aluminium scheidet sich in kurzer Zeit Aluminiumhydrat in weißen Flocken ab, die sich in 2 bis 3 Std. zu Boden setzen und nach Zusatz von konz. Natronlauge in Lösung gehen.

Antimon. Man verascht die Probe unter Zusatz von Kaliumnitrat und behandelt die Schmelze mit Salzsäure. Aus nicht zu sauren Lösungen fällt Schwefelwasserstoff orangerotes Antimontri- bzw. -pentasulfid. – Da Zink aus Antimonverbindungen metallisches Antimon fällt, kann man auch die Asche unmittelbar mit etwas Zinkstaub auf einem Platinblech mischen und mit verd. Salzsäure befeuchten. Antimon liefert sofort einen schwarzen Fleck auf dem Platinblech.

Cadmium. Die Faserprobe wird mit 2n-Salpetersäure ausgezogen und der Auszug zur Trockne eingedampft. Den Trockenrückstand nimmt man mit etwas Salzsäure (1,12) auf. Die salzsaure Lösung wird mit festem Natriumacetat versetzt. Einen Tropfen dieser Lösung bringt man auf ein Fließpapier, das vorher mit gesättigter alkoholischer Diphenylcarbazidlösung getränkt wurde, und dann 1 bis 2 Sekunden über Ammoniak gehalten. Blauviolettfärbung zeigt die Anwesenheit von Cadmium an[1].

Chrom. Alle Chromverbindungen färben die Borax- oder Phosphorsalzperle sowohl in der Oxydations- als auch in der Reduktionsflamme smaragdgrün. Nach Glühen der Faserprobe in einem Porzellantiegel mit der 5fachen Menge eines Gemisches von Soda und Salpeter geben alle Chromverbindungen eine gelbe Schmelze. Löst man die Schmelze in Wasser (evtl. vorhandenes Eisen bleibt ungelöst und kann durch Filtration getrennt werden), säuert mit Essigsäure an und versetzt mit Silbernitratlösung, so entsteht rotbraunes Silberchromat (sehr empfindliche Reaktion).

Eisen. Man löst die Asche in wenig konz. Salzsäure, verdünnt mit 2 bis 3 cm^3 Wasser und versetzt mit Kaliumrhodanidlösung. Durch Bildung von Ferrirhodanid entsteht eine blutrote Färbung (die Farbe ist mit Äther ausschüttelbar). – Kaliumferrocyanid erzeugt mit neutralen oder sauren Ferrisalzlösungen eine intensiv blaue Fällung oder Färbung von Berlinerblau, das durch Natronlauge zersetzt und durch erneutes Ansäuern wieder gebildet wird. – Eine sehr empfindliche Tüpfelreaktion erfolgt mit α,α'-Dipyridil, das in mineralsaurer Lösung eine tiefrote Färbung hervorbringt; allerdings muß das Eisen in zweiwertiger Form vorliegen, was gegebenenfalls eine vorangehende Reduktion erforderlich macht. Die Färbung wird durchweg auch durch andere Metalle nicht beeinträchtigt[2].

Kieselsäure. Die stark ausgeglühte Asche wird in der Phosphorsalzperle erhitzt, wobei sich die Metalloxyde lösen, während die Kieselsäure ungelöst bleibt (weiße gallertige, in der Perle suspendierte Masse: Kieselsäureskelett).

Kupfer. Man löst die Asche in wenig verd. Salpetersäure, dampft die Lösung bis zur Trockne ein, löst das Salz in Wasser und gibt vorsichtig tropfenweise verd. Ammoniak zu. Bei nennenswerten Mengen Kupfer entsteht erst ein hellgrüner Niederschlag von basischem Salz, der sich nach weiterem Ammoniakzusatz bis zum Überschuß mit azurblauer Farbe als Kupfer-Ammoniakverbindung löst. Bei Anwesenheit nur geringer Mengen von Kupfer bildet sich gleich die blaue Lösung.

Für die Erkennung von *Spuren* von Kupfer (unter 0,1 mg in 100 cm^3 – sonst ist die Färbung wolkig und nicht mehr exakt bestimmbar), wie sie z.B. in gummierten Stoffen, als Kautschukgift, nachgewiesen wer-

[1] Feigl, F., und F. Neuber: Z. analyt. Chemie **62** (1923), 378.
[2] Z. analyt. Chemie **86** (1931), 7; bzw. **90** (1932), 199.

den müssen, ist Natriumdiäthyldithiocarbamat verwendbar (0,1 g in 100 cm³ Wasser gelöst), das auch noch bei 0,01 mg Kupfer in 100 cm³ Lösung eine deutliche Braunfärbung erzeugt. Da bei der Erkennung derartig kleiner Mengen das vollständige Erfassen des gesamten Kupfers besonders wichtig ist und bei der Veraschung, besonders von gummierten Proben, leicht Fehler entstehen können, ist für diesen Nachweis zumeist ein nasser Säureaufschluß nötig. Man ziehe für dessen Durchführung die Originalarbeiten von Kehren[1] heran.

Mangan. Kautschukgift wie Kupfer! Man kocht die Probe in schwefelsaurer Lösung nach Zusatz von etwas Silbernitratlösung mit Ammoniumpersulfat. Das Mangan wird zu rotvioletter Permangansäure oxydiert. – Siehe auch die Originalarbeiten von Kehren[1].

Nickel. Man löst die Asche in Salzsäure (1,12), macht mit Ammoniak alkalisch, versetzt mit festem Dimethylglyoxim, erwärmt etwas und läßt abkühlen. Bei Gegenwart von Nickel entstehen rote Nadelbüschel von Nickeldimethylglyoxim, die – unter dem Polarisationsmikroskop betrachtet – einen charakteristischen Dichroismus [s. Gruppe M, spezielle Untersuchungen a)] von rotviolett zu braungelb zeigen.

Titan. Nachweise s. unter 4.

Zinn. Man mischt die Asche der Fasern gut mit Natriumsuperoxyd (pro anal.) durch und schmilzt am Platindraht etwa 10 Min. Dann wird die Perle mit Salzsäure (1,19) behandelt und die Lösung mit Rubidiumchlorid versetzt. Bei Anwesenheit von Zinn bilden sich charakteristische Oktaeder oder Tetraeder mit abgestumpften Ecken (mikroskopisch zu prüfen[2]).

Weitere Nachweise s. unter 8.

Nachweis von Tanninbeize (Gerbsäurebeize) ist bei hellen Färbungen z.T. schon möglich durch direktes Betupfen der Ware mit Ferrichloridlösung, wonach eine Verdunklung der Farbe eintritt, die durch Salzsäure wieder beseitigt werden kann. Sonst legt man die Probe in kalte n-Kalilauge für 5 Min. ein und versetzt den neutralisierten Auszug mit Ferrisalzlösung. Auch kann man vorsichtig mit verd. Salzsäure behandeln, mit Äther extrahieren und den Ätherrückstand mit Ferrisalzlösung prüfen.

Nach Haller[3] versetzt man eine mit reduzierbaren, z.B. basischen Farbstoffen mit Hilfe von Tannin gefärbte oder bedruckte Probe mit verd. Titanchloridlösung und erhitzt bis zum Kochen. Hierdurch wird der Farbstoff reduziert und an Stelle der ursprünglichen Färbung tritt die orangefarbene des Titantannats, wobei die frühere Färbung der Probe beim Waschen mehr oder weniger regeneriert werden kann. Auch bei den schwer oder gar nicht ätzbaren Phthaleïnen ist die Anwesenheit von Tannin nach der Behandlung mit Titanchloridlösung unzweideutig an dem sich nach Orange verändernden Farbton der Färbung zu erkennen.

---

[1] Kehren, M.: Melliand Textilber. **17** (1936), 578–580; **18** (1937), 313–315; **20** (1939), 213–214; s. a. Hiltner: Z. anal. Chemie **76** (1937), 110 und 241.

[2] Herzog, A.: Melliand Textilber. **18** (1937), 77–84.

[3] Haller, R.: Chemiker-Ztg. **41** (1917), 859.

Kalkseife s. diese Gruppe, 4. (ε).

(Weißlich-graue) **Zinkseifenflecken** auf Wäschestücken prüft man nach Kehren[1] wie folgt: Man löst 1 g Diphenylamin in 60 cm³ 96%igem Alkohol und füllt mit 10%iger Essigsäure auf 100 cm³ auf. Etwaige Trübung wird mit etwas Alkohol wieder beseitigt. Betupft man Zinkseifenflecke mit dieser Lösung und anschließend mit 0,5%iger Kaliumferricyanidlösung, so tritt bei Gegenwart von Zink sofort eine violette bis schwarze Färbung oder Umrandung der Flecke auf. Durch einfaches Spülen mit Wasser, kurze Behandlung mit 10%igem Ammoniak und nochmaliges Spülen erfolgt wieder Entfärbung. – Die Reaktion ist sehr empfindlich und wird durch Kalkseifen und Eisenoxydflecke (die leicht zu erkennen sind) nicht gestört.

Nachweis von Fetten, Wachsen und Harzen s. unter 4. (δ), von Ölschlichten unter 5.

8. Nachweis von Erschwerungsmitteln auf Naturseide

Über Einzelheiten für die Prüfung sowie die *quantitative Bestimmung* der Seidenerschwerung unterrichte man sich in Berl-Lunge[2] sowie bei Heermann-Agster[3]. Die *mikrochemischen* Reaktionen auf die in Frage kommenden Erschwerungsmittel beschreibt A. Herzog[4].

Für die *qualitative Prüfung* führe man zuerst die *Brennprobe* durch. Die Farbe der bei *mineralischer Erschwerung* als *Skelett* zurückbleibenden Asche ermöglicht allgemeine Schlüsse über die Art der Erschwerung [s. Gruppe U, Abschnitt 1.]. Bei organischer Erschwerung, z.B. mit Gerbstoff, verbleiben nach dem Anbrennen nur Spuren von Asche ohne Faserskelett.

Untersuchung der mineralischen Bestandteile

Weiße Asche schmilzt man 10 Min. im Nickel- oder Silbertiegel mit der 4- bis 6fachen Menge von reinem Natriumsuperoxyd, löst nach dem Erkalten in heißem Wasser, säuert mit Salzsäure (1,12) an und teilt die Lösung in zwei Teile.

a) Im ersten Teil der Lösung fällt man das *Zinn* mit Schwefelwasserstoff. Vom entstandenen gelben Zinnsulfid filtriert man ab, dampft das Filtrat mit Salzsäure ein, nimmt den Rückstand mit Wasser auf, filtriert nochmals, setzt Kalilauge in geringem Überschuß zu und versetzt die klare Lösung (allenfalls erneut filtrieren!) mit Ammoniumchlorid im Überschuß, wobei *Tonerdehydrat* als weißer, flockiger Niederschlag ausfällt. Im Filtrat der Tonerde bestimmt man die *Phosphorsäure*, z.B. durch Fällung mit Magnesiatinktur in stark ammoniakalischer Lösung (5,5 g Magnesiumchlorid und 7 g Ammoniumchlorid in 75 cm³ Wasser lösen und mit Ammoniaklösung 0,960 = 16 °Bé auf 100 cm³ auffüllen).

[1] Kehren, M.: Melliand Textilber. **9** (1928), 687–692.

[2] Berl-Lunge: Chemisch-technische Untersuchungsmethoden, 8. Aufl., V. Bd. (Beitrag A. Herzog), S. 689–699. Berlin: Springer 1934.

[3] Heermann/Agster: Färberei- und textilchemische Untersuchungen. 9. Aufl., S. 379–384. Berlin/Göttingen/Heidelberg: Springer 1956.

[4] Herzog, A.: Die mikroskopische Untersuchung der Seide und der Kunstseide, S. 112–119. Berlin: Springer 1924.

b) Den zweiten Teil der Lösung dampft man mehrmals mit konz. Salzsäure in der Platinschale auf dem Wasserbad zur Trockne, trocknet im Trockenschrank bei 105 °C nach, zieht den Rückstand mit Salzsäure aus und filtriert. *Kieselsäure* (von verwendetem Wasserglas stammend) bleibt als farbloser, körniger bis sandiger Rückstand zurück.

Zinn allein kann in weißen oder farbigen Seiden rasch nachgewiesen werden, indem man die Probe direkt mit Natriumsulfidlösung auskocht und den Auszug mit Salzsäure ansäuert, wobei das Zinn als gelbes Zinnsulfid ausfällt. Bei schwarzen Seiden verwende man statt der Probe selbst deren Asche!

Gelbe bis braune Aschen von Schwarzfärbungen kocht man kurze Zeit im Reagenzglas mit konz. Salzsäure, verdünnt, filtriert vom Ungelösten ab und prüft das Filtrat z.B. mit Kaliumferrocyanidlösung auf *Eisen* (Berlinerblau-Reaktion). *Zinn* wird wie unter a) nachgewiesen. Tritt bei der Behandlung mit Schwefelwasserstoff ein schwarzer Niederschlag von Bleisulfid auf (Soupleschwarz mit *Blei*erschwerung), so läßt sich das Zinnsulfid durch Aufkochen mit Schwefelnatriumlösung trennen, in welcher Bleisulfid unlöslich ist. Die filtrierte Lösung wird mit Salzsäure angesäuert, wobei das Zinn als gelbes Sulfid wieder ausfällt.

Blauholzerschwerung wird durch Behandlung der Probe mit verd. heißer Schwefelsäure erkannt, wobei eine gelbrote bis tief blutrote Farblösung entsteht, die auf Zusatz von Alkali nach violett umschlägt.

Unterscheidung von *Katechu- und Blauholzerschwerung* (Monopolschwarz) erfolgt nach Ley, indem man die Probe mit 10%iger Salzsäure 1 Std. kalt abzieht, den Säureauszug sofort mit dem doppelten Volumen 8%iger Aluminiumacetatlösung versetzt und auf 10 cm³ der Lösung 10 Tropfen einer 15%igen Ferrichloridlösung zufügt. War für die Erschwerung im wesentlichen Katechu verwendet worden und Blauholz nur zum Überfärben, so bleibt das Gemisch gelb; war hingegen hauptsächlich mit Blauholzextrakt erschwert, so wird das Gemisch grün.

Unterscheidung von *Monopolschwarz- und Eisengerbstofferschwerung* nach Weyrich: Probe zuerst 1 Std. in kalte 10%ige Salzsäure einlegen, spülen und dann 5 Min. in kalte n-Kalilauge einlegen. Ein Teil des Kalilaugeauszuges wird mit Salzsäure angesäuert und der entstandene schwarzviolette Niederschlag mit konz. Salzsäure zu einer roten Flüssigkeit gelöst. Diese wird aufgekocht, filtriert und das Filtrat mit einigen Tropfen Formaldehyd versetzt und aufgekocht. Bei Monopolschwarzerschwerung entsteht eine Trübung oder ein flockiger Niederschlag, während Eisengerbstofferschwerung keine Fällung ergibt.

9. Feststellung der Appreturmittel am Textilgut

Bestimmung der Appretur*menge* s. Gruppe H, 1., b).

Abtrennung und Bestimmung der einzelnen Appreturmittel

Hierfür sind verschiedene Analysengänge vorgeschlagen worden, so früher von Massot[1] und von Herbig[2] (heute unbrauchbar).

[1] Massot: Anleitung zur qualitativen Appretur- und Schlichteanalyse. Berlin 1911.
[2] Herbig, W.: Melliand Textilber. **9** (1928), 59—62.

Neuere Schlüssel stammen von Goldstein[1], Rath, mit Nawrath und Schönpflug[2], Hermann-Agster[3], Krammes und Maresh[4].

Hier sind zwei Bestimmungsschlüssel aus der amerikanischen bzw. englischen Literatur wiedergegeben, die sich durch ihre Vielseitigkeit auszeichnen, jeder für sich aber andere Wege gehen und sich deshalb z.T. überschneiden, z.T. ergänzen. Je nach Art der Ausrüstung ist daher dem ersten oder dem zweiten Schlüssel der Vorzug zu geben. – Voraussetzung für erfolgreiche Anwendung der Analysenschlüssel ist entsprechende Erfahrung!

a) Systematischer Bestimmungsschlüssel für organische Appreturmittel nach Skinkle[5]

(Nicht berücksichtigt sind die meisten Antiseptika und schimmel- bzw. fäulnisverhütenden Mittel, da diese nur in sehr geringen Mengen auf der Faser vorhanden sind.)

In Anbetracht der nur qualitativen Bestimmungen kann an Stelle des Extrahierens mit dem Soxhletapparat zwecks Zeitersparnis eine einfachere Arbeitsweise angewendet werden. Aus dem zu untersuchenden Gewebe schneidet man Scheiben von solcher Größe heraus, daß sie gerade die Bodenfläche eines 400 cm³-Becherglases bedecken, und verwendet soviel Scheiben, daß 3 bis 5 g Probematerial zur Prüfung kommen. Nach Einlegen in das Becherglas und Zugießen des jeweiligen Extraktionsmittels gemäß nachstehenden Verfahren A bis D setzt man einen 200 cm³-Rundkolben, dem laufend Kühlwasser zugeführt wird, dichtend auf. Sodann wird bis zum Kochen erhitzt und 5 Min. gekocht. Nach Abgießen der Lösung in eine Porzellanschale wird nochmals die gleiche Menge des Extraktionsmittels in das Becherglas gegeben und die Extraktion wiederholt (diese Lösung als Reserve zur Seite stellen). Hiernach werden die Proben herausgenommen und vor dem nächsten Extraktionsverfahren auf Uhrgläsern, evtl. im Trockenschrank bei mäßiger Temperatur trocknen gelassen. – Alle Untersuchungen müssen in der angegebenen Reihenfolge durchgeführt werden, da jede Prüfung voraussetzt, daß bestimmte Körper vorher eliminiert worden sind.

A. Extraktion mit 50 cm³ Tetrachlorkohlenstoff:

1. Lösung in der Porzellanschale bis zur Trockne eindampfen.
   a) Kein Rückstand .... siehe B
   b) Fließender Rückstand .... *Öle*
   c) Fester Rückstand .... siehe 2

[1] Goldstein, H. B.: Amer. Dyestuff Rep. **36** (1947), 625.
[2] Rath, H., G. Nawrath und E. Schönpflug: Melliand Textilber. **33** (1952), 636—639; s. auch Textil-Praxis **7** (1952), 897—902 sowie 975.
[3] Heermann/Agster: Färberei- und textilchemische Untersuchungen, 9. Aufl., S. 257—268. Berlin/Göttingen/Heidelberg: Springer 1956.
[4] Krammes und Maresh: Amer. Dyestuff Rep. **42** (1953), 317.
[5] Skinkle, J. H.: Amer. Dyestuff Rep. **35** (1946), 449—452.

2. Festen Rückstand mit Aceton behandeln, evtl. unter Anwärmung.
   a) Rückstand bleibt ungelöst .... *Polystyrol*
   b) Rückstand gelöst .... siehe 3
3. Lösung 2 b) bis zur Trockne eindampfen. Zu einem Teil des Rückstandes einige cm^3 10%ige Kalilauge zufügen, mehrere Minuten kochen, filtrieren, mit konz. Salzsäure ansäuern, bis zum Kochen erhitzen, dann abkühlen lassen.
   a) Suspension oder Niederschlag .... *Stearamide*
   b) Keine Suspension .... siehe 4
4. Rest des Rückstandes von 3 mit Petroläther behandeln.
   a) Rückstand gelöst .... *Wachse*
   b) Rückstand bleibt ungelöst .... siehe 5
5. Zum Rückstand von 4 einige Tropfen konz. Salzsäure und 1 cm^3 Wasser zufügen, 10 Min. erwärmen, in ein Reagenzglas geben und filtrieren, wenn die Lösung nicht klar ist. Einige Tropfen einer 5%igen Lanthannitratlösung zugeben, sodann einen Tropfen einer verd. Jodlösung (0,1 g Jod und 2 g Kaliumjodid in 50 cm^3 Wasser gelöst), schließlich mit einigen Tropfen konz. Ammoniak alkalisch machen.
   a) Braune oder blaue Färbung .... *Polyvinylacetat*
   b) Lösung ungefärbt .... *Äthylcellulose*

B. Extraktion mit 50 cm³ 95%igem Äthylalkohol (gleiche Proben wie für A!):

1. a) Zu einigen cm^3 der Lösung B gibt man in einem Reagenzglas die gleiche Menge konz. Salzsäure und verdoppelt das Volumen durch Zugabe von dest. Wasser.
   b) Zu einigen cm^3 der Lösung B gibt man in einem weiteren Reagenzglas die gleiche Menge 10%ig. Kalilauge u. verdoppelt das Volumen durch Zugabe von dest. Wasser.
   Wenn 1 b) merklich trüber ist als 1 a) ..... *kationaktive Weichmacher*
   Wenn 1 a) merklich trüber ist als 1 b) .... siehe 2
2. Lösung 1 a) kochen, filtrieren, abkühlen und 1 bis 2 Tropfen einer 10%igen Bariumchloridlösung zufügen.
   a) Kein Niederschlag .... *Seifen*
   b) Niederschlag .... *sulfonierte Öle*, Fettalkoholsulfonate (s. 3)

3. Rest der unter 1 nicht verbrauchten Lösung B bis zur Trockne eindampfen.
   a) Kein Rückstand .... siehe C
   b) Rückstand .... siehe 4
4. Rückstand von 3 in kochendem Wasser lösen, filtrieren und abkühlen. Zu etwa einem Drittel der Lösung 10%ige Bariumchloridlösung zugeben.
   a) Niederschlag .... *Fettalkoholsulfonate*
   b) Kein Niederschlag .... siehe 5
5. Zum zweiten Drittel der Lösung von 4 ein bis zwei Tropfen konz. Salzsäure und einen Tropfen 10%iger Ferrichloridlösung zugeben.
   a) Grüne, blaue oder violette Färbung ... *Phenol, Kresol*
   b) Nicht so .... siehe 6
6. Zum letzten Drittel der Lösung von 4 einige Kristalle Kaliumbisulfat zugeben, zur Trockne eindampfen und Rückstand erhitzen.
   a) Geruch nach Acroleïn .... *Glycerin*
   b) Geruch nach Acetaldehyd .... *Glykol*

C. Extraktion mit 50 cm³ dest. Wasser (gleiche Proben wie für A und B!):

1. Wenn die Lösung nicht klar ist, filtrieren.
   Rückstand .... *China clay* oder andere mineralische Erschwerung
   Die Hälfte der Lösung zur Trockne eindampfen.
   a) Kein Rückstand .... siehe D
   b) Rückstand .... siehe 2
2. Zu einigen cm³ der anderen Hälfte der Lösung mehrere Tropfen verd. Jodlösung (s. A 5) zugeben.
   a) Blaue Färbung .... *Stärke*
   b) Rote oder Purpurfärbung .... *Dextrin*
   c) Nicht so .... siehe 3
3. Zu einigen weiteren cm³ der anderen Hälfte der Lösung einige Tropfen basischer Bleiacetatlösung zugeben und die Mischung 10 Min. stehenlassen.
   (Basische Bleiacetatlösung wird hergestellt, indem 30 g Bleiacetat, 10 g Bleioxyd und 5 cm³ Wasser auf dem Wasserbad gerührt werden bis zum Weißwerden. Dann werden

100 cm³ Wasser eingerührt, und das Reagenz wird nach dem Absitzen filtriert. – Nicht haltbar, daher stets frisch zu bereiten!)
a) Niederschlag oder merkliche Trübung . *Gummis, Moose, Albumin*
b) Nicht so .... siehe 4

4. Man erhitze eine Mischung von je 5 cm³ der Fehling-Ansätze I und II [s. Gruppe S, 1d, β) bis zum Kochen, füge einige Tropfen des Restes der Lösung C hinzu und koche einige Minuten.
a) Gelbe, orange oder rote Färbung ...... *Glucose*
b) Nicht so .... siehe 5

5. Zu einigen weiteren cm³ des Restes der Lösung C einige Tropfen konz. Salzsäure zufügen, bis zum Kochen erhitzen und mehrere Minuten kochen, dann einige Tropfen dieser Lösung zu kochender Fehlingscher Lösung wie unter 4 zugeben (diese Prüfung ist auszulassen, wenn bei 2 Stärke oder Dextrin gefunden wurde).
a) Gelbe, orange oder rote Färbung ...... *Rohrzucker*
b) Nicht so .... siehe 6

6. Zu weiteren 5 cm³ des Restes der Lösung C füge man einen Tropfen konz. Schwefelsäure zu und einen Tropfen einer 3%igen Formaldehydlösung. In einem zweiten Reagenzglas gebe man zu 2 cm³ konz. Schwefelsäure einen Tropfen einer 10%igen Ferrichloridlösung. Nun gieße man die Formaldehydlösung ruhig auf die Ferrichloridlösung ohne zu vermischen.
a) Bildung eines violetten Ringes .... *Caseïn*
b) Nicht so .... siehe 7

7. Zu je einigen weiteren cm³ des Restes der Lösung C füge man entweder
a) 10%ige Kalilauge zu, erhitze vorsichtig und prüfe die Dämpfe mit feuchtem Lackmuspapier; oder füge
b) ein gleiches Volumen einer 5%igen Mercurichloridlösung zu.

Blaue Farbe bei a) bzw. Niederschlag bei b) *Ammoniumsulfamat*
Kein Befund bei den Prüfungen 2 bis 7 .. siehe 8

8. War ein Rückstand bei 1 gefunden worden, blieben hingegen die folgenden Prüfungen negativ, so liegt wahrscheinlich vor ...... *Methylcellulose* oder *Gelatine*

D. Extraktion mit 50 cm³ Dioxan (gleiche Proben wie für A bis C!):

1. Lösung in Porzellanschale bis zur Trockne eindampfen.
   a) Kein Rückstand .... siehe E
   b) Rückstand .... siehe 2
   (Celluloseacetat oder Polyvinylverbindungen können auch von den entsprechenden Faserstoffen und nicht von Appreturen her anwesend sein!)
2. Rückstand mit Toluol behandeln, evtl. unter Erhitzung.
   a) Rückstand gelöst .... *Polyacrylate*
   b) Rückstand bleibt ungelöst .... siehe 3
3. Man erhitze (nach Skinkle) eine kleine Menge des Rückstandes 2b mit 5 cm³ Wasser und einem Tropfen konz. Schwefelsäure, kühle auf Raumtemperatur ab, füge einige Tropfen Carbazolreagenz hinzu (0,5%ige Lösung von Carbazol in 95%igem Äthylalkohol), sodann noch 1 bis 2 cm³ konz. Schwefelsäure.
   a) Blaue Färbung .... *Phenol-Formaldehyd-Kunstharz*
   b) Keine Blaufärbung .... siehe 4
4. Rest des Rückstandes von 2b mit Eisessig behandeln, evtl. unter Erwärmung.
   a) Rückstand gelöst .... siehe 5
   b) Rückstand bleibt ungelöst .... siehe 8
5. Lösung 4a bis zur Trockne eindampfen und in drei Teile aufteilen. Zu einem Drittel des Rückstandes zweimal soviel festes Phenol und einen Tropfen konz. Schwefelsäure zufügen, bis zum Braunwerden erhitzen, abkühlen lassen, mit Wasser verdünnen und mit 10%iger Kalilauge alkalisch machen.
   a) Rote Färbung .... *Alkydkunstharz*
   b) Nicht so .... siehe 6
6. Zum zweiten Drittel des Rückstandes einen Tropfen Diphenylaminlösung zugeben (0,1 g Diphenylamin in 10 cm³ konz. Schwefelsäure gelöst).
   a) Blaue Färbung .... *Cellulosenitrat*
   b) Nicht so .... siehe 7
7. Das letzte Drittel des Rückstandes behandeln, wie unter A 5 beschrieben.
   a) Braune oder blaue Färbung .... *Celluloseacetat*

8. Rückstand 4b mit Pyridin oder Tetrachloräthan behandeln, evtl. unter Erhitzung.
   a) Rückstand gelöst .... *Polyvinylchloridacetat*
   b) Rückstand bleibt ungelöst .... *Polyvinylchlorid*

E. Extraktion mit 50 cm³ Wasser + 2 cm³ konz. Salzsäure
(gleiche Proben wie für A bis D, ohne Wiederholung der Extraktion):

1. 10 cm³ der Lösung zurückbehalten, den Rest bis zur Trockne eindampfen.
   a) Kein Rückstand .... Appreturen der Reihe E abwesend
   b) Rückstand .... siehe 2
2. Zu 5 cm³ der Lösung E füge man 2½ cm³ einer gesättigten Lösung von Pikrinsäure zu.
   a) Niederschlag .... Wasserdichtappreturen auf *Pyridin*basis
   b) Kein Niederschlag .... siehe 3
3. Zu den restlichen 5 cm³ der Lösung E füge man 1 bis 2 Tropfen des Carbazolreagenzes (s. D3) und 1 bis 2 cm³ konz. Schwefelsäure zu.
   a) Blaue Färbung .... siehe 4
   b) Keine Blaufärbung .... *Vinylidenkunstharz*
4. Etwa ein Drittel des Rückstandes von 1 in 5 cm³ Wasser auflösen, dem 1 bis 2 Tropfen konz. Schwefelsäure zugegeben wurden, und wie unter C6 beschrieben prüfen.
   a) Bildung eines violetten Ringes .... *Caseïn-Formaldehyd*
   b) Nicht so .... siehe 5
5. Rest des Rückstandes von 1 mit Eisessig behandeln, evt. unter Erwärmung.
   a) Rückstand gelöst .... *Harnstoff-Formaldehyd-Kunstharz*
   b) Rückstand ungelöst .... *Melamin-Formaldehyd-Kunstharz*

b) Schema zur Feststellung der verschiedenen Appreturmittel auf der Faser nach Giles und Waters[1]

(Der Schlüssel bezieht sich vorerst auf Materialien aus nativer oder regenerierter Cellulose, ist aber auch für solche aus Celluloseacetat, Polyamiden u.a., sowie für die Kunstharze in Substanz brauchbar. Er behandelt die normalen Appreturen, ferner Knitterfrei-, Wasserabstoßend-, Flammhemmend- und Verrottungsfest-Ausrüstungen einschließlich Beschichtungen. Die beschriebenen Reaktionen sprechen

[1] Giles, C. H., und E. Waters: J. Textile Inst. **42** (1951), P 909— P 932. Eigene Übersetzung; Wiedergabe mit Zustimmung der Autoren.

schon auf die geringsten Mengen der Appreturen an, die normalerweise angewendet werden, und erfordern nur sehr wenig Material zur Untersuchung, z. B. einige Stückchen Garn oder etwa 5 cm^2 Gewebe).

Hierzu Vorprüfungen Teste A bis H (S. 172 bis 175), Tafeln I bis IX (S. 178 bis 186), Einzelnachweise Teste 1 bis 11 (S. 187 bis 196).

Arbeitsweise für die Feststellung der Appret-Auf- bzw. Einlagerung

Bestimme die Art der im Gewebe vorliegenden Faserstoffe (Kette und Schuß getrennt!) entsprechend Vorprüfungen unter A.

Beurteile den auftretenden Geruch beim Erhitzungstest nach B.

Prüfe auf Stärke bzw. Dextrin und Öle gemäß Vorprüfungen Test C.

Extrahiere eine Gewebeprobe im Soxhlet-Apparat 3 Std. mit Äther, um die Weichmacher zu entfernen, falls die Anwesenheit eines Kunstharzes zu vermuten ist.

Arbeite nach dem Bestimmungsschlüssel Tafel I, falls das Gewebe verrottungsfest oder schimmelverhütend appretiert zu sein scheint.

Prüfe auf flammenhemmende oder feuerbeständige Appretur gemäß Vorprüfungen Test D. Ist der Test positiv, arbeite nach Bestimmungsschlüssel Tafel II.

Prüfe auf wasserabweisende Eigenschaften gemäß Vorprüfungen Test E. Ist der Test positiv, arbeite nach Bestimmungsschlüssel Tafel III.

Prüfe auf Stickstoff (Vorprüfungen Test F) und Chlor (Vorprüfungen Test G) sowie auf Löslichkeit der Fasern in Kupferoxydammoniak Vorprüfungen Test H). Auf Grund des Ergebnisses dieser Teste arbeite sodann nach dem zutreffenden Bestimmungsschlüssel (Tafeln IV bis IX).

Vorprüfungen zur Feststellung der Appretur-Gruppen:

A. *Feststellung des vorliegenden Fasermaterials* mit Hilfe des Mikroskopes (mercerisierte Baumwolle und Regeneratcellulosefaserstoffe reagieren bei einigen Färbeproben etwas verschieden gegenüber nichtmercerisierter Baumwolle) – siehe Gruppen E und U.

Beurteilung von Griff und Aussehen als Anhaltspunkte für die Art der Ausrüstung:

weicher Griff ... u.a. langkettige Alkoholdispersionen, wasserabstoßende Appreturen vom Typ Velan PF
steife Ware .... u. a. Casein- oder Gelatine-Formaldehyd-Behandlungen
zäher, sehr dehnbarer Überzug .... Polyäthylen
hochglänzender Überzug .... polymerisiertes Glyptalharz

Farbton bei Verrottungsfest-Appreturen:

schwachgelb .... Nitrophenole
tief gelb .... Nitronaphthole
blau-grün .... gekupferte Ausrüstungen
khaki-farben .... Eisen-Chrom-Behandlungen

B. Erhitzungstest

Erhitze eine trockene Porzellanschale mäßig und presse eine kleine Gewebeprobe dicht auf die heiße Oberfläche der Schale (die Probe darf aber nicht verkohlen!). Prüfe den Geruch der entstehenden Dämpfe ebenso wie den Geruch, der nach dem Anbrennen der Probe und Auslöschen der Flamme auftritt.

Gummilatex, Polyisobutylen oder *Äthylenpolymere* verursachen charakteristische Gerüche, letzterer erinnert an denjenigen heißer Wachskerzen.

Schiebefestappreturen auf Basis saurer *sulfonierter Harze* riechen nach Harz.

*Polyamid*appreturen ergeben einen Geruch, der an Sellerie erinnert.

C. Nachweis von Stärke bzw. Dextrin, löslichen und mineralischen Ölen:

Extrahiere eine Gewebeprobe mit kochendem Wasser, das dann mit Schwefelsäure angesäuert und abgekühlt wird. Füge dem Auszug einige Tropfen Jodlösung zu: *Stärke* ergibt tiefblaue Färbung, die beim Erhitzen verschwindet, beim Abkühlen aber wiederkehrt. *Dextrin* verursacht einen braunen bis purpurnen Farbton des Auszuges. Kalandrierte Stärkeausrüstungen können etwas Dextrin enthalten und ergeben dann eine grünliche Färbung; in solchen Fällen sollte der Test auf Filterpapier ausgeführt werden, um die verschieden gefärbten Zonen, nämlich blau und braun, zu beobachten. Falls die Reaktionsfärbung durch beim Extrahieren ausgebluteten Farbstoff verschleiert wird, ist die Prüfung als Tüpfelprobe auf Filterpapier vorzunehmen.

Der Aminosäure-Nachweis (Einzelnachweise Test 1, S. 187) gibt eine positive Reaktion mit dem konzentrierten wäßrigen Extrakt von Gewebeproben, die *Gelatine* enthalten.

Mineralöl oder *lösliches Öl* (z.B. Türkischrotöl) können zusammen mit Stärke anwesend sein. Um diese zu erkennen, extrahiere mit Äther bzw. etwas heißem Wasser auf Filterpapier und prüfe unter der UV-Lampe. Mineralöl gibt violette Fluorescenz im Ätherauszug, lösliches Öl weiße Fluorescenz im wässerigen Auszug. (Beachte die Möglichkeit, daß Spuren von nicht gekuppeltem Naphthol in Azofärbungen ähnliche Fluorescenz zeigen können!)

D. Nachweis von flammenhemmenden Appreturen

Halte eine Gewebeprobe in kleine Flamme. Flammhemmende oder feuerfeste Beschaffenheit ist vorhanden, wenn das Material nur unmittelbar *in* der Flamme brennt, oder gar nicht.

E. Prüfung auf wasserabweisende Eigenschaften

Als raschen, nicht so strengen Test lasse einen Tropfen kaltes Wasser aus etwa 10 cm Höhe auf das Gewebe fallen und belasse ihn 2 bis 3 Min. dort. Wird das Material dabei nicht offensichtlich naß, so gilt es als wasserabstoßend und wird später nach Tafel III geprüft. [Gewebe aus synthetischen Faserstoffen, denen bekanntlich sehr niedrige Feuchtigkeitsaufnahme-Werte zukommen, wie auch aus Fortisan (vollständig zurückverseifte streckgesponnene Acetatkunstseide) erscheinen bei Anwendung dieses Tests als wasserabweisend, auch wenn sie nicht speziell imprägniert sind. Unter etwas strengeren Prüfbedingungen, z. B. Besprühen des Gewebes durch einen Strahl der Wasserleitung oder Einreiben der Wassertropfen durch die Finger in das Gewebe, werden sie aber naß, während Gewebe, die mit einer üblichen Wachsemulsion oder mit Velan PF o. ä. imprägniert wurden, auch dabei ungenetzt bleiben. Im übrigen verlaufen auch die Reaktionen von Tafel III bei nichtimprägnierten Geweben aus diesen Faserstoffen negativ.]

F. Nachweis von Stickstoff

Hierfür benutze den Test mit geschmolzenem Kalium, das stärker reagiert als Natrium und bei einigen Appreturen deutlicher positive Ergebnisse gibt: Zerkleinere etwa 6 cm² Gewebe und schmelze mit ihm ein kleines Stück Kalium in einem Reagenzglas. Tauche dieses noch rotglühend in etwa 5 cm³ Wasser, filtriere die Flüssigkeit und koche einen Teil davon mit einigen Tropfen verd. Eisen(II)-sulfatlösung. Hierauf gib einen Tropfen Eisen(III)-chloridlösung hinzu, kühle ab und füge tropfenweise Salzsäure zu, bis der entstandene Niederschlag aufgelöst ist. Eine blaue oder grüne Färbung zeigt die Anwesenheit von Stickstoff an. Ist der Ausfall der Reaktion zweifelhaft, so filtriere die Flüssigkeit, da ein blauer oder grüner Niederschlag auf dem Filterpapier sehr viel leichter erkannt wird. Auch kann man in einem solchen Fall die Flüssigkeit mit etwas Äther durchschütteln; ein vorhandener Niederschlag wird dann klar sichtbar werden, wenn die Schichten sich getrennt haben.

Im Fall positiven Ausfalls dieser Reaktion bei gefärbter Ware kann de Stickstoff vom Farbstoff und/oder von der Appretur herrühren. Substantive Baumwollfarbstoffe sind daher vorher durch Einlegen in eine 25%ige wässerige Pyridinlösung während 24 Std. abzuziehen. Unlösliche Azo-, Schwefel- und Küpenfarbstoffe erfordern aber zum Abziehen konzentriertere Pyridinlösungen bei höheren Temperaturen, und hierbei besteht die Gefahr, daß auch die Appretur mit abgezogen wird. Das zweckdienliche Vorgehen in solchen Fällen kann nicht allgemein festgelegt werden, es ist abhängig von einer vorherigen Untersuchung der Art des Farbstoffes und der wahrscheinlichen Konstitution der Appretur, die auf Grund von Vorgeschichte, Aussehen, Griff usw. des Stoffes zu beurteilen ist. Am besten unterscheidet man dann nicht zwischen stickstoffhaltigen und nichtstickstoffhaltigen Appreturen, sondern führt die Untersuchungen gemäß Tafel VI und VII durch.

G. Nachweis von Chlor

Säuere einen Teil des wässerigen Auszuges der Kaliumschmelze (siehe F.) mit Salpetersäure an und gib Silbernitrat zu. Ein weißer Niederschlag zeigt die Anwesenheit von Chlor an. Bei Anwesenheit von Stickstoff muß das Filtrat 5 Min. mit einem Überschuß von verd. Salpetersäure gekocht werden, ehe das Silbernitrat zugegeben wird, um die Blausäure zu entfernen.

H. Löslichkeit in Kupferoxydammoniak (Prüfung unter dem Mikroskop)

Isoliere einige Fasern und bedecke sie auf einem Objektträger trocken mit einem Deckglas. Nach Zufließenlassen eines Tropfens Kuoxam (siehe Gruppe M) beobachtet man unter dem Mikroskop entweder völliges Auflösen, völliges Ungelöstbleiben (wobei die Fasern schon etwas aufquellen können), oder eine Lösung unter Zurücklassen von Kunstharzpartikeln in Form einer zusammenhängenden Haut oder einzelner kleiner Bruchstücke.

Manche Kunstharze ergeben einen unterschiedlichen Befund je nach Art ihrer Anwendung. So macht Harnstoff-Formaldehyd, als Monomer angewendet, die Faser unlöslich (und ergibt knitterechte Ausrüstung), während ein teilweise polymerisiertes HF-Harz die Fasern in Kuoxam löslich bleiben läßt, wobei lediglich ein Rückstand in der Lösung verbleibt (und die Ware weniger gut knitterecht ist).

Prüfung von Mischungen verschiedener Apprete

In einigen Fällen sind verschiedene Appreturmittel gleichzeitig vorhanden. Es ist natürlich ausgeschlossen, hier alle denkbaren Kombinationen zu betrachten, immerhin kann als Hinweis dienen, daß Mischungen mit Wahrscheinlichkeit in folgenden Fällen angewendet sein können:

(1) Stark beschichtete Waren, bei denen ein weiches klebendes Kunstharz, z.B. ein Acrylat, als Unterschicht mit einem härteren Harz, wie z.B. Glyptal oder Polyvinylchlorid, als Deckschicht verwendet wird,

(2) knitterechte Stoffe, bei denen man gleichzeitig Weichheit oder wasserabstoßende Eigenschaften erzielen will,

(3) fäulnis- und schimmelfest ausgerüstete Artikel, insbesondere solche, die für den Gebrauch in den Tropen bestimmt sind, die zusätzlich noch mit einer wasserabstoßenden oder anderen Appretur versehen werden.

Wo immer eine Mischung verschiedener Apprete vermutbar ist, sollte man sich nicht nur auf Grund der Vorprüfung auf die Teste einer einzigen Gruppe verlassen, da in diesen Vorprüfungen ein Kunstharz die Anwesenheit eines weiteren maskieren kann. In manchen Fällen kann die Trennung durch Verwendung eines Lösungsmittels bewirkt werden, z.B. ein Acrylat von einem polymerisiertem Glyptal durch Lösung des ersteren in Aceton; die einzelnen Komponenten lassen sich hiernach identifizieren. Trotzdem wird es meist nötig sein, zunächst alle Bestimmungstafeln (I bis IX) nacheinander durchzuarbeiten und einen Entscheid erst nach Vorliegen und Abwägung aller Untersuchungsergebnisse zu treffen.

Zusammenstellung der Appreturen, welche auf Grund der Bestimmungsschlüssel der Tafeln I bis IX identifiziert werden können
(Einzelnachweise durch Teste 1 bis 11 s. S. 187 bis 196)

Appretur mit	Tafel
Aceton-Formaldehyd	IX
Acrylatharzen	VIII
Äthylcellulose	III
Äthylenoxyd	VI
Aluminiumsalzen (mit Wachsemulsion)	III
Ammoniumphosphat bzw. -sulfat	II
Antimontrioxyd	II
Borax bzw. Borsäure	II
Caseïn	VII
Caseïn-Formaldehyd	VII
Celluloseacetat	VIII
Cellulosealkyläther	VI
Cellulosealkyläther und Dimethylolharnstoff	V
Celluloseglykolat, Metallsalze	VI
Celluloseglykolat und Dimethylolharnstoff	V
Chitin, entacetyliert	III Fußnote
chlorierten Äthylenpolymeren	IV
chlorierten Insektiziden	IV
chloriertem Naphthalin	IV
Chlorphenol	I
„DDT" (Dichlordiphenyltrichloräthan)	IV
Dextrin	Vorprüfungen Test C
fäulnis- und schimmelverhütenden Mitteln	I
flammenhemmenden Mitteln	II
Formaldehyd	IX Fußnote
Gelatine	Vorprüfungen Test C
Gelatine-Formaldehyd	VII
Glykolcellulose	VI
Glyptal, mit Fettsäure modifiziert	VIII
Glyptal, mit Harnstoff-Formaldehyd modifiziert	VII
Harnstoff-Formaldehyd	VII, IX
Kupfercarbonat, basischem	VI
Latex	VIII
Leinöl	VIII
Melamin-Formaldehyd	IX
Mercaptanverbindungen	I
Metallsalzen	I
Natriumalginat	VI Fußnote
Nitratcellulose	VII
Nitronaphthol	I
Nitrophenol	I
Organdy-	VI Fußnote
Phenol-Formaldehyd	IX

Appretur mit	Tafel
Polyamide	VII
Polyäthylen	VIII
Polyisobutylen	VIII
Polystyrol	VIII
Polyvinylacetal	VIII
Polyvinylacetat	VIII
Polyvinylalkohol	VIII
Polyvinylalkohol-Formaldehyd	IX
Polyvinylalkohol-Dimethylolharnstoff	IX
Polyvinylbutyral	VIII
Polyvinylchlorid	IV (II)
Polyvinyl-Mischpolymerisat (Vinylchlorid/Vinylacetat-)	IV
Quecksilberverbindungen	I
Salicylanilid	I
sulfonierten Harzsäureabkömmlingen	VIII
Stärke	Vorprüfungen Test C
Stärke-Dimethylolharnstoff	IX
Stärke-Formaldehyd	IX
Styrol-Maleïnsäure-Polymere	VI
Transparent-	VI Fußnote
Velan PF	III
Vinylchlorid/Vinylacetat-Mischpolymerisat	IV
Viscose	VI Fußnote
Wachsemulsionen	III
Weichmachern vom Typ langkettiger Alkohole	VI
Weichmachern vom Typ langkettiger Amide	V
Wolframaten	II
Zinkborat	II
Zinksalzen	I
Zirkoniumsalzen	III

Tafel I: *Fäulnis- und schimmelverhütende Appreturen*

Führe Test 9a aus	
Ausfall positiv: bestätige diesen durch Test 9c	*Mercaptobenzthiazol* oder eine ähnliche aromatische Mercaptanverbindung
Ausfall negativ: koche $^1/_2$ Min. mit 1%iger Natronlauge	
tiefgelbe Lösung, die durch Säurezugabe entfärbt wird: bestätige die Anwesenheit eines Phenols durch Test 9b	*Nitrophenol* oder *Nitronaphthol*[1]
farblos bis schwachgelbe Lösung: prüfe auf Chlor gemäß Test 3	
Ausfall positiv, Chlor aber abwesend nach Behandlung in 1%iger Natronlauge: bestätige die Anwesenheit eines Phenols durch Test 9b.............	*Chlorphenol*
Ausfall negativ: koche $^1/_2$ Min. mit 1%iger Natronlauge und prüfe die Flüssigkeit unter der UV-Lampe	
leuchtende violette Fluorescenz: bestätige durch Test 9b tief grünblaue Färbung	*Salicylanilid*
keine Fluorescenz: prüfe auf Quecksilber und Zink an der Asche des Musters gemäß Test 6g bzw. 6j. Ist die Reaktion auf	
Quecksilber positiv	*organ. Quecksilberverbindung*
Zink positiv	*Zinksalz*
prüfe auf Chrom, Eisen und Kupfer bei blau, blaugrün, braun oder khaki gefärbten Stoffen gemäß Testen 6d, 6e bzw. 6f. Ist eine Reaktion positiv ...	Schutzbehandlung mit den entsprechenden *Metallsalzen* oder *-oxyden*

[1] Nitronaphthol ist in der Natronlauge schwerer löslich als Nitrophenol.

Tafel II: *Flammenhemmende Appreturen*

Prüfe auf Chlor mittels Kupferdraht gemäß Test 3	
grüne Färbung der Flamme	chlorierte Polymere[1], z. B. *Polyvinylchlorid*, mit einem der folgenden Zusätze:
verasche eine kleine Probe des Gewebes und untersuche die Asche gemäß Test 6. Ein positiver Befund der Prüfung auf die folgenden Metalle bzw. Radikale gibt die Anwesenheit nebenstehender Zusätze an:	
Antimon	*Antimontrioxyd*
Borate	*Borsäure, Borax*
Borate und Zink	*Zinkborat*
Eisen	*Eisenoxyd*
Phosphate	*Ammoniumphosphat*
Sulfate[2]	*Ammoniumsulfat*
Wolfram	*Wolframate*
keine Flammenfärbung: bestätige das Abziehen der flammenhemmenden Appretur durch kochendes Wasser. Eine positive Reaktion am wässerigen Auszug auf folgende Metalle bzw. Radikale zeigt die Verwendung nebenstehender Appreturen an:	
Borate	*Borsäure, Borax*
Phosphate	*Ammoniumphosphat*
Sulfate[2]	*Ammoniumsulfat*
Wolfram	*Wolframate*

[1] Bezüglich Trennung der verschiedenen chlorierten Polymere s. die Fußnote unter Tafel IV.
[2] Nachweis durch Bariumchlorid.

Tafel III: *Wasserabstoßende Appreturen* (*ausschl. beschichtete Gewebe*)

Prüfe die Löslichkeit der Appretur durch Einlegen in kalten Alkohol während 2 Min.	
Appretur ist löslich, fällt aber aus, wenn in Wasser gegossen	*Äthylcellulose*
nicht so: prüfe auf Beständigkeit der Appretur gegen Kochen in Seifenlösung gemäß Test 10a (α) und Vorprüfung D	
Appretur widersteht kochendem Seifen: bestätige die Anwesenheit von Stickstoff nach Vorprüfung Test F und positiven Ausfall von Test 10b (die Appretur wird gemäß Test 10a (β) abgezogen)	*Velan PF*
Appretur wird durch kochendes Seifen abgezogen: Prüfe auf Aluminium und Zirkonium gemäß Test 6a bzw. 6k	
Aluminium nachweisbar: bestätige die Anwesenheit von Stickstoff nach Vorprüfung Test F	*Wachsemulsion mit Aluminiumsalz* + Proteïn als Emulgator
Zirkonium nachweisbar	*Wachsemulsion mit Zirkoniumsalz*
weder Aluminium noch Zirkonium nachweisbar: Prüfe auf Aminogruppen gemäß Test 1 vor und nach kochendem Seifen wie oben. Ist die Reaktion vor dem Seifen positiv, nach dem Seifen aber negativ oder höchstens noch schwach positiv	*Wachsemulsion* + Proteïn als Emulgator

Anmerkung: Entacetyliertes Chitin als Appretur gibt einen positiven Befund bei Prüfung auf wasserabweisende Eigenschaften, wird aber durch 10%ige Salzsäure genetzt. Die Tests auf Stickstoff und Aminogruppen sind positiv.

Tafel IV: *Chlor enthaltende, nicht flammenhemmende Appreturen*

Prüfe auf Chlor mittels Kupferdraht gemäß Test 3	
keine Flammenfärbung: Bestätige die Unlöslichkeit in Benzol und in Cyclohexanon	*chloriertes Naphthalin*
grüne Färbung der Flamme: extrahiere ½ Min. mit 1%iger Natronlauge und wiederhole den Test auf Chlor mittels Kupferdraht	
Chlornachweis (Flammenfärbung) jetzt negativ	*Chlorphenol*[1]
Chlornachweis bleibt positiv: Führe Erhitzungstest wie bei Vorprüfung Test B durch	
charakteristischer und starker Fruchtgeruch[2]: Bestätige den Befund durch positive Reaktion auf Chlor mittels Kupferdraht am heißen Toluolauszug	„*DDT*" (Dichlordiphenyltrichloräthan)
kein starker und typischer Geruch	chlorierte Polymere auf Basis Äthylen[3], z. B. (a) *Polyvinylchlorid,* (b) *Mischpolymerisate aus Vinylchlorid/Vinylacetat,* (c) *chlorierte Äthylenpolymere*

[1] Siehe auch Tafel I.

[2] Andere chlorierte Insektizide ergeben charakteristische Gerüche verschiedener Art.

[3] Die einzelnen chlorierten Polymere können nicht scharf voneinander getrennt werden, da sie in ihren Eigenschaften sehr ähnlich sind und in unterschiedlichen Mengen vorliegen können. Eine gewisse Differenzierung ist möglich durch Prüfen der Löslichkeit in kaltem und in kochendem Toluol nach 1 Min. (und dem Grad der Gelbildung, falls genügend Polymer vorhanden ist, um dies beobachten zu können); (c) ist das am leichtesten lösliche und (a) das am wenigsten. In kaltem Toluol gibt (a) gewöhnlich keine Chlorreaktion. Die Mischpolymerisate nach (b) sind die normalen Handelstypen mit 5 bis 20% Vinylacetat.

Anmerkung: Der vorstehend beschriebene Bestimmungsschlüssel dürfte in den meisten Fällen zur Bestimmung hinreichen, ob eine Chlor-enthaltende Appretur vorliegt oder nicht, und welche Type im ersteren Falle, selbst wenn auch ein Chlor-enthaltender Farbstoff anwesend ist, obwohl solche, z. B. halogenierte indigoide Farbstoffe, auf der Faser kräftige Halogenreaktion zeigen.

Tafel V: *Fasern des appretierten Gewebes in Kupferoxydammoniak vollständig löslich; Stickstoff anwesend*

Prüfe auf Anwesenheit von Aminogruppen gemäß Test 1 und von Formaldehyd gemäß Test 4a	
Reaktion auf Aminogruppen und Formaldehyd negativ	Weichmacher auf Basis langkettiger *Amide*
Reaktion auf Aminogruppen und Formaldehyd positiv: Prüfe auf Kupferabsorption gemäß Test 3c (β), oder, falls ungefärbt, mittels des Methylenblautestes 3c (γ)	
Kupfer absorbiert bzw. dunkelblaue Färbung durch Methylenblau auf ungefärbtem Muster: Bestätige den Befund mittels Carbazolprobe gemäß Test 2c (α)	*Natriumcelluloseglykolat* mit Dimethylolharnstoff
kein Kupfer absorbiert bzw. nur schwache Anfärbung durch Methylenblau auf ungefärbtem Muster	*Cellulosealkyläther* (alkalilöslicher Typ) mit Dimethylolharnstoff

Tafel VI: *Fasern des appretierten Gewebes in Kupferoxydammoniak vollständig löslich; Stickstoff abwesend*[1]

Prüfe auf Aluminium und auf Kupfer gemäß Test 6a bzw. 6f	
Aluminium anwesend: Bestätige Celluloseglykolat durch Nachweis gemäß Test 2c (δ)	*Aluminiumsalz von Celluloseglykolat*
Kupfer anwesend: Prüfe auf Celluloseglykolat gemäß Test 2c (δ).	

[1] *Organdy-(Transparent-)Ausrüstung* – durch kurzzeitige Behandlung mit konz. Schwefelsäure erzielt – zeigt keine charakteristischen chemischen Reaktionen, so daß Proben einer solchen Ausrüstung mit unter die Klassifikation von Tafel VI fallen. Die Organdy-Ausrüstung wird durch den harten Griff und das etwas durchscheinende Aussehen des Gewebes erkannt; die Fasern lassen sich infolge des beim Transparentieren gebildeten Gels kaum mehr aus dem Garn isolieren und Querschnitte des Garnes zeigen rundliche, verklebte Einzelfasern.

Tafel VI: Fortsetzung

Ist die Reaktion positiv	*Kupfersalz von Celluloseglykolat*
negativ	gekupferte fäulnisverhütende Appretur (z. B. mit *basischem Kupfercarbonat*)
Aluminium wie Kupfer abwesend: Prüfe auf Kupferabsorption gemäß Test 2 c (β), oder, falls ungefärbt, mittels des Methylenblautestes 3 c (γ)	
Kupfer absorbiert bzw. dunkelblaue Färbung durch Methylenblau auf ungefärbtem Muster: Bestätige den Befund durch Löslichkeit in kaltem Wasser[1] und mittels Carbazolprobe gemäß Test 2 c (α)	*Natriumcelluloseglykolat*
kein Kupfer absorbiert bzw. nur schwache Anfärbung durch Methylenblau auf ungefärbtem Muster	
Appretur widersteht dem Seifen: bestätige mittels Test 2 b (β) die Ausfärbung durch Shirlastain A auf	
tiefblau für	*Glykolcellulose* oder *Äthylenoxyd*
rosa für	*regenerierte Cellulose* (*Viscose*)
Appretur wird durch Seifen abgezogen: Bestätige gelbbraune Färbung des Pyridinauszuges gemäß Test 2 b (β) und prüfe den Geruch gemäß Test 2 b (α)	
Rückstand gummiartig, Geruch beim Glühen nach Gummi: Bestätige den Befund durch Löslichkeit in kaltem Wasser	*Celluloseäther* (alkalilöslicher Typ)
charakteristischer stechender Geruch ..	*Styrol-Maleïnanhydrid-Polymere*
kein charakteristischer Geruch	Weichmacher auf Basis langkettiger *Alkohole*

[1] Natriumalginatappreturen verhalten sich analcg, geben aber einen negativen Befund bei der Carbazolprobe.

Tafel VII: *Fasern des appretierten Gewebes hinterlassen in Kupferoxydammoniak einen Rückstand; Stickstoff anwesend*

Führe den Diphenylamin-Test gemäß 2d aus

Reaktion positiv	*Nitratcellulose*[1]
Reaktion negativ: Prüfe die Löslichkeit a) in Eisessig und b) in 1%iger Natronlauge, sowie Geruch beim Verbrennen	
löslich in a), unlöslich in b), charakteristischer Geruch nach Sellerie beim Schmelzen und Brennen: Prüfe auf Formaldehyd gemäß Test 4a und beurteile nach (1)	
unlöslich in a), löslich in b), charakteristischer Geruch nach verbrennendem Horn beim Anzünden: Bestätige die Anwesenheit von Aminogruppen gemäß Test 1. Koche mit Shirlastain A 2 Min.: tiefbraune Färbung. Prüfe auf Phosphor und beurteile nach (2)	
unlöslich in a) und in b), wenig charakteristischer Geruch: Prüfe auf Aminogruppen gemäß Test 1 und auf Formaldehyd gemäß Test 4a. Führe Teste 5 und 7 durch und beurteile nach (3)	
(1) Test auf Formaldehyd positiv	*N-methoxymethylderivat von Hexamethylenadipinamid*
Test auf Formaldehyd negativ: Bestätige die Anwesenheit von Aminogruppen gemäß Test 1 (schwache Reaktion) und prüfe gemäß Test 8c (starke Reaktion)	*Polyhexamethylenadipinamid* od. *Polycaprolactam*
(2) Test auf Phosphor positiv: Bestätige Formaldehyd gemäß Test 4a.....	*Caseïn-Formaldehyd*
Test auf Phosphor negativ: Prüfe auf Formaldehyd gemäß Test 4a.	
Formaldehyd nicht nachweisbar	*Caseïn*
Formaldehyd nachweisbar	*Gelatine-Formaldehyd*
(3) Teste 5 und 7 positiv	*Harnstoff-Formaldehyd modifiziertes Glyptal*
Teste 5 und 7 negativ	*Harnstoff-Formaldehyd in teilweise polymerisiertem Zustand*

[1] Für diese Appretur wird hin und wieder Campher als Weichmacher verwendet. Seine Anwesenheit wird durch Vorprüfung Test B erkannt.

Tafel VIII: *Fasern des appretierten Gewebes hinterlassen in Kupferoxydammoniak einen Rückstand; Stickstoff abwesend*

Führe Test 8f aus	
Reaktion positiv[1]: Bestätige durch Feststellen der Löslichkeit in Benzol und Unlöslichkeit in Aceton	*Polyvinylbutyral*
Reaktion negativ: Bestätige durch Ausführen von Test 4a, der negativ bleibt. Prüfe auf Glyceride gemäß Test 5	
Nachweis von Glyceriden positiv. Prüfe auf Phthalate gemäß Test 7 und beurteile nach (1)	
Nachweis von Glyceriden negativ: Führe Vorprüfung Test B durch und beurteile nach (2)	
(1) Phthalat nachweisbar	*Fettsäure-modif. Glyptal*
Phthalat nicht nachweisbar: Appret wird durch Kochen in verd. Natronlauge während 5 Min. völlig abgezogen, die Lösung schäumt und riecht nach Seife	*Leinöl*
(2) charakteristische Gerüche werden erhalten von	
Kohlenwasserstoffen .... (bestätige durch Feststellen der Löslichkeit in Benzol und Unlöslichkeit in Alkohol)	*Latex, Polyäthylen*[2], *Polyisobutylen*[2], *Polystyrol*
Harzsäureabkömmlingen .... [bestätige Befund durch positiven Ausfall von Test 2c (β)]	*sulfonierte Harzsäureabkömmlinge*
kein charakteristischer Geruch: Führe Test 8e aus[3]	
Blaufärbung: Bestätige durch Feststellen der Löslichkeit in Wasser und Unlöslichkeit in Alkohol	*Polyvinylalkohol*
keine Anfärbung: bestätige Befund durch positiven Ausfall der Teste 8b (α) und (β). Führe Test 8a durch	
keine Ausflockung bzw. Filmbildung: Bestätige durch positiven Test 2a ...	*Celluloseacetat*[4]
Ausflockung bzw. Filmbildung	*Acrylatkunstharz*[5]

[1] Bei Auftreten des charakteristischen Geruches von Acetaldehyd wird die Anwesenheit von *Polyvinylacetal* angezeigt; bestätige durch seine Löslichkeit in Alkohol, Aceton und Benzol, und seine Unlöslichkeit in Äther und Tetrachlorkohlenstoff.

[2] Polyäthylen gibt einen Geruch nach Kerzenfett, Polyisobutylen einen ausgesprochen muffigen Geruch.

[3] Dieser Test muß auf Filterpapier ausgeführt werden. (Er erfolgt nicht üblicherweise an der Lösung wie bei Stärke.)

[4] Muster von normalem ($2^1/_2$-)Acetat und von Triacetat geben bei Test 2a positiven Ausfall!

[5] Falls genügend Kunstharz vorhanden, ist beim Erhitzen ein fruchtartiger Geruch wahrzunehmen.

Tafel IX:

Fasern des appretierten Gewebes sind in Kupferoxydammoniak unlöslich

Bestätige die Anwesenheit von Formaldehyd durch Test 4a[1]	
prüfe auf Stickstoff gemäß Vorprüfung E auf Aminogruppen gemäß Test 1; sind beide positiv, verfahre nach (1) sind beide negativ, verfahre nach (2)	
(1) färbe mit Shirlastain kochend aus gemäß Test 2b (β): rotbraune Anfärbung (bestätige durch negativen Ausfall von Test 4b)	*Melamin-Formaldehyd*
bläuliche oder violette Anfärbung: koche 1 Min. in Wasser und prüfe mit n/100-Jodlösung	
tiefblaue Färbung	*Stärke mit Dimethylolharnstoff*
tiefrote Färbung	*Polyvinylalkohol mit Dimethylharnstoff*
keine deutliche Anfärbung, zuweilen fischartiger Geruch beim Anbrennen: Bestätige durch positiven Ausfall von Test 4b und Knitterarm-Effekt der Ware	*Harnstoff-Formaldehyd* (in monomerer Form angewendet)
(2) koche 1 Min. in Wasser und prüfe den Auszug mit n/100-Jodlösung:	
tiefblaue Färbung	*Stärke mit Formaldehyd*
tief rotbraune Färbung	*Polyvinylalkohol mit Formaldehyd*
keine Anfärbung: Führe Test 4c aus	
Phenolnachweis positiv	*Phenol-Formaldehyd*
Phenolnachweis negativ: Tropfe konz. Schwefelsäure auf	
sofort Bildung eines rotbraunen Flecks..	*Aceton-Formaldehyd*
nicht so	*Formaldehyd*

[1] Einige Phenol-Formaldehyd-Appreturen benötigen eine Kochzeit von 4 bis 6 Min., um eine positive Reaktion hervorzubringen!

Ausführung der in den Tafeln I bis IX herangezogenen Teste für Einzelnachweise

1. Nachweis von Aminogruppen

Tauche eine Gewebeprobe 2 Min. in verdünnte Natriumhypochloritlösung (1 cm^3 Natriumhypochloritlösung mit 15 bis 17% aktivem Chlor auf 100 cm^3 Wasser), spüle gründlich unter fließendem Wasser und presse das Muster gegen Jodkalium-Stärke-Papier. Eine dunkelblaue Färbung zeigt die Anwesenheit von Aminogruppen an. Ungefärbte oder hellgefärbte Gewebe können statt dem Abpressen auch mit einer Paste, hergestellt durch Anrühren von 10 g Stärke mit etwas kaltem Wasser und Zugabe von 100 cm^3 kochendem, 5 g Kaliumjodid enthaltenden Wasser, bestrichen werden. Sehr gründliches Spülen nach der Hypochloritbehandlung ist äußerst wichtig, da andernfalls auch auf dem Gewebe zurückgebliebenes Hypochlorit eine positive Reaktion mit Jodkalium-Stärke ergibt. Als Probe auf genügendes Ausspülen wiederhole man dieses noch einmal und teste das Gewebe erneut mit Jodkalium-Stärke. Fällt die Blaufärbung hiernach gleich intensiv aus wie bei der ersten Prüfung, so ist die Anwesenheit von Aminogruppen erwiesen.

2. Nachweis von Cellulosederivaten

a) Celluloseester (Modifikation des von Shaw[1] angegebenen Tests). Betupfe die Gewebeprobe nacheinander (α) mit einer 6%igen alkoholischen Natrium- oder Kaliumhydroxydlösung, (β) mit einer gesättigten alkoholischen Lösung von Hydroxylaminhydrochlorid, (γ) mit einer 1%igen wässerigen Eisenchloridlösung, (δ) mit 10%iger Salzsäure. Violette Färbung zeigt einen Carboxylester an. Bei gefärbten Geweben kann Celluloseacetat dadurch erkannt werden, daß man einige cm^2 des Gewebes mit siedendem Aceton extrahiert, die Flüssigkeit langsam verdampft, den Rückstand auf ein Filterpapier aufnimmt, trocknet und den vorstehenden Test am Papier ausführt. Eine Vergleichsprüfung mit ungetränktem Filterpapier sollte daneben ausgeführt werden.

Celluloseacetat gibt auch mit den beiden Tests 8b ein positives Ergebnis.

b) Celluloseäther

(α) *Erhitzungstest*: Extrahiere einige cm^2 des Gewebes mit 10%iger Ammoniaklösung und dampfe zur Trockne ein. Man beurteile den Geruch nach völligem Entfernen des Ammoniaks und nach leichtem Glühen des Rückstands; im Falle daß Celluloseäther vorliegt, tritt beim Verkohlen ein Geruch nach brennendem Gummi auf, während Styrol-Maleïnanhydrid-Polymere am charakteristischen Geruch erkannt werden können.

(β) *Färbeteste*: Koche eine Gewebeprobe 2 Min. mit Shirlastain A (s. Gruppe U) und spüle sie anschließend gut. Gemäß Tafel IX können danach einige Formaldehydverbindungen unterschieden werden.

[1] Shaw: Ind. Engng. Chem., Analyt. Ed. **16** (1944), 541.

Außerdem lassen sich differenzieren Glykolcellulose- oder Äthylenoxydappretur einerseits (I), Cellulosealkyläther- oder Styrol-Maleïnanhydrid-Polymere andererseits (II). Ungefärbte Gewebe mit I werden stärker blau, ungefärbte Muster mit II stärker gelb gefärbt als unbehandelte Ware. Ist das Gewebe zu dunkel gefärbt, um eine Anfärbung mit Shirlastain beurteilen zu können, so behandle dieses mit etwas Aceton, wobei sich bei Vorliegen von II ein gelber oder gelbbrauner Auszug ergibt im Gegensatz zu einem rötlichpurpur gefärbten bei I. Bei anschließender Behandlung mit etwas Pyridin zeigt sich bei Vorliegen von II eine bräunliche und bei I eine tiefblaue Färbung. Gewöhnlich kann man die Farbtöne der Auszüge genügend gut bestimmen, selbst wenn sich etwas Farbstoff mit gelöst hat. Ist dies schwierig, so bringe etwas vom Auszug auf Filterpapier und beobachte nach einem „Waschen" nach außen durch Auftropfen eines Tropfen Wassers auf das Zentrum des Farbflecks. Man kann auch, um eine Appretur mit I nachzuweisen, eine 0,1%ige Lösung von Baumwolldirektorange bzw. für den Nachweis einer Appretur vom Typ II eine 0,1%ige Dispersion eines blauen oder violetten Acetatfarbstoffes verwenden.

Appreturen mit regenerierter Cellulose (Viscose) färben sich bei diesem Test rosa an.

c) Celluloseglykolate

(α) *Carbazolprobe*: Betupfe die Gewebeprobe mit einer 0,1%igen Carbazollösung in konz. Schwefelsäure. Dunkelgrüne Färbung zeigt eine Appretur vom Celluloseglykolat-Typ an.

(β) *Kupferabsorptionstest*: Tauche ein kleines Stück des Gewebes für 2 Min. in eine 0,1%ige Kupfersulfatlösung ein, wasche wiederholt mit kaltem und einmal mit kochendem Wasser, bis das Waschwasser keine positive Reaktion mehr mit Ferrocyankalium ergibt. Verasche und prüfe gemäß Test 6f auf Kupfer. Fällt dieser Test positiv aus, so zeigt dies die Anwesenheit von sauren Gruppen in der Appretur an. (Es sei darauf hingewiesen, daß auch Oxycellulose oder Farbstoffe mit sauren Gruppen bei diesem Test eine positive Reaktion ergeben können!)

(γ) *Methylenblautest*: Tauche eine Gewebeprobe 1 Min. in kalte 0,5%ige wässerige Methylenblau-2-BS-Lösung ein und spüle anschließend gut unter fließendem Wasser. Appreturen mit sauren Gruppen werden stark angefärbt. Ein Abschnitt unbehandeltes Gewebe sollte zum Vergleich gleichzeitig mit angefärbt werden.

(δ) *Nachweis von Celluloseglykolat in mit Metallsalzen behandelten Gewebe:* Extrahiere einige cm^2 des Gewebes mit kochender 10%iger Ammoniaklösung während einiger Minuten, dampfe bis zur Trockne ein und erhitze den Rückstand vorsichtig. Wenn der anorganische Rückstand einen größeren Anteil klebriger organischer Substanz enthält, ist die Anwesenheit einer metallsalzhaltigen Celluloseglykolat-Ausrüstung erwiesen. Ist reichlich Appretur auf der Ware, so kann sie durch sorgfältige Neutralisierung des konz. Auszuges in weißen Flocken ausgefällt werden.

d) Cellulosenitrat

Betupfe das Gewebe mit einer 10%igen Lösung von Diphenylamin in konz. Schwefelsäure, oder gib einige Tropfen dieser Lösung zu einem Acetonauszug des Gewebes hinzu. Eine sich innert weniger Sekunden entwickelnde tiefblaue Färbung zeigt die Anwesenheit von Nitratcellulose an.

3. Nachweis von Chlor

Ein Kupferdraht wird in nichtleuchtender Bunsenbrennerflamme solange erhitzt, bis sich keine grüne Flammenfärbung mehr zeigt. Daraufhin wird ein Stück des Gewebes in der Flamme verbrannt und der Draht direkt über die brennende Probe gehalten, oder das Gewebe mit dem rotglühenden Kupferdraht an der Basis der Flamme berührt, so daß die Verbrennungsdämpfe in die Flamme steigen. Grüne oder blaue Färbung der Flamme zeigt die Anwesenheit von Chlor an.

4. Formaldehyd-enthaltende Appreturen

a) Nachweis von Formaldehyd

Koche einige cm² des Gewebes während 2 Min.[1] in 2 cm³ 10%iger Schwefelsäure, sammle die ersten Tropfen des Destillates, kühle sie ab und füge 5 cm³ einer 75%igen Schwefelsäure (aus 150 cm³ konz. Schwefelsäure und 100 cm³ Wasser) und einen sehr kleinen Kristall von Chromotropsäure hinzu. Die Mischung wird in einem Wasserbad 10 Min. lang auf 60 bis 70 °C erwärmt. Das Auftreten einer violetten Färbung zeigt die Anwesenheit von Formaldehyd an. Eine Vergleichsprüfung ohne Destillat sollte gleichzeitig durchgeführt werden!

Es können auch Chemiefasern, die einen Formaldehydkunstharz-Zusatz beim Spinnen erfahren haben (z. B. Rayolanda X), im Gewebe vorliegen und eine positive Reaktion auch ohne Appretur ergeben. Solche Fasern sind im Mikroskop an den Einlagerungen zu erkennen, die im Gegensatz zu mit Titandioxyd mattierten Fasern nach dem Verbrennen keine voluminöse weiße Asche hinterlassen.

b) Unterscheidung zwischen Harnstoff-Formaldehyd- und Melamin-Formaldehyd-Kunstharzen

Koche ein Stück des Gewebes während 30 Min. in Wasser mit Rückflußkühler, um unvollständig polymerisierte Anteile der Kunstharze zu entfernen, die den Test beeinflussen könnten, spüle gut in Wasser aus und lasse die Probe während 45 Min. in etwas kaltem Eisessig liegen. Prüfe hierauf einige Tropfen des Eisessigs auf Formaldehyd gemäß vorstehendem Test 4a. Harnstoff-Formaldehyd-Kunstharze geben hierbei eine positive, Melamin-Formaldehyd-Kunstharze hingegen eine negative Reaktion.

c) Nachweis von Phenol in Phenol-Formaldehyd-Kunstharzen

Etwa 20 cm² des Gewebes werden 15 Min. lang mit Rückflußkühler in 10 cm³ 10%iger Schwefelsäure gekocht; die Lösung wird dann abgekühlt, filtriert und mit insgesamt 25 cm³ Äther in mehreren Portionen extrahiert. Der gesamte Auszug wird fast vollkommen ein-

[1] Mit Phenol-Formaldehyd-Harz behandelte Gewebe können eine Kochzeit von 4 bis 6 Min. erfordern, um genügend Formaldehyd für eine positive Reaktion zu erzeugen.

gedampft, auf ein gebleichtes Baumwollgewebe ausgegossen und getrocknet. Das Stück Stoff wird sodann auf Phenol gemäß Text 9b geprüft. (Die Färbung wird noch intensiver, wenn man das Gewebe erst 30 bis 60 Min. an der Luft liegen läßt.)

Man beachte außerdem die Färbeteste unter 2b (β) und Tafel IX für einige Formaldehyd-enthaltende Appreturen.

5. Nachweis von Glyceriden

[Nachstehender Test stammt von Radlay[1] für den Nachweis kleiner Mengen Glycerin auf Basis des von Schutz[2] für Glycerin allgemein angegebenen Nachweises.]

Befeuchte einen kleinen Abschnitt des Gewebes mit Alkohol, koche ihn dann 2 Min. mit sehr wenig 10%iger Natronlauge und gebe einige Tropfen der gekühlten Lösung zu 2 cm³ einer 1/1000 Anthronlösung (aus Essigsäure rekristallisiert) in konz. Schwefelsäure. Erhitze nun 1 bis 2 Min. auf 150 bis 160 °C, kühle ab und verdünne mit 4 Teilen konz. Schwefelsäure. Das durch Hydrolyse von Glyptalkunstharzen entstandene Glycerin reagiert unter Bildung von Benzanthron, das orangefarben fluoresciert (im UV-Licht intensiv goldgelb). Die Lösung sollte in kräftiger Beleuchtung (Sonne oder künstlichem Licht) geprüft werden unter Vergleich mit einer Blindprobe; man bestätige sich den Befund durch Verdünnen der Lösung mit Wasser und Prüfung der goldgelben Fluorescenz unter der UV-Lampe.

6. Nachweis von anorganischen Elementen und Radikalen

[Es sei hier verwiesen auf die Angaben von Feigl[3] über die Spezifität einiger der Reaktionen auf Metalle. In den Geweben können auch Spuren gewisser Elemente vorkommen[4], die nicht von Appreturmitteln herrühren, hingegen sind Metalle, die als eine Komponente bestimmter Appreturen in ein Gewebe gelangen, normalerweise in größeren Mengen vertreten. Auch einige Direktfarbstoffe enthalten Metalle, wie Chrom oder Kupfer.]

Behandle etwa 6 cm² des Gewebes in einem Tiegel mit 1 bis 2 cm³ einer 40%igen wässerigen Ammoniumnitratlösung (es empfiehlt sich, etwas Netzmittel zuzusetzen), um gemäß den Empfehlungen von Clayton[5] einen Verlust von Elementen, wie z. B. Antimon, durch Sublimation während des Veraschens auf ein Minimum herabzusetzen. Nun wird vorsichtig verascht und die Asche mit einigen Tropfen einer 1%igen Salzsäure versetzt. Die so erhaltene Lösung (weiterhin als *Lösung A* bezeichnet) wird für die nachstehenden Reaktionen auf die verschiedenen Metalle verwendet.

a) Aluminium (nach Feigl[3])

(α) Tropfe eine kleine Menge von Lösung A auf quantitatives Filterpapier, das zuvor mit einer konz. wässerigen Ferrocyankaliumlösung

[1] Radley: Unveröffentlicht 1944, zitiert von Giles und Waters, s. o.

[2] Schutz: Papierfabrikant **36** (1938), 55.

[3] Feigl, F.: Quantitative Analyse durch Tüpfelreaktionen. 3. Aufl. Leipzig, Akadem. Verlagsges. mbH. 1938.

[4] Einige Typen von Baumwolle sollen Aluminium, Bor, Eisen, Kupfer, Mangan und Zink in Spuren enthalten, hingegen kein Chrom, Nickel oder Zinn[5].

[5] Siehe Cross, Bevan und Briggs: J. Soc. chem. Ind. **27** (1908), 263.

getränkt und dann getrocknet wurde. Kupfer, Zirkonium oder andere Metalle werden im Zentrum des Tropfens der Lösung A ausgefällt, so daß die folgenden Reaktionen in der darumliegenden Zone ausgeführt werden können. Bespritze mit einer konz. alkoholischen Lösung von Alizarin und halte das Filterpapier über Ammoniak, bis sich die tiefviolette Färbung vollständig entwickelt hat, dann entfärbe mit 1%iger Essigsäure. Ein rotbrauner Fleck weist Aluminium nach. – Ist das Gewebe ungefärbt, so kann es 1 Min. mit 10%iger Salzsäure kochend extrahiert und die Lösung geprüft werden.

(β) *Aluminium neben Zirkonium* (Reaktion zur Bestätigung): Gib einige Tropfen einer 1%igen Lösung von Eriochromcyanin R oder Solochromcyanin RS in Alkohol zu einigen Tropfen der Lösung A und erwärme. Nur bei Anwesenheit von Aluminium ergibt sich eine tiefblaue Färbung, Zirkonium allein färbt tiefrot; sind beide gemischt vorhanden, so entstehen entsprechende Mischtöne, welche im Vergleich zu den Farben von bekannten Mischproben beider Metalle beurteilt werden können. – Ist das Gewebe ungefärbt, so kann die Farbe auf der Faser selbst durch Kochen eines Teils des Gewebes in der Farbstofflösung erhalten werden.

b) Antimon (nach Feigl[1])

Tropfe etwas Lösung A auf ein Filterpapier, das zuvor mit einer 5%igen Phosphormolybdänsäure-Lösung getränkt wurde, und halte es über Dampf. Tritt in einigen Minuten Blaufärbung ein, so zeigt dies die Anwesenheit von Antimon an.

c) Borate (Flammentest)

Erhitze einen Teil des Musters in einem Tiegel mit einigen Tropfen konz. Schwefelsäure und einigen cm³ Alkohol. Zünde die entstehenden Dämpfe an. Grünfärbung weist auf Borate hin.

d) Chrom (nach Feigl[1])

Tropfe hintereinander auf ein Filterpapier: Lösung A, eine mäßig konzentrierte, frisch mit kaltem Wasser hergestellte Lösung von Natriumperoxyd und eine 2%ige Lösung von Benzidin in 10%iger Essigsäure. Auftretende Blaufärbung zeigt Chrom an. (Kupfer gibt die gleiche Färbung.)

e) Eisen (Preußischblau-Test)

Tropfe etwas Lösung A auf ein Filterpapier und gib einen Tropfen Kaliumferrocyanidlösung hinzu. Tiefblaue Färbung weist Eisen nach.

f) Kupfer (nach Feigl[1])

Tropfe nacheinander auf ein Filterpapier: Lösung A, Ammoniak und eine 5%ige alkoholische Lösung von Benzoinoxim. Bei Anwesenheit von Kupfer tritt Grünfärbung ein. Ist gleichzeitig Eisen vorhanden, so tropfe eine 10%ige Seignettesalzlösung (Kaliumnatriumtartrat-) auf das Papier vor der Zugabe von Ammoniak.

g) Phosphor als Phosphate (nach Feigl[1])

Tropfe Lösung A oder einen Heißwasserauszug des vermutlich mit Ammoniumphosphat behandelten Gewebes auf ein Filterpapier, das

[1] Feigl, F.: Quantitative Analyse durch Tüpfelreaktionen. 3. Aufl. Leipzig, Akadem. Verlagsges. mbH. 1938.

mit einer mit Salpetersäure angesäuerten Ammoniummolybdatlösung getränkt ist. Gelbfärbung zeigt Phosphate an. Die Reaktion kann auch mit der Lösung der Kaliumschmelze durchgeführt werden. (Wenn das Filterpapier mit dem gelben Fleck mit Benzidinlösung übertropft und alsdann über Ammoniak gehalten wird, findet ein Farbumschlag nach Blau statt.)

h) Quecksilber (nach Feigl[1])
Mische einen Tropfen von Lösung A mit 2 Tropfen einer 0,1%igen Lösung von Diphenylthiocarbazol (Dithizon) in Tetrachlorkohlenstoff und rühre, bis der Tetrachlorkohlenstoff verdunstet ist. Nimm daraufhin den Rückstand erneut mit Tetrachlorkohlenstoff auf. Die grüne Farbe der Lösung schlägt bei Anwesenheit von Quecksilbersalzen in Orange um.

i) Wolfram (nach Feigl[1])
Tropfe etwas Lösung A auf ein Filterpapier und füge einen Tropfen einer 25%igen Lösung von Zinn(II)-chlorid in Salzsäure zu. Bei Anwesenheit von Wolfram tritt sofortige Blaufärbung ein. Lösliche Wolframverbindungen, wie sie für flammenhemmende Imprägnierungen verwendet werden, extrahiere für diese Reaktion direkt vom Gewebe mittels kochendem Wasser.

j) Zink (nach Feigl[1])
Mische einen Tropfen von Lösung A, einen Tropfen 10%ige Natronlauge und einige Tropfen 0,1%ige Dithizonlösung (siehe h) und rühre, bis der Tetrachlorkohlenstoff verdunstet ist. Eine karmoisinrote Färbung der *Lösung* zeigt Zink an. (Die Farbe eines evtl. Niederschlages bleibt unbeachtet!)

k) Zirkonium (nach Feigl[1])
Neutralisiere etwas Lösung A mit Ammoniak nahezu und gib einige Tropfen „Alizarinlösung" zu. Beim Kochen tritt eine rotviolette Färbung auf, die nach Hinzufügen von 3%iger Salzsäure unverändert bleibt. (Bereite die „Alizarinlösung" durch tropfenweise Zugabe von konz. Salzsäure zu einer gesättigten alkoholischen Alizarinlösung, bis sich eine gelbe Färbung entwickelt. Füge dann ein gleiches Volumen Alkohol hinzu und filtriere.

Führe auch die Bestätigungsreaktion wie unter a (β) beschrieben durch!

7. Nachweis von Phthalaten[2]

Zerkleinere etwa 0,1 g des Gewebes und erhitze es in einem Reagenzglas mit 0,3 g Resorcin und 0,5 cm³ konz. Schwefelsäure in einem Ölbad während 10 Min. bei 120 $\pm$ 2 °C. Nach Abkühlen schüttele in kleinen Mengen mit insgesamt 25 cm³ Wasser gut durch, filtriere und schüttele mit 50 cm³ Äther. Die Ätherschicht wird dann mit zweimal 10 cm³ Wasser, die weggeschüttet werden, und schließlich mit 10 cm³ 10%iger Natronlauge extrahiert. Eine gelbe Lösung mit brillantgrüner Fluorescenz zeigt die Anwesenheit von Phthalat in der Ware an.

---

[1] Feigl, F.: Quantitative Analyse durch Tüpfelreaktionen. 3. Aufl. Leipzig, Akadem. Verlagsges. mbH. 1938.
[2] A. S. T. M. Standards on Textile Materials, October 1942, S. 48. Philadelphia, Pa., American Society for Testing Materials 1942.

8. Nachweis von Polyvinylverbindungen und Polyamiden

a) Acrylate

Koche ein Stück des Gewebes einige Minuten in etwas Toluol und beobachte nach Zugabe eines Überschusses von Alkohol, ob eine Ausflockung eintritt. Oder lasse die Toluollösung auf einem Uhrglas verdunsten und stelle fest, ob ein biegsamer Film zurückbleibt. Beides weist auf Anwesenheit von Acrylaten hin.

b) Acrylat- und Celluloseacetat-Appreturen

(α) Koche ein kleines Stück des Gewebes 2 Min. mit einer 1%igen wässerigen Dispersion von Duranolbrillantgelb 6G300, spüle gut in kochendem Wasser und extrahiere mit etwas Aceton. Ein Vergleichstest mit Rohware sollte gleichzeitig mit Rohware durchgeführt werden. Ein mit Acrylat oder Celluloseacetat behandeltes Gewebe ergibt einen tiefgelben Extrakt mit grüner Fluorescenz, die besonders unter der UV-Lampe hervortritt, während unbehandeltes Gewebe nur einen schwachgelben oder farblosen Extrakt zeigt.

(β) Koche mit Aceton und gieße den Extrakt in kaltes Wasser. Bei Vorliegen genannter Appreturen bildet sich ein opalisierender Niederschlag.

Es gibt verschiedene Typen von einander sehr ähnlichen Acrylatpolymeren und -copolymeren, für deren Trennung bisher noch keine befriedigende Reaktion gefunden worden ist.

c) Polyamide

Extrahiere etwa 20 cm² des Gewebes mit etwas kochendem Eisessig, dampfe die Flüssigkeit bis fast zur Trockne ein, gieße den Rückstand auf ein Filterpapier und lasse auftrocknen. Prüfe hierauf gemäß Test 1 auf Aminogruppen: Polyamide geben positive Reaktion.

Ist genügend Polyamid auf der Ware vorhanden, kann der Test auch unmittelbar auf dem Gewebe ausgeführt werden.

d) Polyvinylacetat

Extrahiere etwa 20 cm² der Ware mit etwas kochendem Aceton, dampfe die Flüssigkeit bis fast zur Trockne ein, gieße den Rückstand auf ein Filterpapier und lasse auftrocknen. Nach Betupfen mit einer wässerigen n/100-Jodlösung erfolgt bei Vorliegen von Polyvinylacetat sofort eine tief purpurbraune Färbung.

e) Polyvinylalkohol

Extrahiere einen kleinen Abschnitt des Gewebes mit kochendem Wasser, dampfe die Flüssigkeit bis fast zur Trockne ein, gieße den Rückstand auf Filterpapier und lasse auftrocknen. Nach Betupfen mit einer wässerigen n/100-Jodlösung gibt Polyvinylalkohol eine blaue Färbung.

Ungefärbtes Gewebe kann direkt mit der Jodlösung betupft werden.

f) Polyvinylbutyral oder -acetal

Koche einen kleinen Abschnitt des Gewebes mit 10%iger Schwefelsäure. Bei Anwesenheit der vermuteten Appretur ist der typische Geruch von Butyr- bzw. Acetaldehyd wahrzunehmen. Spüle hiernach den Abschnitt gut durch und betupfe mit wässeriger n/100-Jodlösung. Ist Polyvinylbutyral oder -acetal vorhanden, tritt eine grünlichblaue Färbung auf.

9. Nachweis von fäulnis- und schimmelverhütenden Appreturen

a) Mercaptan-(Thioalkohol)-verbindungen (nach Feigl[1]).

Mercaptane (und Thioketone) katalysieren folgende, an sich sehr träge verlaufende Reaktion:

$$2\,NaN_3 + J_2 = 2\,NaJ + 3\,N_2$$

Bei Anwesenheit von Mercaptanen gibt daher eine Natriumazidlösung, die Jod enthält, den Stickstoff leicht ab. Die zu verwendende Lösung setzt sich wie folgt zusammen: 1 g Natriumazid, 1 g Kaliumjodid, 3 cm^3 Wasser und einige Kristalle Jod.

Lege einige Stückchen Garn aus dem zu untersuchenden Gewebe (nicht vorher befeuchtet) in einem Uhrglas in obige Lösung und prüfe, zweckmäßigerweise mit einem Vergrößerungsglas, deren Verhalten. Ist eine Mercaptanverbindung vorhanden, wird eine laufende Entwicklung von Stickstoffbläschen an der Oberfläche der Garnstücke beobachtet. Diese Bläschen können leicht von Luftbläschen unterschieden werden, die evtl. beim Einlegen der Garnabschnitte entstehen, indem die Stickstoffbläschen ständig größer werden und sich dann von den Fasern ablösen.

b) Phenolverbindungen[2]

Folgende Lösungen werden benötigt:

(X) eine 4%ige mit Cyclohexanol gesättigte Boraxlösung (Natriumtetraborat-),

(Y) eine frisch hergestellte Suspension von 2,6-Dibromquinon-chlorimid in Lösung X, erhalten durch Anteigen von 0,1 g des Reagenzes mit einigen Tropfen von Lösung X und Zugabe weiterer 10 cm^3 von Lösung X.

Lege einen Abschnitt des zu untersuchenden Gewebes von etwa 6 cm^2 Größe auf ein gleichgroßes Stück eines gebleichten Gewebes auf eine Glasplatte. Beide Abschnitte werden mit einigen Tropfen von Lösung X durchfeuchtet und darauf mittels einer zweiten Glasplatte eine Minute lang fest aufeinander gepreßt. Nach Zugabe einiger Tropfen von Lösung Y werden beide Stoffe erneut 15 Min. aufeinander gepreßt. Bei Anwesenheit von Phenolverbindungen im Muster entwickelt sich auf dem gebleichten Gewebe eine schwach blaue oder blaugrüne Färbung. – Gewebe, die 0,02% oder weniger Salicylanilid [$HO \cdot C_6H_4 \cdot CO \cdot NH \cdot C_6H_5$] enthalten, ergeben eine schwach bläulichgrüne Färbung, während bei 0,05% oder mehr ein leuchtendes Grünlichblau entsteht.

c) Mercaptobenzthiazol[3]

Dieser Test ist gleich dem vorstehend unter 9b beschriebenen mit dem Unterschied, daß das zu prüfende Gewebe nach der ersten Minute Pressen entfernt und das gebleichte Gewebe mit einem Tropfen von Lösung Y behandelt wird. Bei Anwesenheit von Mercaptobenzthiazol

---

[1] Feigl, F.: Quantitative Analyse durch Tüpfelreaktionen. 3. Aufl. Leipzig, Akadem. Verlagsges. mbH. 1938.

[2] Zuccari: Tinctoria **43** (1946), 219, s. J. Soc. Dyers Col. **63** (1947), 202.

[3] British Tentative Textile Standard No. 10, 1944, s. J. Textile Inst. **35** (1944), 34.

entsteht binnen einer Minute eine leuchtend gelbe bis ziegelrote Färbung. Ist außerdem Salicylanilid vorhanden, so ändert sich die Färbung langsam über grün nach grünlichblau; da aber die Mercaptanverbindung nicht baumwollsubstantiv ist, diffundiert sie langsam vom Zentrum weg und bildet schließlich einen ziegelroten Hof um die zentrale blaugrüne Fläche.

10. Nachweis von wasserabstoßenden Appreturen

a) Entfernen durch Seifen

(α) Behandle ein Stück des Gewebes 15 Min. lang bei 80 °C in einer Lösung von 1 g Textilseifenflocken und 1 cm^3 konz. Ammoniaklösung auf den Liter Wasser. Spüle hierauf gut, trockne in einem Trockenschrank und prüfe auf wasserabstoßende Eigenschaft gemäß Vorprüfungen Test E. Einwandfrei mit einer Appretur vom Typ Velan PF behandelte Gewebe werden durch vorstehende Behandlung nicht beeinträchtigt, während andere wasserabweisende Appreturen abgezogen werden. Auch Velan PF wird entfernt, wenn es in der Ausrüstung ungenügend gehärtet wurde. Leichte Appreturen mit Wachsemulsionen lassen sich schon durch 1 bis 2 Min. Kochen in einer 0,5%igen Seifenlösung abziehen.

(β) Velan PF kann zu beträchtlichem Teil oder vollständig nur durch eine Behandlung mit 5%iger Essigsäure während ½ Std. bei 60 °C abgezogen werden.

b) Velan PF

Extrahiere etwa 40 cm^2 des Gewebes im Soxhlet mit Äther, dampfe den Ätherextrakt zur Trockne ein und koche den Rückstand 5 bis 10 Min. mit 5 cm^3 einer 5%igen Schwefelsäure. Nach Abkühlen filtriere durch ein nasses Filterpapier, gib 10 cm^3 konz. Schwefelsäure zu, teile die Lösung in zwei gleiche Teile und erwärme beide in Reagenzgläsern während 10 Min. in einem kochenden Wasserbad. Zu dem einen Teil gib ein Stückchen Chromotropsäure. (Der andere Teil dient als Kontrolle!) Eine blauviolette Färbung zeigt Formaldehyd an, der als Folge dieses Testes aus den mit Velan PF appretierten Geweben gebildet wird.

Falls ein Harnstoff-Formaldehyd-Harz mit anwesend ist, muß der Gewebeabschnitt vorab mehrere Male ausgekocht werden, um jede Spur von Dimethylolharnstoff zu entfernen, der bei Anwendung dieses Testes ebenfalls eine positive Reaktion zeigen würde.

11. Prüfung der Löslichkeit von Polymeren

Eine geeignete Methode zur Prüfung der Anwesenheit bestimmter polymerer Verbindungen besteht darin, eine Probe des zu untersuchenden Gewebes in einem geeigneten Lösungsmittel zu kochen und dann die Flüssigkeit in einen Überschuß eines mischbaren Nichtlösers zu gießen. Auch ein geringer Niederschlag des ausgefallenen Polymers ist in dem Gemisch gut sichtbar. So können Polyamide vom Nylon- oder vom Caprolactam-Typ in Eisessig gelöst und in Wasser ausgefällt werden, Polyvinylbutyral kann in Benzol gelöst und in Aceton ausgefällt, Acrylatkunstharze und Celluloseacetat schließlich können in Aceton gelöst und in Wasser ausgefällt werden. Die Anwendung dieser Teste ist in den Tafeln jeweils angezeigt; s. auch Test 8a.

10. Spezielle Nachweise für Kunstharzappreturen

a) Erkennung und Unterscheidung von Formaldehydharz-Appreturen

(α) Ein zweckmäßiger Untersuchungsgang für Formaldehydharz-Appreturen auf Cellulosefasern und Schafwolle stammt von Aenishänslin[1], dessen Befunde in Tab. 32 gegenübergestellt sind. Die Bestimmung der Formaldehydharz-Appretur ist nach (1) bis (6) in der angegebenen Reihenfolge vorzunehmen; es empfiehlt sich in jedem Fall, gleichzeitig Vergleichsproben von unappretierter Ware und von solcher, die mit bekannten Harnstoff- bzw. Melaminharzen appretiert ist, zu untersuchen. Störungen bzw. Abweichungen können gelegentlich bei Anwesenheit der seltener verwendeten Dicyandiamidharze auftreten (s. a. Tab. 33), die Reaktionen sind bei sorgfältiger Arbeitsweise sonst aber zuverlässig.

(1) Vorbehandlung des Prüfmaterials

1 g des zu prüfenden Gewebes wird zweimal mit je 50 cm³ Äthylalkohol 3 Min. kochend ausgezogen, dann dreimal mit je 50 cm³ dest. Wasser gespült.

(2) Herstellung des Säureauszuges

Etwa 1 g des nach (1) vorbehandelten Fasergutes wird mit 50 cm³ 1%iger Salzsäure (pro anal.) in einem Erlenmeyer-Kolben mit absteigendem Kühler langsam innerhalb 3 Min. zum Sieden erhitzt und 3 Min. schwach siedend gehalten, so daß etwa 3 cm³ Destillat in das vorgelegte Reagenzglas übergehen. Das Destillat dient dem Nachweis von Formaldehyd gemäß (3).

Der Säureauszug wird sofort auf 20 °C abgekühlt, dann filtriert und für die Reaktionen (4) bis (6) verwendet. – Bei gefärbtem Säureauszug ist von einer Entfärbung mit Absorptionsmitteln Abstand zu nehmen, da hiernach die spezifischen Reaktionen ausbleiben können.

(3) Formaldehydnachweis[2]

Das Destillat aus (2) wird mit einer frisch zubereiteten Lösung von 5 mg reinem Carbazol in 5 cm³ konz. Schwefelsäure (pro anal.) unterschichtet. Bei Anwesenheit von Formaldehyd bildet sich an der Vermischungszone eine blaue bis blaugrünliche Färbung.

Die (goldgelbe) Carbazollösung ist nur etwa ½ Std. haltbar. Hat sie sich oliv gefärbt, so gibt sie die Formaldehydreaktion nicht mehr.

[Der Formaldehydnachweis kann nach Aloy-Valdiguié auch wie folgt geführt werden: Zu 2 cm³ konz. Schwefelsäure werden 2 bis

---

[1] Aenishänslin, R.: Ciba-Rdsch. Nr. 79 (Juni 1948), S. 2953–2954.
[2] Gabutti: Boll. chim. farm. 1907, 349; bzw. Apoth.-Ztg. 1907, 435; s. Chem. Zbl. 1907, II, 98.

3 Tropfen einer 1%igen Codeïnlösung und 1 Tropfen einer 1%igen Uranylacetatlösung zugegeben. Die Reaktion – Blaufärbung – tritt schon bei Anwesenheit von Spuren von Formaldehyd ein.]

Tabelle 32. *Erkennung von Formaldehydharz-Appreturen* (nach R. Aenishänslin)

Probe auf Reagenz	Formaldehyd (allein)	Proteïne	Melamin-Formaldehydharze	Harnstoff-Formaldehydharze	Thioharnstoff-Formaldehydharze	Dicyandiamidharze
Carbazol-Schwefelsäure (Nachweis von Formaldehyd)	blau	Reaktion nicht spezifisch	blau	blau	blau	blau
Ammoniummolybdat	—	Fällung	Fällung	—	—	Fällung
Pikrinsäure (Nachweis von Melamin)	—	evtl. Trübung	Fällung	—	—	Trübung
Kaliumferrocyanid	—	—	Fällung	—	—	Reaktion nicht spezifisch
Natriumnitrit-Salzsäure, HNO_2-Reaktion auf KJ-Stärke:	—	—	Reaktion bleibt	Reaktion verschwindet (Nachweis von Harnstoff)		Reaktion verschwindet
Kupfersulfat	—	—	—	—	blaßgrünliche Färbung	—

Die Formaldehydreaktion geben aber auch gehärtete chemische Eiweißfasern, andere Formaldehyd enthaltende Appreturen und substantive Farbstoffe, die mit Formaldehyd nachbehandelt wurden (Benzoformfarbstoffe).

(4) Nachweis von Eiweißkörpern und Melamin-Formaldehyd-Kunstharzen

(I) 5 cm^3 des Säureauszuges von (2) werden mit 1 cm^3 einer 5%igen Ammoniummolybdatlösung versetzt. Eiweißstoffe, wie Albumin, Leim u.a., wie auch Melaminharze, geben eine weißliche Trübung, die je nach Art und Menge des vorhandenen Stoffes in eine mehr oder weniger flockige Ausscheidung übergeht.

(II) Sofern (I) positiv ausgefallen ist, werden weitere 5 cm^3 des Säureauszuges mit 1 cm^3 einer 1%igen Pikrinsäurelösung versetzt. Melamin gibt sich durch eine im allgemeinen recht kräftige Trübung oder Fällung zu erkennen, während die Eiweißstoffe nur in sehr hoher Konzentration eine Trübung verursachen.

(III) Besteht nach dem Ausfall der Reaktionen (I) und (II) noch Zweifel, so versetze man weitere 5 cm^3 des Säureauszuges mit 1 cm^3 einer 5%igen Kaliumferrocyanidlösung. Melaminharze ergeben eine Trübung bis Ausflockung, während sich die Eiweißkörper ebenso wie Harnstoffharze indifferent verhalten.

5) Erkennung von Harnstoff-Formaldehyd-Kunstharzen

10 cm^3 des Säureauszuges werden mit 1 cm^3 konz. Salzsäure (pro anal.) und 0,1 cm^3 einer 0,1 n-Natriumnitritlösung versetzt. Sodann tupft man in Abständen von 5 Min. Tropfen dieser Lösung auf Jodkali-Stärkekleisterpapier auf. Sofern die anfängliche HNO_2-Reaktion innert einer ½ Std. vollständig verschwindet, kann man mit großer Sicherheit auf die Anwesenheit von Harnstoff bzw. Thioharnstoff schließen[1].

[Der Nachweis von Harnstoff kann auch wie folgt geführt werden („Furfurolreaktion" nach Schiff[2]): Etwa 10 cm^2 des zu prüfenden Gewebes werden im Reagenzglas mit 5 bis 6 cm^3 Harnstoffreagenz (s. nachstehend) übergossen, zum Kochen erhitzt (nicht längere Zeit kochen!) und dann stehen gelassen. Liegt Harnstoff, Thioharnstoff oder ein Harnstoffderivat vor, so wird die Lösung nach ¼- bis ½stündigem Stehen orangerot bis rot. (Die rote Färbung von Furfurol durch Harnstoff, Thioharnstoff sowie Harnstoffderivate bei Gegenwart von Aceton ist spezifisch und tritt bei keinem anderen Körper auf. Acetonlösliche Farbstoffe können evtl. die Reaktion stören.) – Das Harnstoffreagenz setzt sich zusammen aus 20 cm^3 Aceton, 20 cm^3 Wasser, 10 cm^3 konz. Salzsäure (D = 1,163) und 1 cm^3 Furfurol. Es ist nur etwa 2 bis 3 Std. haltbar. Nach Schaeffer[3] kann mit dieser Reaktion z.B. eine Kaurit-Appretur mit 5 g Kaurit KF/l Flotte noch einwandfrei nachgewiesen werden.]

---

1 Campari, G.: Ber. **21** (1888), Ref.-Bd. S. 369.
2 Schiff, H.: Ber. **10** (1877), 774.
3 Schaeffer, A.: Textil-Praxis **4** (1949), 288–289.

(δ) Nachweis von Thioharnstoff

Bei positivem Ausfall von (5) ist noch zwischen Harnstoff und Thioharnstoff zu trennen. Letzteren erkennt man wie folgt: 5 cm^3 des Säureauszuges werden mit 1 cm^3 einer 10%igen Kupfersulfatlösung versetzt und einige Zeit sich selbst überlassen. Ist Thioharnstoff vorhanden, so tritt eine blaßgrünliche Trübung bis Ausflockung von Cuprothioharnstoff-Verbindungen ein.

(β) Eine einfache Methode zur Identifizierung von Kunstharzen in knitterarm, quellfest bzw. waschbeständig appretierten Geweben haben Elöd und Jörder[1] angegeben. Sie basiert auf einer Übertragung des Kunstharzhydrolysates auf Filterpapier, auf dem das Kunstharz durch Erhitzen neu gebildet und mit bestimmten Farbflotten erkannt wird, ist rasch mit kleinsten Probemengen auch an gefärbten Geweben ausführbar und wird durch den Kondensationsgrad des Harzes nicht beeinträchtigt.

Durch *Vorproben* wird zunächst die Anwesenheit von Formaldehyd bzw. Glyoxal und von Stickstoff (als Harnstoff oder seine Derivate, Thioharnstoff, Acetylendiharnstoff, Melamin, Dicyandiamid und deren Gemische) festgestellt. *Formaldehyd*nachweis wie vorstehend unter (α). *Stickstoff*nachweis: Man koche etwa 4 cm^2 des Gewebes mit etwa 4 cm^3 32%iger Natronlauge im Reagenzglas auf. Bei Anwesenheit von Stickstoff wird Ammoniak frei, das durch seinen Geruch, mit p_H-Papier oder abdestilliert mit Neßlers Reagenz als gelbbraune Fällung festgestellt werden kann. – Wenn nur Formaldehyd, nicht aber auch Stickstoff nachgewiesen werden kann, liegt eine Quellfest- oder Krumpfechtappretur vor. Bei gefärbter Ware kann der Formaldehyd unter Umständen auch von einer mit Formaldehyd nachbehandelten substantiven Färbung stammen.

Man behandelt etwa 1 g des appretierten Gewebes 15 Min. lang mit 20 cm^3 0,1 n-Salzsäure kochend in einem kleinen Becherglas, gießt ab und engt die salzsaure Flotte auf etwa 4 cm^3 ein. Da beim Kochen und Einengen die Hauptmenge des Formaldehyds entwichen ist, setzt man dem eingeengten Hydrolysat zwecks nachfolgender Neubildung des Kunstharzes auf dem Filterpapier noch 1 cm^3 30%iges Formalin zu. Sodann bringt man von der Lösung mittels eines Glasstabes oder einer Mikropipette einen Tropfen auf reines Linters-Filterpapier auf (z.B. Papier 2045b der Fa. Schleicher & Schüll), bei Analyse mehrerer Kunstharze die Tropfen der einzelnen Hydrolysate auf einen 4 cm breiten Streifen des Papieres in Abständen von etwa 3 cm. Nach kurzem Antrocknen an der Luft erhitzt man das Papier im Trockenschrank noch 5 Min. bei 110 °C, um das Kunstharz wieder in den unlöslichen Zustand überzuführen. (Wenn man mit der Temperatur zu hoch geht, verfärben sich die mit der Kunstharzlösung imprägnierten Stellen des Filterpapiers!) Nach Ausfärben des Filterpapierstreifens mit geeigneter Farbflotte werden die mit den Kunstharzen imprägnierten Stellen je nach Art des Harzes unterschiedlich angefärbt und können auf Grund

[1] Elöd, E., und H. Jörder: Melliand Textilber. 34 (1953), 860–863, mit einer Farbtafel.

der Angaben in Tab. 33 identifiziert werden. Es empfiehlt sich auch hier immer, bekannte Kunstharze gleichzeitig mit zu untersuchen, also auch deren Hydrolysate mit aufzutropfen. Aus dem Farbton des zu analysierenden Kunstharzes kann man dann auch durch Vergleich mit dem Farbton der bekannten Kunstharze auf das zu bestimmende Harz schließen. Es ist dabei zu beachten, daß die Konzentration der zu prüfenden Lösung etwa derjenigen der Vergleichslösungen entspricht.

Tabelle 33: *Farbtöne der verschiedenen Kunstharzflecke nach Ausfärbung des Filterpapiers bei der Untersuchung der Hydrolysate von gehärteten Produkten (nach Elöd und Jörder)*

Probe auf → Farbstoff ↓	*Kaurit KF* (Harnstoff-Formaldehyd-V.)	Thioharnstoff-Formaldehyd-V.* (1:2 Mol)	*Cassurit MKF* (Melamin-Formaldehyd-V.)**	*Lyofix CH* (methyliertes Melamin-Formaldehyd-V.)**	Dicyandiamid-Formaldehyd-V. (1:2 Mol)	*Kaurit DD* (Harnstoff-Dicyandiamid-Formaldehyd-V.)	*Kaurit 140* (Tetramethylol-Acetylendiharnstoff)
Kristallponceau 6R extra	nicht angefärbt	rot	(hell)rot	hellrot (rosa)	tiefrot	hellrot	nicht angefärbt
Neocarmin W	helles Blaugrün	graubraun	hellviolett	rosa	rotbraun	dunkelrot	nicht angefärbt
Gemisch von Kristallponceau 6R extra, Kristallviolett und Cellitonechtgelb RR	hellrosa	dunkelrosa	hellrosa	hellrosa	erdbeerfarben	dunkelrosa	lachsfarben

Als Farbflotten zur Ausfärbung der Filterpapierstreifen verwendet man

Kristallponceau 6R extra (0,2 g/l, p_H mittels Salzsäure auf 2,0 eingestellt; Ausfärbung 5 Min. bei 20 °C mit anschließendem Spülen während ½ Std.),

Neocarmin W (Handelslösung – s. Gruppe U – im Verhältnis 1:3 mit Wasser verdünnt; Ausfärbung 5 Min. bei 20 °C mit anschließendem gutem Spülen während ½ Std.),

Gemisch von 0,2 g/l *Kristallponceau 6R extra*, 0,2 g/l *Kristallviolett* und 5 g/l *Cellitonechtgelb RR* (p_H-Wert der Flotte 2,0; zur Anfärbung Flotte 5 Min. auf 80 °C erhitzt, anschließend kaltes Spülen während ½ Std.).

Die Untersuchung kann auch an den im Handel befindlichen Kunstharzvorkondensaten selbst durchgeführt werden. Man stellt in diesem

* Hydrolysatlösung stark getrübt, färbt sich bei Zugabe von Fe(III)-Salzen rot.

** Wird die Melamin-Hydrolysatlösung (soweit sie nicht schon angefärbt ist) alkalisch gemacht, mit Natriumhypochlorit versetzt und schwach angewärmt (bis etwa 70 °C), so färbt sie sich orangegelb [Ernst, W., und M. Sorkin: Textil-Rdsch. **4** (1949), 237]. Nach Kündig tritt die Färbung auch bei Dicyandiamid ein.

Fall 2%ige wässerige Lösungen der Vorkondensate mit Salzsäure auf p_H 2,0 ein, tropft diese auf und härtet durch Trocknen wie oben. Die Farbtöne differieren hier noch stärker, s. Tabelle II in der angegebenen Originalarbeit.

Für eine *quantitative Bestimmung* des Kunstharzgehaltes appretierter Gewebe werden etwa 2 bis 3 g der Ware verwendet und ein größeres Flottenverhältnis zur Anwendung gebracht. Der Kunstharzgehalt wird aus dem Gewichtsverlust des Gewebes beim Abziehen mit der 0,1 n-Salzsäure bestimmt[1].

Das Hydrolysat wird bis zu einer Konzentration von etwa 2% Harzgehalt eingeengt.

Über die quantitative Analyse von mit Harnstoff-Formaldehyd- und Melamin-Formaldehyd-Harzen imprägnierten Cellulosegeweben liegt außerdem eine umfassende Arbeit von Kündig vor[2].

b) Unterscheidung zwischen reiner Formaldehydappretur und Harnstoff-Formaldehyd-Appreturen

Da reine Formaldehydappretur (also mit Ausschluß von Harnstoff bzw. Thioharnstoff oder Melamin) nur in saurer Abkochung Formaldehyd abspaltet, bei Formaldehyd-Harnstoff-Appreturen hingegen Formaldehyd sowohl in saurer als auch in alkalischer Kochflotte abgespaltet wird, verfährt man nach Rath[3] wie folgt: Man kocht die Gewebeprobe einige Minuten mit Wasser, dem etwas Schwefelsäure zugesetzt wurde. Nach Abkühlen gibt man der Abkochung tropfenweise eine frischbereitete etwa 0,1%ige Lösung von Carbazol in konz. Schwefelsäure zu. Bei eintretender Blaufärbung ist Formaldehyd vorhanden. Nun wird eine weitere Probe unter Zusatz von etwas Natronlauge zum Wasser gekocht; tritt nach Zugabe von schwefelsaurer Carbazollösung wieder eine Blaufärbung ein, so liegt eine Formaldehyd-Harnstoff-Ausrüstung vor – bleibt sie aus, so eine reine Formaldehydbehandlung (Methylencellulose). Bei gefärbter Ware kann evtl. auch die substantive Färbung mit Formaldehyd nachbehandelt sein, wodurch die Carbazolreaktion positiv wird; in solchen Fällen verschwindet aber beim Abziehen mit Hydrosulfit der Farbstoff-Formaldehyd, so daß nur der des Carbamidharzes bzw. der Methylencellulose übrigbleibt. (In fertigen Naphthol-AS-Färbungen ist hingegen kein Formaldehyd mehr nachweisbar.)

Über eine mikroskopische Erkennung von Kunstharzausrüstungen auf Zellwolle s. Gruppe M unter Natronlauge, 20%ig (E. Wagner).

c) Prüfung der Waschbeständigkeit von Kunstharzappreturen auf Formaldehyd-Basis

Zur nicht nur subjektiven Beurteilung der Dauerhaftigkeit von Knitterecht-, Schrumpffrei- oder Prägeeffekten auf Formaldehydharz-Basis geht man nach Sorkin und Ernst[4] wie folgt vor:

[1] Siehe Schönpflug, E., und H. Anschütz: Melliand Textilber. **33** (1952), 959–960 und 1036–1038.
[2] Kündig, S.: Textil-Rdsch. **7** (1952), 451–464 und 501–527.
[3] Rath, H.: Melliand Textilber. **21** (1940), 175–176.
[4] Sorkin, M., und W. Ernst: Textil-Rdsch. **9** (1954), 23–24.

Ein Gewebeabschnitt von 1 bis 2 g Gewicht wird in einem Becherglas mit etwa der 40fachen Wassermenge von 90 °C übergossen, unter leichtem Rühren mit einem Glasstab darin bei 90 ± 2 °C während 5 Min. belassen, herausgenommen, in dest. oder fließendem Wasser einige Male leicht ausgedrückt, im Trockenschrank vorgetrocknet und 7 bis 12 Min. bei 140 bis 145 °C absolut getrocknet, in ein ungewärmtes Wägegläschen so rasch wie möglich eingefüllt und ohne Verwendung eines Exsiccators nach wenigen Minuten gewogen („*a*"). Bei Zeitmangel genügt es, das nasse Gewebe trocken zu bügeln und dann jede Seite auf trockenem Gewebe weiter ½ Min. bei etwa 180 °C zu bügeln, sodann momentan in das Wägegläschen einzufüllen. Die Resultate zeigen aber hierbei Ungenauigkeiten von etwa 0,3%. – Nach Bestimmung des Gewichtes „*a*" wird das Gewebe analog genau 3 Min. bei 60 ± 2 °C mit genau 3%iger Salzsäure unter leichtem Rühren behandelt, etwa 2 Min. unter fließendem Wasser säurefrei gewaschen, allenfalls mit dest. Wasser säurefrei nachgespült und wie zuvor absolut getrocknet und gewogen („*b*"). Hierbei verliert das Baumwollgewebe 0,15% seines Gewichtes. – Schließlich wird das Kunstharz völlig entfernt durch Behandeln mit 3%iger Salzsäure bei 90 ± 2 °C während 6 Min., Spülen und Wägen wie oben („*c*"). Hierdurch verliert das Baumwollgewebe im Mittel 0,6% seines Gewichtes durch Abbau, und zwar 0,1%/Min. Bei Cellulosekunstseiden und Zellwollen beträgt dieser Verlust etwa das 2- bis 3fache. Man kann ihn annähernd dadurch bestimmen, daß man das Gewebe nach der Kunstharzentfernung nochmals 3 Min. mit der Salzsäure bei 90 °C behandelt und durch Verdoppelung dieses Wertes auf eine Behandlung von 6 Min. umrechnet. Bei Kunstharzen, die nicht unter großem Druck im Gewebe fixiert wurden (also kein Prägen oder Chintzen erfahren haben), genügen oft 3 Min. zur völligen Ablösung des Kunstharzes; die kompakten Harzschichten hingegen sind waschfester fixiert. Es berechnen sich hieraus

A ... der in Säure leicht lösliche Prozentanteil des Kunstharzes,
B ... der mit Säure schwer lösliche Prozentanteil des Kunstharzes

wie folgt:

$$A = \frac{a-b}{c}\,100 - 0{,}15\;[\%] \qquad B = \frac{b-c}{c}\,100 - 0{,}60\;[\%]$$

$A + B$ stellt das gesamte säurelösliche Kunstharz dar.

Aus den wie vorstehend ermittelten Werten ergibt sich die *Waschfestigkeit W* oder *Durabilität* der Ausrüstung zu

$$W = \frac{B}{A+B}\,100\;[\%]$$

W ist nach der Definition der prozentuale Kunstharzanteil, der von der ersten Säurebehandlung nicht abgelöst wird. Die so berechnete Waschfestigkeit stimmt erfahrungsgemäß mit der beobachtbaren Formfestigkeit von Kunstharzprägungen gut überein.

d) Erkennung von Appreturen auf Basis von Polymerisaten aus Äthylenabkömmlingen sowie von Celluloseestern oder Polyamiden

Gewebe, die mit Polyacrylsäureestern, Polyvinylacetaten u.ä. sowie mit Celluloseestern oder Polyamiden ausgerüstet sind, kann man nach Rath[1] wie folgt erkennen:

Man färbe eine Probe des Gewebes mit Cellitonechtgelb RR ¼ bis ½ Std. bei etwa 70 °C aus, spüle und seife warm. Gewebe, die mit einem der genannten Produkte appretiert wurden, erscheinen hiernach intensiv gelb gefärbt. Mit anderen Appreturmitteln behandelte oder rohe Ware wird nicht oder nur ganz schwach gelblich angefärbt und nach dem Spülen und warmem Seifen wieder entfärbt. Bei gefärbten Geweben wird dieses vorher abgezogen oder man verwendet einen anderen Dispersionsfarbstoff, dessen Farbton sich von der Färbung des Gewebes abhebt.

e) Erfassung von Pigmenten und Füllmitteln

Moderne Pigmentdrucke enthalten Pigmente mit Bindern und Kunstharzen. Zur Abtrennung und mengenmäßigen Bestimmung von Pigmenten kann man nach Schönpflug[2] wie folgt vorgehen:

(1) Extraktion einer Gewebeprobe mit einem organischen Lösungsmittel, durch das Kunststoffe und Weichmacher in Lösung gehen; hierdurch werden die Pigmente ihres Bindemittels beraubt und finden sich dann entweder als Bodensatz oder in feiner Verteilung im Lösungsmittel, von dem sie durch Absitzen und Dekantieren, Abfiltrieren oder Zentrifugieren getrennt werden können.

(2) Durch Veraschen lassen sich die meisten anorganischen Pigmente zunächst mengenmäßig und durch Untersuchung der Asche [s. oben unter 4., S. 146 ff.] dann auch qualitativ bestimmen. Bei quantitativen Bestimmungen ist darauf zu achten, daß anorganische Bestandteile sich beim Erhitzen verändern und dadurch andere Gewichtsdaten ergeben können.

11. Nachweis von Mottenschutzmitteln

Die verwendeten Mottenschutzmittel (Eulane der einzelnen Typen; Mitin)[3] haben ganz verschiedenen chemischen Aufbau. Es kann daher kein Universal-Nachweisverfahren für Mottenschutzmittel im allgemeinen geben. Für die beiden meistgebrauchten Eulan-Typen sind einige Nachweismethoden veröffentlicht worden, auch hat die Firma Geigy einen spezifischen Nachweis für Mitin FF bekanntgegeben.

Motteneulan (Bayer 1922) .... Aluminiumammoniumfluorid (nicht waschbeständig)

[1] Rath, H.: Melliand Textilber. **21** (1940), 175–176.
[2] Schönpflug, E.: Textil-Praxis **7** (1952), 897 ff., hier 899–900.
[3] Näheres s. Stötter, H.: Moderne Mottenmittel. Entwicklungsgeschichte des „Eulan". Angew. Chemie A **59** (1947), 145–150 (7 Schrifttumshinw.). — Zinkernagel, R.: Mottenschutz heute. Textil-Rdsch. **4** (1949), 169–182 und 212–216 (15 Abb., 2 Diagr.; 38 Schrifttumshinw.).

Eulan W (Bayer 1924)	Kaliumbifluorid, (nicht waschbeständig)
Eulan neu [≡ Eulan N] (I. G. Farben 1927) ...	Dihydroxy-tetrachlor-triphenylmethan-sulfosäure
Eulan CN [= Lanoc CN (I. C. I.)]	Pentachlor-dioxy-triphenylmethan-sulfosäure
Eulan NK bzw. NKF extra (I. G. Farben 1930)	Triphenyl-dichlor-benzyl-phosphoniumchlorid
Mitin FF (Geigy 1938)	Trimethyl-ammonium-laurophenon-methylphosphat

Nachweismethoden für Eulan neu

1. Ferrichloridverfahren[1].

1 g der zu untersuchenden Wollprobe in einer 300 cm³-Pulverflasche mit 150 cm³ n/10-Natronlauge im Thermostaten bei 40 °C 1 Std. unter öfterem Schütteln behandeln, hierauf Lösung in Goochtiegel über Glaswolle gießen und gründlich mit dest. Wasser waschen. Nach scharfem Absaugen Filtrat schwach mit Essigsäure ansäuern und unter Verwendung eines Siedestabes auf 40 cm³ eindampfen. Eingeengte Lösung in Scheidetrichter überspülen, mit dest. Wasser auf 50 cm³ auffüllen und mit 30 cm³ Amylacetat schütteln. Ester abtrennen und durch trockenes Filter gießen; Filtrat im Scheidetrichter mit 50 cm³ dest. Wasser schütteln und tropfenweise mit 10%iger Ferrichloridlösung versetzen. – Bei Anwesenheit von geringen Mengen Eulan neu färbt sich das Amylacetat schön *blau*.

Das Verfahren kann auch quantitativ colorimetrisch angewendet werden!

2. Ninhydrinverfahren[2].

Probe in einem Flottenverhältnis von etwa 1:60 mit dest. Wasser 15 Min. kochen, aus der Flotte nehmen und letztere auf etwa $^1/_8$ ihres Volumens eindampfen. 1 cm³ dieses eingeengten Bades in einem Reagenzglas mit 2 Tropfen Ninhydrinlösung 1:20 versetzen und 40 Sek. kochen, dann 0,3 cm³ Pyridin zusetzen und noch weitere 10 Sek. kochen. Nach dem Abkühlen bei eulanisierter Wolle *keine oder äußerst schwache*, bei Vorliegen nicht eulanisierter Wolle sehr starke *Blau*violettfärbung. Die Kochzeiten sind genau einzuhalten, auch empfiehlt es sich, einen Parallelversuch mit bekanntem Textilmaterial durchzuführen. – Da die Reaktion nicht den Eulankörper als solchen, sondern die Wirkung des Eulan neu auf die Wollabbauprodukte erfaßt, ist sie nicht sehr verläßlich. Sie versagt bei gechromter Wolle wie bei Vorliegen von Reißwolle[3].

---

[1] Mecheels, O., mit E. Kimmel, H. Rath und H. Seyfried: Melliand Textilber. **16** (1935), 42–45.
[2] Mecheels, O., und Mitarbeiter wie vorstehend.
[3] Heidler, K.: Melliand Textilber. **21** (1940), 407.

3. Kupferoxydammoniakfärbung[1].

Etwa 1 g der zu untersuchenden Wollprobe (bei Mischgarnen bzw. -geweben entsprechend mehr) nach evtl. vorheriger Entfärbung mit etwa 150 cm³ ammoniakhaltigem Wasser 15 Min. lang kochen. Auszug nach Entfernung der Probe mit Schwefelsäure ansäuern und das abgelöste Eulan – gegebenenfalls nach vorherigem Eindampfen – auf eine etwa zehnmal kleinere ungefärbte Wollprobe durch 10 Min. langes Kochen übertragen. Probe in Wasser spülen und im Reagenzglas mit Kupferoxydammoniak übergießen, kurz schütteln und spülen. Bei Anwesenheit von Eulan neu ist die Wollprobe *tief moosgrün* gefärbt, während bei Abwesenheit Blaufärbung eintritt.

Nachweismethoden für Eulan NK bzw. NKF extra (letzteres für Rauchwaren gebraucht).

1. Jodfärbung[1].

Etwa 1 g der zu untersuchenden Wollprobe wird mit 200 cm³ einer 2%igen Essigsäure 10 Min. gekocht. Von diesem Auszug gibt man einige cm³ in ein Reagenzglas, kühlt ab, fügt etwas Stärkelösung hinzu und tropft mittels eines feinen Glasstabes verdünnte Jodlösung ein. Bei Gegenwart von Eulan NK tritt nur momentan eine Blaufärbung auf, die aber sofort *in Gelb umschlägt* (durch Bildung einer Additionsverbindung zwischen Eulan NK und Jod), während eulanfreie Proben anhaltend blau gefärbt bleiben. – Ist die essigsaure Lösung gefärbt, so zerstört man den Farbstoff vor der Jodzugabe durch Dekrolin und macht überschüssiges Dekrolin durch Wasserstoffsuperoxyd unwirksam; letzteres stört die Reaktion nicht.

2. Bromwasserfällung[2].

2 bis 5 g der Wollprobe werden mit verd. Salzsäure (2 cm³ auf 100 cm³ dest. Wasser) einige Minuten ausgekocht, der wässerige Auszug heiß schnell durch ein Filter gegossen und nach Abkühlen mit Bromwasser im Überschuß versetzt. Eine rasch einsetzende, sich verdichtende milchige *Fällung von gelber bis orangeroter Farbe* zeigt an, daß die Ware mit Eulan NK behandelt war. (Evtl. mit abgezogener Farbstoff wird durch Brom augenblicklich entfärbt und stört daher nicht!) – Die Methode ist auch bei gechromter Wolle sowie bei Vorliegen von Reißwolle anwendbar.

Eine weitere, quantitative Bestimmungsmethode, für Eulan NK wie für Eulan neu brauchbar, ist von Groß und von Roll[3] beschrieben worden; sie beruht auf der Bildung einer Jodverbindung des Eulan NK. Das isolierte Eulan wird in wässeriger Lösung mit Jod in Gegenwart von Stärke als Indikator titriert. Die Bestimmung von Eulan neu nach dieser Methode basiert auf seiner quantitativen Ausfällbarkeit durch Eulan NK, das mit Jodlösung zurücktitriert wird[4].

---

[1] Rath, H., und G. Schöniger: Klepzigs Textil-Z. **41** (1938), 129.
[2] Heidler, K.: Melliand Textilber. **21** (1940), 407–409.
[3] Groß, J. W., und E. von Roll: Melliand Textilber. **21** (1940), 525–526.
[4] Vgl. hierzu aber Melliand Textilber. **22** (1941), 220.

Nachweismethoden für Mitin FF hoch conc[1].

Prinzip: Mitin FF wie Mitin FF hoch conc. geben *mit einer ätzalkalischen Lösung von Auramin „Geigy"* eine *Gelbfärbung als charakteristische Reaktion,* die bei anderen heute in der Industrie verwendeten Mottenschutzmitteln nicht auftritt. Die Gelbfärbung erfolgt sowohl bei Zusatz von Mitinlösungen zur alkalischen Auraminlösung als auch beim Einlegen von Mitin-behandelter Wolle in die alkalische Auraminlösung. *Unter UV-Licht* leuchtet die Gelbfärbung *stark grün-gelb* auf, während die alkalische Auraminlösung ohne Mitin nur schwache weißliche Fluorescenz zeigt.

Synthetische Fasern geben nach Einwirkung von ätzalkalischer Auraminlösung im UV-Licht ebenfalls eine gelb-grüne Fluorescenz. Bei Vorliegen von Mischungen von Schafwolle mit synthetischen Fasern kann daher die Auraminmethode nicht angewendet werden; es ist dann nach 2a) bzw. 2c) zu arbeiten.

1. Nachweis von Mitin FF hoch conc. auf Wolle

a) *Bei weißer oder in sehr hellen Nuancen gefärbter Wolle* kann Mitin FF hoch conc. ohne Reduktion des Farbstoffes direkt nachgewiesen werden. Probe halbieren: Einen Abschnitt nur in 5%ige Natronlauge legen, die mit gleichem Volumen Wasser verdünnt wurde (Vergleichshälfte), den anderen Abschnitt zur gleichen Zeit mit einer Mischung von 1 Teil 5%iger Natronlauge und 1 Teil *Auraminlösung* behandeln [0,2 g Auramin „Geigy" in 100 cm³ dest. Wasser von 60 °C lösen, Lösung durch ein Filter passieren und mit dest. Wasser auf 1 Liter stellen]. Durcharbeiten des Musters mit einem Glasstab erleichtert das gleichförmige Durchdringen mit der Auraminlösung. Ist auf der Wolle Mitin FF hoch conc. vorhanden, so wird das Muster deutlich grün-gelb angefärbt und leuchtet unter der UV-Lampe stark grüngelb auf, während das Vergleichsmuster nur schwache weißliche Fluorescenz zeigt.

b) *In mittleren oder dunklen Nuancen gefärbte Wolle* wird zuerst aufgeschlossen, indem man ein Muster von etwa 0,5 g mit 4 cm³ 78 vol.-%iger Schwefelsäure [812 cm³ Schwefelsäure rein 96%ig werden vorsichtig auf 1 Liter verdünnt] während etwa ¼ Std. im kochenden Wasserbad erwärmt, bis die Wolle völlig gelöst ist. Schwefelsaure Lösung quantitativ in einen Scheidetrichter gießen und nach Abkühlen mit 25 cm³ Äther versetzen. 2 bis 3 Min. gut schütteln, dann nach Schichtentrennung die Säure restlos abfließen lassen. Den Äther in einer Porzellanschale auffangen und abdampfen, sodann Verdampfungsrückstand mit 5 cm³ 5%iger Natronlauge aufnehmen unter gelindem Erwärmen. Sollte die Lösung vom Farbstoff noch gefärbt sein, ist durch Zusatz einiger Körnchen Hydrosulfit conc. I unter leichtem Erwärmen zu entfärben. Bleibt dies ungenügend, so ist mit Ameisensäure anzusäuern, dann gibt man einige Körnchen Hydrosulfit Z wasserlöslich zu und erwärmt. Anschließend mit Natronlauge wieder

[1] Zirkular „Mitin FF hoch conc." der J. R. Geigy AG., Basel, vom November 1952.

deutlich alkalisch stellen, klare Lösung abkühlen und halbieren: einen Teil als Vergleichslösung mit 1 cm³ Wasser versetzen, den anderen Prüfling mit 1 cm³ obenerwähnter Auraminlösung. Falls Mitin FF hoch conc. auf der Wolle vorhanden war, erhält man in dem mit der Auraminlösung versetzten Reagenzglas die spezifische Gelbfärbung, die unter dem UV-Licht intensiv grün-gelb fluoresciert.

2. Nachweis von Mitin FF hoch conc. auf Mischgespinsten und Mischgeweben

a) Der Mitinnachweis auf *Mischungen von Wolle mit Cellulosefasern oder mit synthetischen Fasern* (ausgenommen Polyamidfaser-Mischungen) erfolgt so, daß etwa 0,5 g des Musters mit 5 cm³ 5%iger Natronlauge in einem Reagenzglas im kochenden Wasserbad während etwa ¼ Stunde unter zeitweiligem Schütteln behandelt werden, bis die Wolle gelöst ist. Dann kühlt man ab, filtriert den Rückstand über Glaswolle ab, extrahiert einmal mit Äther und verfährt im weitern wie für reine Wolle beschrieben (1 b). Man kann aber auch nach 2 b) vorgehen.

b) Für den Nachweis von Mitin FF hoch conc. *auf indigo- und auf chromgefärbter Wolle* wird folgende Methode empfohlen:

1 g Wolle in eine Retorte oder in Fraktionierkolben von 500 cm³ Inhalt geben und 70 cm³ 10%ige Natronlauge sowie einige Siedesteinchen zugeben. Retortenhals mit 20 cm³ dest. Wasser nachspülen, damit keine Lauge zurückbleibt. Erlenmeyer-Kolben von 200 cm³ mit 3 cm³ Salzsäure 1:10 vorlegen und in einer Schale abkühlen, während die Retorte vorsichtig erwärmt wird. Vorsichtig kochen, bis sich etwa 20 cm³ Destillat in der Vorlage angesammelt haben (aber kein Schaum oder Retorteninhalt!). Unter laufendem Wasser auf 15 °C abkühlen. Die Lösung muß kongo-sauer reagieren, was mit Kongopapier zu kontrollieren ist – sonst ist der Ansatz zu verwerfen und neu zu beginnen! Dem kongo-sauren Destillat unter Schütteln 1 cm³ n/10-Natriumnitritlösung (7 g/l) zusetzen, Lösung während 2 Min. schütteln, Lackmuspapier zusetzen und mit kaltgesättigter Natriumbicarbonatlösung neutralisieren, schließlich noch 1 cm³ 1,5-Naphtholsulfosäurelösung (3 g/l) zusetzen. Bildet sich eine kräftige gelb-rote Färbung, so war das Muster mit Mitin FF hoch conc. behandelt.

c) Bei Anwesenheit von *Polyamidfasern als Gemischkomponente* behandelt man etwa 1 g der trockenen Muster in einem kleinen Becherglas zweimal mit etwa 25 cm³ 85%iger Ameisensäure während je 2 Minuten. Anschließend spült man die zurückbleibende Wolle mit Wasser und verfährt wie unter 1 b) angegeben.

d) War das zu untersuchende Muster *mit Küpenfarbstoffen* (ausgenommen Indigo) *gefärbt* worden, so müssen 1 bis 2 g des Materials zuerst mit etwa 50 cm³ Ammoniaklösung 1:10 während ¼ Std. gekocht werden. Extrakt abschütten, abkühlen und vorsichtig mit 5 cm³ konz. Schwefelsäure versetzen. Lösung wiederum abkühlen, in Scheidetrichter füllen, 25 cm³ Diäthyläther zugeben und während 2 bis 3 Min. gut durchschütteln. Anschließend ist weiter wie unter 1 b) zu verfahren.

Prüfung auf Faser-Schädigungen [„S“]

Eine umfassende neuzeitliche Zusammenstellung aller Verfahren zum Nachweis von Faserschädigungen bringt Mendrzyk[1].

1. Native Cellulosefasern: Nachweis von chemisch geschädigter Cellulose

(Oxy- und Hydrocellulose)

Während *Oxycellulose* bei der Einwirkung oxydierender Agenzien auf Cellulose, z.B. beim Überbleichen, durch saure oder alkalische Oxydation entsteht, bildet sich *Hydrocellulose* durch Hydrolyse vorwiegend bei Einwirkung von Säuren auf Cellulose. Beide Abbauprodukte der Cellulose stellen keine einheitlichen chemischen Körper dar, sondern Gemische mit unveränderter Cellulose.

Zum *qualitativen* Nachweis von Oxy- bzw. Hydrocellulose ist eine große Anzahl von Reaktionen vorgeschlagen worden. Manche sind nicht in allen Fällen verläßlich. Eine Zusammenstellung der Methoden mit Grundlagen und Bewertung hat Peter[2] gebracht. Nachstehend sind nur einige, als verläßlich erprobte Reaktionen aufgeführt.

Für *quantitative* Methoden muß auf die jeweilige Originalliteratur verwiesen werden!

Die zu untersuchenden Proben müssen frei von Verunreinigungen sein. Appret, Stärke, Fette, Wachse usw. beeinflussen z.T. die Prüfungsresultate oder ergeben dieselbe oder ähnliche Reaktion wie Oxy- bzw. Hydrocellulose. Um Fehlschlüsse zu vermeiden, sind sie vor der Untersuchung vorsichtig zu entfernen [s. Gruppe H, 1]. Kalkseife bzw. Carbonateinlagerungen sind durch Behandeln mit 1,5%iger Essigsäure bei 50 °C, Spülen, Nachbehandeln mit 3%iger Ammoniaklösung und schließlich gründlichem Spülen mit dest. Wasser zu entfernen. Auch Färbungen stören in vielen Fällen; da die Farbstoffe meist nicht ohne Beeinträchtigung der Cellulosereaktionsprodukte entfernt werden können, scheiden dann eine Anzahl von Reaktionen als unbrauchbar aus. Ein großer Teil der Nachweisverfahren versagt auch, wenn das Material nach der Schädigung alkalisch behandelt wurde, weil dabei Oxy- bzw. Hydrocellulose in Lösung gegangen sind.

a) Mechanisch-physikalische Untersuchung

Festigkeitsprüfungen (sinnvoll nur, wenn ungeschädigtes Material gleicher Provenienz zum Vergleich mit geprüft werden kann) lediglich bei stärkeren Schädigungen brauchbar!

[1] Mendrzyk, H.: Nachweis von Faserschädigungen. In Handbuch der Werkstoffprüfung. Bd. V, S. 671—738. Berlin/Göttingen/Heidelberg: Springer 1959.

[2] M. Peter in Herzog-Koch: Fehler in Textilien, S. 241—249 und 253 mit Tab. 52. Heidelberg, Melliand Textilberichte 1938, Nachdruckauflage 1958.

b) Mikroskopische Prüfung

(Vorteilhaft, wenn nur geringe Probemengen zur Verfügung stehen!)

[*Mechanische Beschädigungen* nativer Cellulosefasern sind meist an den Schnitt-, Riß- und Knickenden unter dem Mikroskop zu erkennen.]

Quellungsreaktion mit 15 gew.-%iger Natronlauge (= 20,8 °Bé) zum Nachweis *chemisch geschädigter Baumwolle* (bei Chemiefaserstoffen nicht anwendbar!) nach Willows und Alexander[1]. Die Faserenden ungeschädigter oder mechanisch geschädigter Baumwolle zeigen nach Einbettung in die Natronlauge pilzkopfartige Aufquellung, während bei Vorliegen chemisch geschädigter Baumwolle keine oder nur geringe Veränderung (schwache Ausstülpung) an den Faserenden erfolgt. Nach Koch und Hefti[2] ist die „Pilzkopfreaktion" in jedem beliebigen Bearbeitungs- bzw. Veredlungsstadium von Baumwolle anwendbar, soweit diese einwandfrei geführt wurden, und stellt einen Gradmesser für die Höhe der *chemischen Schädigung* dar mit folgenden Stufen:

Gut gerundete Pilzköpfe an den Schnittenden (DP 2500 bis 1500) –

zumeist flache Ausstülpungen, daneben noch einzelne Pilzköpfe (DP 1600 bis 1000) –

zumeist glatte Schnittenden, daneben noch einzelne flache Ausstülpungen (DP 1100 bis 700) –

durchweg glatte Schnittenden mit unterschiedlich weitem Lumen, Fasern z.T. in sich verwunden (DP 800 bis 400) –

Fasern beschädigt durch Oberflächenkerben und Längs- bzw. Schrägspalten / Fasern fibrillär aufgespalten bzw. deformiert (DP unter 400).

Bei *mechanischen Schädigungen* tritt die Pilzkopfbildung in gleicher Weise wie bei ungeschädigten Fasern ein. Die Reaktion versagt nur bei Anilinschwarzfärbungen, die schon von sich aus eine Schädigung mit sich bringen.

Man schneidet z.B. von den Fäden des zu prüfenden Gewebes mit einer kleinen, tadellos scharfen Schere einige kurze (etwa ½ mm lange) Stückchen ab und überträgt die zunächst am Schenkel der Schere haften gebliebenen Faserabschnitte mit einer Präpariernadel auf den Objektträger. Die Einbettung erfolgt direkt in die 15 gew.-%ige Natronlauge, die Bewertung nach einigen Minuten, wenn die Quellung den Endzustand erreicht hat.

Die Methode bietet als Vorteile, daß nur geringste Untersuchungsmengen benötigt werden, und daß eine Entscheidung, ob mechanische oder chemische Schädigung vorliegt, auch erfolgen kann, wenn das schädigende Agens wieder ausgewaschen wurde und damit nicht mehr nachweisbar ist. –

Quellungsreaktion mit Natriumzinkat s. Lewis[3] bzw. Kornreich[4].

---

[1] Willows, R. S., und A. C. Alexander: J. Textile Inst. **13** (1922), T 240.
[2] Koch, P.-A., und H. Hefti: Textil-Rdsch. **11** (1956), 512–519 und 645–655.
[3] Lewis: J. Textile Inst. **24** (1933), 122.
[4] Kornreich, E.: Textil-Rdsch. **13** (1958), 461.

c) Viskositätsmessungen

Die Messung der Viskosität kann nach den Arbeiten von H. Staudinger zur *Bestimmung des Polymerisationsgrades von Cellulosen* herangezogen werden, da zwischen dem Durchschnittspolymerisationsgrad [„DP"] einer Cellulose und der Viskosität einer Lösung derselben in einem Lösungsmittel die folgende Gesetzmäßigkeit besteht:

$$\frac{n_{sp}}{c} = Km \cdot DP,$$

worin

n_{sp} = spezifische Viskosität der Celluloselösung,
c = Konzentration der Lösung (Gramm absolut trockene Cellulose je Liter Lösung),
Km = stoffeigene Konstante des Lösungsmittels, z. B. für Cellulose in Kupferoxydammoniak $5 \cdot 10^{-4}$,
DP = Durchschnittspolymerisationsgrad.

Die spezifische Viskosität stellt das Verhältnis aus der Differenz der Viskositäten der Lösung und des Lösungsmittels zur Viskosität des Lösungsmittels dar; bei Anwendung der Ausflußzeit-Methode gilt direkt

$$n_{sp} = \frac{\eta - \eta_0}{\eta_0},$$

wobei η = Durchlaufzeit der Lösung in sec,
η_0 = Durchlaufzeit des Lösungsmittels in sec.

Da die von Staudinger gefundene Gesetzmäßigkeit nur für geringe Konzentrationen gültig ist. d.h. die Viskosität der Lösung sich nur in niedriger Konzentration proportional dem DP ändert, darf nur eine von der Höhe des Polymerisationsgrades jeweils abhängige Höchstmenge an Cellulose eingewogen werden. Bei richtigem Arbeiten soll die spezifische Viskosität etwa zwischen 0,10 und 0,20 liegen. Ist die Höhe des DP nicht vorher schon in etwa bekannt, so wird meist nicht schon die erste Einwaage die zweckmäßige spezifische Viskosität der Lösung ergeben, doch zeigt der so ermittelte Polymerisationsgrad schon die richtige Größenordnung, so daß sich daraus die nunmehr anzuwendende Cellulose-Einwaage ermitteln läßt.

Kupferoxydammoniak-Methode nach Staudinger

Für die klassische Methode zur Bestimmung des Polymerisationsgrades von Cellulose ist die *Einhaltung folgender Bedingungen* erforderlich:

Arbeiten unter Luftabschluß (Luftsauerstoff baut die gelöste Cellulose oxydativ ab und verändert damit den Polymerisationsgrad) – daher Auflösung, Filtrieren und Messung in Stickstoffatmosphäre;

Ausschalten der Lichteinwirkung, durch welche der Abbauprozeß stark beschleunigt wird (Löse- und Meßapparatur aus braunem Glas!);

Einhalten einer Temperaturkonstanz von + 0,1 °C für die Durchlaufmessung bei 20 °C (da die Viskositätswerte in hohem Maße temperaturabhängig sind).

Der Gebrauch dieser Methode bleibt deshalb entsprechend eingerichteten Laboratorien mit Spezialapparaturen vorbehalten.

Die Methode ist nicht anwendbar bei Anwesenheit solcher Fasern, die durch Spezialbehandlung kuoxam-unlöslich geworden sind, wie z. B. bei Kunstharz-Ausrüstungen.

Britische Standard-Methode zur Bestimmung der Fluidität von Baumwolle und chemischen Cellulosefaserstoffen in Kupferoxydammoniak [Tentative Textile Standard No. 25][1]

Im britischen Standard wird nicht die Viskosität wie oben, sondern deren reziproker Wert, die *Fluidität* in cgs-Einheiten, d. h. in Poisen, als Maß verwendet, weil sich ergeben hat, daß bei Vergleich mit dem Festigkeitsverlust einer geschädigten Cellulose die Fluidität zumeist linear mit dem prozentualen Abfall der Festigkeit ansteigt, und deshalb die Fluidität für die Praxis eine Unterscheidung zwischen mechanischer und chemischer Schädigung ermöglicht, zudem für das Ausmaß der letzteren einen sehr brauchbaren Maßstab darstellt.

Bezüglich Abmessungen der Apparaturen, Kalibrierung der Viskosimeter und Durchführung der Bestimmung wird auf das Original[1] verwiesen. Das Standard-Lösungsmittel enthält

$15 \pm 0{,}1$ g Kupfer je Liter,
200 ± 5 g Ammoniak je Liter, und
weniger als 0,5 g salpetrige Säure je Liter.

Nach dem britischen Stand ist die *Fluidität einer Baumwolle* die Fluidität einer Lösung im Standard-Kuoxam-Lösungsmittel, die 0,5 g Baumwolle je 100 cm³ Lösungsmittel bei 20 °C enthält, während die Fluidität von *Faserstoffen aus regenerierter Cellulose* diejenige einer Lösung mit 2,0 g Cellulose je 100 cm³ Lösungsmittel darstellt, und die Fluidität von *Acetatfaserstoffen* diejenige einer Lösung, die Celluloseacetat in einer Menge je 100 cm³ Lösungsmittel enthält, die 2,0 g regenerierter Cellulose äquivalent ist.

Oppauer Methode mit Natronlauge[2]

Diese Methode ist für *regenerierte Cellulose* brauchbar, soweit keine Fasern vorliegen, die durch Spezialbehandlung laugenunlöslich geworden sind, wie z. B. bei Kunstharz-Ausrüstungen. Die Methode bietet den Vorteil, daß in Natronlauge gelöste Cellulosen gegenüber Luftsauerstoff unempfindlich sind (ein zu langes Stehen der Lösung, vor allem in kohlenoxydreicher Luft, ist indessen zu vermeiden, da eine dadurch eintretende Soda-Bildung die Viskosität der Lösung beeinflußt).

Auch bei diesem Verfahren muß die Einwaage, wie eingangs erwähnt, in Abhängigkeit vom Polymerisationsgrad bemessen werden;

---

[1] Tentative Textile Standard No. 25: Standard Method for Test for Fluidity of Cotton, Rayons and Cellulose Acetate in Cuprammonium Hydroxide Solution. J. Textile Inst. **45** (1954), S 18—26.

[2] Schwartz, E., und W. Zimmermann: Melliand Textilber. **22** (1941), 525—527 bzw. Moroff, H.: Klepzigs Textil-Z. **45** (1942), 167—168; siehe weiterhin Zimmermann, W.: Melliand Textilber. **23** (1942), 73—77 und 244.

hierfür benutzt man die folgende Faustregel:

$$\text{Einwaage [mg]} = 50 \cdot \frac{250}{\text{DP(geschätzt)}} \text{ für } 100 \text{ cm}^3 \text{ Lösung.}$$

Das gut zerkleinerte Material wird im Becherglas zunächst mit 55,7 cm³ kaltem Wasser übergossen und gut durchgenetzt, erst dann erfolgt die Zugabe von 45,5 cm³ 20%iger Natronlauge, wodurch 100 cm³ 10%iger Natronlauge entstehen. Die getrennte Zugabe von Wasser und Lauge erfolgt deshalb, weil eine gleichzeitige Einwirkung von Luftsauerstoff und Alkali einen Abbau der Cellulose bewirken kann. Das Becherglas wird nun in ein Kältebad von − 5 °C eingestellt, das aus Methylenchlorid und Kohlensäureschnee hergestellt wird; die Natronlauge löst bei gelegentlichem Umrühren die Probe [auch hochpolymere Zellwollen!] in etwa 30 Minuten vollständig. Durch Einstellen in ein Wasserbad von + 20 °C temperiert man die Lösung und filtriert sie nach einiger Zeit durch eine Glasfilternutsche. Das Filtrat wird in ein Ubbelohde-Viskosimeter eingefüllt, in dem die Durchlaufzeit einer bestimmten Flüssigkeitsmenge durch eine Kapillare gemessen wird.

Der Gehalt der Lösung an Cellulose wird mit Hilfe der Chromat-Naßverbrennung direkt ermittelt. (Eine Feuchtigkeitsgehaltsbestimmung der Probe erübrigt sich.) Die Cellulose wird mit konz. Schwefelsäure und gemessener, überschüssiger n/2-Kaliumbichromatlösung bei 100 °C (20 Min. auf dem Dampfbad erhitzen!) zu Kohlendioxyd und Wasser oxydiert. Durch Rücktitration des Überschusses an Kaliumbichromat nach Abkühlung und Verdünnung mit n/10-Ferroammoniumsulfatlösung (unter Verwendung von Ferroinsulfatlösung 1/40 molar „Merck" als Indikator) wird der Verbrauch an n/2-Kaliumbichromatlösung ermittelt, aus dem sich der Cellulosegehalt der Natronlauge-Lösung berechnen läßt. Der Polymerisationsgrad ergibt sich dann entsprechend der eingangs angegebenen allgemeinen Formel unter Einführung einer Km-Konstante von $7 \cdot 10^{-4}$ zu

$$\text{DP} = \frac{\eta - \eta_0}{\eta_0} \cdot \frac{1000}{7 \cdot c} = \frac{\eta - \eta_0}{\eta_0} \cdot \frac{1429}{c}.$$

Über die Bestimmung der Laugenlöslichkeit von Zellwollen siehe auch *Prüfmethode „F Chem 3"* der früheren Fachgruppe Chemische Herstellung von Fasern (FaChemFa).

Ermittlung des Schädigungsfaktors einer Cellulose aus dem Polymerisationsgrad

Auch in solchen Fällen, in denen sich eine *chemische Schädigung* an Cellulosefasern noch nicht durch merkliche Reißfestigkeitsabnahme zu erkennen gibt, kann diese Schädigung an der *Erniedrigung des Polymerisationsgrades* oder mittels der „Pilzkopf-Reaktion" (siehe vorstehend 1 b) festgestellt werden. Allerdings ist aus dem Polymerisationsgrad-Abfall, weder als absoluter Betrag noch prozentual ausgedrückt, kein Maß für die Schädigungsgröße direkt abzulesen.

Die Gesetzmäßigkeit der Faserschädigung wurde durch Eisenhut[1] formelmäßig erfaßt; der von ihm aufgestellte *Schädigungsfaktor s* ermöglicht einen Vergleich der schädigenden Wirkung jeder Behandlung auf Cellulosen der verschiedensten Polymerisationsgrade. Als Bezugspunkt für den Schädigungsfaktor wählte Eisenhut eine Baumwolle mit DP 2000. Da das Absinken des Polymerisationsgrades, gegen die Zeitdauer einer gleichmäßigen Schädigungsbehandlung aufgetragen, eine *Hyperbel* ergibt, bedingt bei hochmolekularen Cellulosen eine Schädigungsbehandlung einen viel größeren absoluten Abfall des Polymerisationsgrades als eine gleiche Behandlung bei einer niedermolekularen Cellulose. Vergleich über Schädigungswirkungen etwa verschiedener Bleich- oder Waschmethoden an Cellulosen unterschiedlicher Molekülgrößen sind mithin nur nach Ermittlung dieses Schädigungsfaktors möglich.

$$s = \frac{\log\left(\frac{2000}{P_{tx}} - \frac{2000}{P_x} + 1\right)}{\log 2},$$

worin P_x = Durchschnitts-Polymerisationsgrad der zur Untersuchung gelangten Cellulosefaser *vor* der chemischen Schädigung,

P_{tx} = Durchschnitts-Polymerisationsgrad der zur Untersuchung gelangten Cellulosefaser *nach* der chemischen Schädigung.

Die etwas umständliche und zeitraubende Ermittlung des Schädigungsfaktors kann mit Hilfe der von Vetter[2] aufgestellten Nomogramme – siehe die Originalveröffentlichung – erheblich vereinfacht werden.

d) Chemisch-färberische Reaktionen

(*α*) **Ammoniakalische Silbernitratlösung** nach Sommer und Markert[3]: Zu einer Lösung von 10 g Silbernitrat in 100 cm³ dest. Wasser setzt man vorsichtig Ammoniak zu, bis der zuerst entstandene braune Niederschlag sich eben wieder gelöst hat. Man erwärmt die Lösung auf etwa 80 °C und behandelt die zu prüfende Probe darin einige Minuten. Nach dem Spülen in dest. Wasser wird mit verd. Ammoniak (10%ig) nachgewaschen. Ungeschädigte Ware verliert hierbei die gelbe Färbung wieder gänzlich, während geschädigte Stellen, die *Oxy- oder Hydrocellulose* enthalten, dem Schädigungsgrad entsprechend gelb bis braun gefärbt erscheinen. Besonders zur Erkennung von durch Belichtung oder Bewetterung entstandenen Schäden geeignet!

Vorsicht mit ammoniakalischer Silbernitratlösung, die gefährlicher Natur ist und gegebenenfalls explodieren kann.[4]

Quantitative Bestimmung der „Silberzahl" nach Götze[5] siehe Originalliteratur.

---

[1] Eisenhut, O.: Melliand Textilber. **22** (1941), 424—426.
[2] Vetter, H.: Melliand Textilber. **22** (1941), 426—428.
[3] Sommer, H., und H. Markert: Mschr. Textil-Ind. **46** (1931), 132—133, 173—175.
[4] Siehe Harvey, C. O.: Chemistry and Industry 1949, 609.
[5] Götze, K.: Melliand Textilber. **8** (1927), 624—626.

(β) Fehlingsche Lösung in der Modifikation von Willimann[1]: Die Probe wird in kochende Fehlingsche Lösung eingebracht und 1 bis 2 Min. unter ständigem Bewegen darin behandelt (Probe immer unter der Flüssigkeitsoberfläche halten!), anschließend 20 Min. gewässert und darauf 1 bis 2%ige Essigsäure solange einwirken gelassen, bis die Blaufärbung völlig verschwunden ist und einem schwachen Orangeton Platz gemacht hat. Dann wird die Probe für 10 bis 15 Min. in eine verdünnte, schwach essigsaure Silbernitratlösung oder in verd. Goldchloridlösung [s. unter (γ)] eingelegt. *Oxy- oder Hydrocellulose* erscheinen nun schwarz bzw. violettschwarz (Abscheidung von Silberoxyd bzw. Goldoxydul an Stelle des ursprünglich gebildeten Kupferoxyduls); durch *Hitze (Versengen) geschädigte Cellulose* reagiert nicht. – Die Reaktion ist sehr empfindlich und schlägt auch noch bei Material an, das vorher stark alkalisch abgekocht wurde. Wie alle auf der Reduktionswirkung von Cellulose beruhenden Reaktionen ist sie jedoch nur beweisend bei Abwesenheit anderer reduzierend wirkender Substanzen (Schlichten, Weichmacher, Spuren von Eisenoxyd).

Herstellung der Fehlingschen Lösung: Man löse

I . . . 34, 64 g reines krist. Kupfersulfat zu 500 cm^3 mit dest. Wasser,

II . . . 173 g Kaliumnatriumtartrat und 70 g Natriumhydroxyd mit dest. Wasser zu 500 cm^3.

Zum Gebrauch mischt man gleiche Volumenteile von I und II.

Quantitative Bestimmung der „Kupferzahl" nach Schwalbe-Hägglund[2] s. Originalliteratur.

(γ) Goldpurpur-Reaktion nach Haller[3] in der Modifikation von Müller[4]: Man erhitzt eine wässerige Lösung von 1 g Natriumhyposulfit im Liter zum Sieden, legt die zu untersuchende Probe ein, unterbricht das Sieden und beläßt die Probe unter zeitweiligem Umrühren 10 Min. in der erkaltenden Lösung. Hierauf wird die Probe in fließendem Wasser 10 bis 15 Min. gespült und für 10 bis 20 Min. in eine sehr verd. Goldchloridlösung eingelegt (1 bis 2 Tropfen einer konz. Lösung von Gold(III)-chlorid in 1 l Wasser). Bei Vorliegen von Oxycellulose erscheint Baumwolle nach einiger Zeit blau bis violett gefärbt; bei Viscose- oder Kupferkunstseide bzw. -zellwolle kann der Ton von braunrot bis zu violett schwanken. Ungeschädigte, gut gereinigte Baumwolle bleibt weiß, ebensolche Viscose- oder Kupferkunstseide bzw. -zellwolle zeigt oft eine geringe Eigenfärbung. Die Reaktion tritt auch ein, wenn die Ware vorher alkalisch abgekocht wurde, und ist *spezifisch für Oxycellulose*; Hydrocellulose reagiert überhaupt nicht.

(δ) Methylenblau-Absorptionszahl zur quantitativen Bestimmung geschädigter Cellulose, insbesondere durch saure bzw. alkalische Oxydation entstandener Oxycellulose, nach Clibbens und Geake[5], siehe Originalliteratur.

---

[1] Müller, Fr.: Melliand Textilber. **27** (1946), 93–94.
[2] Merkblatt 8 des Vereins der Zellstoff- und Papier-Chemiker und -Ingenieure 1935.
[3] Haller, R.: Melliand Textilber. **12** (1931), 257 und 517–518.
[4] Müller, Fr.: Melliand Textilber. **27** (1946), 94.
[5] Clibbens, D. A., und A. Geake: J. Textile Inst. **17** (1926), T 127—T 144.

(ε) Unterscheidungsverfahren für Oxy- und Hydrocellulose nach Müller[1]: Die zu untersuchende Probe wird halbiert und beide Hälften werden in eine kochende Lösung von 1%iger Phenylhydrazin-p-sulfosäure eingelegt. Nach ½ Min. entnimmt man die eine Probe, nach 1 Std. Kochdauer die zweite. Beide Proben werden ¼ bis ½ Std. gespült, sodann in eine ganz schwach sodaalkalisch gestellte Lösung von Echtblausalz B oder Variaminblausalz FG (1 bis 2 g/l) eingelegt und ½ Std. im Bad belassen. Hierauf spült man und seift heiß. Tritt bei der ersten Probe, mit ½ Min. Einwirkungszeit des Arylhydrazins, eine braunrote Färbung ein, so liegt Oxycellulose vor; fällt diese Probe negativ aus, zeigt aber die zweite Probe, mit 1 Std. Einwirkungszeit, einen violettroten Farbton, so liegt Hydrocellulose vor. Muster, die gleichzeitig oxydativ und hydrolytisch geschädigt sind, lassen sich als solche nicht erkennen, sie reagieren wie Oxycellulose. – Liegt das zu untersuchende Material gefärbt vor, so wird mit Natriumhyposulfit, wenn immer möglich ohne Laugenzusatz, abgezogen, und zwar mit dem eben hinreichenden Minimum an Hydrosulfit, und in der kürzest nötigen Zeit, um möglichst wenig Abbauprodukte herauszulösen.

2. Nachweis von Wollschädigungen

Nachstehend sind nur einige wichtige bzw. einfache Reaktionen aufgeführt. Eine zusammenfassende Darstellung aller zum Nachweis von Wollschädigungen vorgeschlagenen Methoden s. Koch[2].

Bedeutendeste Ursache chemischer Schädigungen: Einwirkung von Alkalien. Weitere Schädigungen durch Säure, Chlor bzw. Hypochlorite, Superoxyde sowie Lichteinflüsse auf dem lebenden Tier.

a) Mechanisch-physikalische Untersuchungen

Festigkeits- und Scheuerversuche, sowie Elastizitätsgradbestimmungen wenig zweckdienlich bzw. zu langwierig. Über die Bewertung der unterschiedlichen Form von Kraft/Dehnungs-Diagrammen je nach Schädigungsstadium s. Engeler[3].

b) Einfache mikroskopische Prüfung

Beurteilung der Oberflächenstruktur nach halbseitiger Einbettung in ROX-Bettungsmasse (s. Gruppe M) nach H. Reumuth, soweit die Schädigungen an der Wollhaaroberfläche sichtbar sind.

Insektenfraß verursacht typische vielbogige Auskerbungen. Soweit das Muster nicht nachgereinigt ist, kann oftmals auf Grund der zurückgelassenen Spuren (Haare, Spinnköcher) auf die Art des Insektes geschlossen werden.

---

[1] Müller, Fr.: Melliand Textilber. **27** (1946), 95.

[2] Koch, P.-A., in Herzog-Koch: Fehler in Textilien, S. 82–86 und 253–259 mit Tab. 51. Melliand Textilberichte Heidelberg: 1938 und 1958.

[3] Engeler, A.: Textil-Rdsch. **2** (1947), 214–218.

Stärkere, insbesondere *mechanische Schädigungen* können auch im normalen mikroskopischen Präparat erkannt und nach folgenden Schädigungsstadien[1] klassifiziert werden:

1. Schuppenschicht noch intakt; Rißenden.
2. Fehlende Schuppen am Haarende; Pinselenden.
3. Schuppen fehlen; Knickungen und Stauchungen, Aufsplitterungen im Längsverlauf; zerschlitzte Haarenden, losgelöste Spindelzellen (Fibrillen).

Über die Erkennungsmerkmale von *Reißwolle* siehe Gruppe U, 3. i.

Auch *gechlorte Wolle* ist im mikroskopischen Bild an zahlreichen Poren in der inneren Faserschicht und starker Querzerklüftung, insbesondere nach dem Dehnen, zu erkennen[2].

c) Mikroskopische Anfärbereaktionen[1]

Die **Pauly'sche Diazoreaktion**[3] beruht auf einer Anfärbung des Tyrosins der Wollsubstanz mit einer sodaalkalischen Lösung von Diazobenzolsulfosäure (Bildung eines roten Azofarbstoffes). Da nur das die Fibrillenschicht aufbauende Keratin C Tyrosin enthält, nicht aber das Keratin A der Schuppenschicht, kann die Reaktion nur eintreten, wenn die Wolle geschädigt ist, d.h. die einzelnen Schuppen gelockert wurden oder die Fibrillenschicht völlig freiliegt. Bei ungeschädigter Wolle laufen nur die Schnittflächen oder Haarenden rot an. – Die Reaktion ist sehr empfindlich und differenziert den Schädigungsgrad sehr deutlich. Da das Reagenz (Diazobenzolsulfosäure) nur ganz kurzzeitig haltbar ist, muß es aus Sulfanilsäure und Natriumnitrit jeweils frisch hergestellt werden und bedingt zudem noch raschestes Arbeiten möglichst unter Eiskühlung. (Näheres siehe Originalliteratur[4].)

Von den vielen Vorschlägen, die leicht zersetzliche Diazobenzolsulfosäure durch ein haltbareres Reagenz zu ersetzen, sei hier nur die Arbeit von Eppendahl[5] erwähnt, der die verschiedenen diazotierbaren Farbsalze zur Durchführung der Reaktion heranzog. Nach Eppendahl ist hierfür **Echtgelbsalz GC** am besten brauchbar; es wird in kaltem Wasser gelöst, mit konz. Sodalösung bis zur alkalischen Reaktion versetzt, und die bereitgehaltene, vorher genetzte Probe wird unverzüglich mit dieser Diazolösung behandelt. Nach einigen Minuten spült man die Probe in kaltem Wasser und untersucht unter dem Mikroskop. Ungeschädigte Schafwolle erscheint – bis auf die rot anlaufenden Schnittflächen – beige, geschädigte Haare sind rot angefärbt. (Der Schädigungsgrad ist nach Art und Grad der Rotfärbung der einzelnen Haare auch quantitativ abschätzbar!)[5]

---

[1] Siehe hierzu auch Fink, P.: Textil-Rdsch. **8** (1953), 279—302.

[2] Herzog, A.: Melliand Textilber. **9** (1928), S. 33—38 bzw. Heermann-Herzog: Mikroskopische und mechanisch-technische Textiluntersuchungen, S. 204—205. Berlin: Springer 1931.

[3] Pauly, H.: Z. physiol. Chemie **42** (1904), 516; Pauly, H., und A. Binz: Z. Farben- und Textilind. **3** (1904), 373–374.

[4] Z. B. Franz, E., und M. Hardtmann: Melliand Textilber. **15** (1934), 437—439, 489—492.

[5] Eppendahl, Fr.: Qualitative Analyse der wichtigsten Faserarten für die Färberei, S. 104—106. Wittenberg Lutherstadt: A. Ziemsen 1948.

Die nachstehenden Farbreaktionen sind zum Nachweis stärkerer Schädigungen von Wolle gut brauchbar und erlauben z.T. auch schon makroskopische Beurteilung, lassen aber geringere Vorschädigungen nicht so gut erkennen wie vorstehende Diazoreaktion. Sie versagen aber z.T., wenn die Wolle mit einem Wollschutzmittel behandelt worden war!

Benzopurpurin (Baumwollrot) 10B nach Sieber[1]: Die Probe wird in einer 1%igen wässerigen Lösung von Benzopurpurin 10B ohne weitere Zusätze wenige Minuten gekocht, daraufhin noch mehrfach mit Wasser ausgekocht, bis das Wasser völlig farblos bleibt. Geschädigte Haare, deren Schuppenschicht verletzt ist oder völlig fehlt (besonders Haare, die durch Alkali, kochendes Wasser oder Dampf geschädigt sind), sind rot angefärbt.

Indigocarmin nach A. Herzog[2]: Eine kaltgesättigte, mit etwas Schwefelsäure (40 cm³ n-Schwefelsäure/Liter) angesäuerte Lösung von Indigocarmin färbt beschädigte Wollhaare deutlich blau (besonders gut nach Einbettung in konz. Glycerin und bei mikroskopischer Betrachtung mit weiten Beleuchtungskegeln zu beobachten), s. auch Tab. 34.

Kitonrot G nach Trotman, Bell und Saunderson[3]: Die entfettete Probe wird für 10 Min. in eine kalte, 0,1%ige angesäuerte Lösung von Kitonrot G eingelegt. Ungeschädigte Schafwolle bleibt bis auf wenige Haare, deren Schuppenschicht nicht intakt ist, unangefärbt; bei geschädigter, auch gechlorter Wolle färben sich die Haare je nach dem Schädigungsgrad schwach bis stark rot an.

Lactophenol(-Baumwollblau) nach Nopitsch[4]: Man bettet die Haare, die den verdächtigen Stellen der Probe entnommen sind, auf dem Objektträger in die Lactophenol-Baumwollblaulösung ein (Ansatz s. Gruppe M) und betrachtet unter dem Mikroskop bei etwa 150facher Vergrößerung. Nur die geschädigten Haare oder Haarabschnitte werden blau angefärbt, wobei die Reaktion sowohl auf durch Alkali oder Mineralsäuren, als auch durch Schimmelpilz- oder Bakterientätigkeit (Stock) geschädigte Wolle anspricht. – Behandelt man die Haare nur mit der Lactophenol-Lösung (ohne Baumwollblauzusatz), so verändert sich nach Nopitsch das alkaligeschädigte Haar nicht wesentlich, während bei säuregeschädigten Haaren nach kurzer Zeit ein immer stärker werdender Zerfall in Spindelzellen stattfindet.

Methylenblau im Ansatz nach Kornreich[5]: Eine kaltgesättigte Lösung (ungefähr 1 g in 100 cm³) wird unter kräftigem Rühren mit 10 cm³ 3 n-Schwefelsäure je Liter angesäuert. Nach dem Absetzen zu filtrieren. Anfärbung der verschiedenartig geschädigten Wollhaare s. Tab. 34.

Silbernitrat in ammoniakalischer Lösung nach Sommer[6]: 10%ige Silbernitratlösung wird tropfenweise mit konz. Ammoniak versetzt,

[1] Sieber, W.: Melliand Textilber. **9** (1928), 326–328.
[2] Herzog, A.: Melliand Textilber. **12** (1931), 758.
[3] Trotman, Bell und Saunderson: J. Soc. chem. Ind. **53** (1934), T 267.
[4] Nopitsch, M.: Melliand Textilber. **14** (1933), 139.
[5] Kornreich, E.: Textil-Rdsch. **13** (1958), 458–460.
[6] Sommer, H.: Leipz. Mschr. Textil-Ind. **42** (1927), 158.

bis der zuerst entstandene Niederschlag sich gerade wieder auflöst. Je nach Stärke der Schädigung färben sich die Haare bereits in der Kälte hellbraun bis schwarz. Speziell zur Erkennung von Schäden durch Belichtung und Bewetterung.

Vorsicht mit ammoniakalischer Silbernitratlösung, die gefährlicher Natur ist und gegebenenfalls explodieren kann[1].

Tabelle 34. *Farbstoff-Teste verschiedenartig geschädigter Wollhaare* (nach Kornreich[2]; Ausführung s. Text unter e))

Indigocarmin	Methylenblau	Schädiger
gefärbt	ungefärbt	Säure
gefärbt	gefärbt	Alkalien
ungefärbt	gefärbt	Hypochlorit alkalisch
gefärbt	gefärbt	Hypochlorit sauer
gefärbt	gefärbt	Superoxyd
ungefärbt	ungefärbt	Hitze

Ungeschädigte Haare bleiben bei beiden Farbstoff-Testen ungefärbt; mechanisch geschädigte Haare werden lokal, an der eigentlichen Schadenstelle, gefärbt.

d) Mikroskopische Quellungsreaktionen[3]

Die **von Allwördensche Reaktion**[4], früher auch „Elasticum-Reaktion" genannt, tritt im Gegensatz zu den vorstehenden Reaktionen nur ein, wenn die Wolle *un*geschädigt ist. Wird eine vorher entfettete Schafwolle unter dem Mikroskop mit halbgesättigtem Chlorwasser (1 Teil gesättigtes Chlorwasser + 1 Teil Wasser) behandelt, so zeigen sich an den Faserkanten bald blasenförmige Ausstülpungen, die oft perlschnurartig aneinandergereiht sind. An alkaligeschädigter Wolle bleibt die Reaktion aus (bzw. tritt, wie Meeuse, Hietink und Gorter[5] gezeigt haben, als zeitwirksame Reaktion erst nach längerer Zeit ein). Die Deutlichkeit der Reaktion ist bei verschiedenen Wollsorten und an verschiedenen Teilen desselben Haares nicht die gleiche: Grannenhaare weisen eine schwächere Reaktion auf als Wollhaare, und die Haarspitzen geben stets die Reaktion unvollkommen oder gar nicht. – Das Chlorwasser muß im Dunkeln aufbewahrt werden und soll nicht älter als eine Woche sein. Es ist auch vorgeschlagen worden (Herbig), Bromwasser zu verwenden, da dieses die Haare gelb färbt und die Bläschen besser abheben läßt, doch wirkt es bedeutend langsamer und versagt in einigen Fällen, in denen Chlorwasser noch anspricht.

[1] Siehe Harvey, C. O.: Chemistry and Industry 1949, 609.
[2] Kornreich, E.: Textil-Rdsch. **13** (1958), 458—460.
[3] Siehe hierzu auch Fink, P.: Textil-Rdsch. **8** (1953), 279—302.
[4] Allwörden, K. von: Z. angew. Chemie **29** (1916), 77—78, s. auch K. Naumann: Z. angew. Chemie **30** (1917), 135—137, 297—298. Ursachen und Erklärungen s. Herzog-Koch, wie oben, S. 82—83, ferner Glafey-Krüger-Ulrich: Technologie der Wolle (Technologie der Textilfasern, VIII. Bd. 3. Teil, B), S. 70—73. Berlin: Springer 1938.
[5] Meeuse, A. D. J., H. A. J. Hieting und C. J. Gorter: Mededeling Vezelinst. Delft No. 97 1949.

Quellung mit n/10-Natronlauge nach von Bergen[1]: Durch Atmosphärilien geschädigte Haarteile quellen stärker als ungeschädigte; bei einseitiger Bewetterung der Wollhaare tritt ein charakteristisches Einringeln zu bischofstabähnlichen Formen ein! Das Alkali (n/10-Natronlauge, Kalilauge oder Ammoniak – bei starker Schädigung durch Belichtung auch schon n/100) ist dem Präparat unter dem Mikroskop zuzugeben, um die einzelnen Phasen der Quellung und Krümmung beobachten zu können. – Nach Reumuth[2] führt n/10-Natronlauge oft schon zu völliger Auflösung, so daß die Reaktion besser mit verminderter Alkalikonzentration durchgeführt wird. Man schneide von der zu untersuchenden Probe Abschnitte von 1 bis 2 mm Länge ab, bette sie auf dem Objektträger in Wasser ein, bedecke mit dem Deckglas und erwärme auf dem Heiztisch auf 45 bis 60 °C. Dann wird die Alkalilösung zugegeben, indem auf der entgegengesetzten Seite des Deckglases das Wasser mit Filtrierpapier abgesaugt wird.

Quellung mit ammoniakalischer Kalilauge nach Krais und Viertel[3]: Man löst 20 g Ätzkali (Plätzchenform) in 50 cm³ konz. Ammoniaklösung (25%ig) unter Schütteln und guter Kühlung. Am besten läßt man die Lösung noch einige Zeit stehen, damit das überschüssige Ammoniak entweicht, da es sonst beim Mikroskopieren unter dem Deckglas sehr störend wirkt. Die Lösung ist im Kühlschrank wochenlang haltbar. – Man bringt einige Wollhaare von der geschädigten Stelle und ungeschädigte Haare vom gleichen Material getrennt nebeneinander auf einen Objektträger, legt ein Deckglas auf und läßt ein paar Tropfen der Lauge zufließen. Den Verlauf der Reaktion beobachtet man bei etwa 300facher Vergrößerung. Säuregeschädigte Wolle quillt rasch sehr stark, ringelt sich teilweise ein und zeigt dann bald starke Bläschenbildung entlang den Haaren (Zeitdauer der ganzen Reaktion etwa 2 bis 5 Min.). Bei ungeschädigter Wolle ist nach 5 Min. nur eine starke Quellung zu beachten unter Hervortreten der Längsstreifung der Fibrillenschicht. Nach 10 Min. treten an einzelnen Haaren wenige Ausstülpungen hervor, die sich im Verlauf von 20 Min. (Endzustand der Reaktion) zu Blasen entwickelt haben. Bei alkaligeschädigter Wolle braucht die Reaktion noch längere Zeit (30 Min. und mehr). – Die Reaktion ist sehr empfindlich und läßt bereits Anfangsstadien einer Schädigung erkennen. Die Zeitdauer steht in Abhängigkeit von der Feinheit der Wolle; vorstehende Angaben beziehen sich auf mittelfeine Haare von etwa 20 μ Durchmesser. Bei gröberen Wollen tritt die Reaktion später ein. Es empfiehlt sich daher, einige mit Sicherheit ungeschädigte Wollhaare gleicher Feinheit parallel mit zu beobachten. Die Blasen sind hier (im Gegensatz zur von Allwördenschen Reaktion) mit gleicher Struktur wie das Haar selbst erfüllt!

Nach Kornreich[4] ist es bei Anwendung des Krais-Viertel-Testes empfehlenswert, den Objektträger für *zwei bis drei Minuten in*

[1] Bergen, W. von: Melliand Textilber. **6** (1925), 745—751.
[2] Reumuth, H.: Melliand Textilber. **14** (1933), 23ff.
[3] Krais, P., und O. Viertel: Mschr. Textil-Ind. **48** (1933), 153—154 bzw. Forschungsheft 15 Dtsch. Forsch.-Inst. Textil-Ind. Dresden 1933, S. 47ff. und Forschungsheft 14 desgl. 1933, S. 68ff.
[4] Kornreich, E.: Textil-Rdsch. **13** (1958), 458—460.

einen auf 40 °C eingestellten Trockenschrank zu bringen; hierdurch wird ein rascheres Arbeiten und eine deutlichere Unterscheidung möglich. Je nach Art der chemischen Schädigung lassen sich dann drei verschiedene Befunde unterscheiden:

1. Die Haare bleiben unverändert, erscheinen aber glasig und die Schuppen treten deutlich hervor: *Alkali- oder Hitzeschädigung*
2. Die Haare zeigen Sprünge in der Längsrichtung: *ungeschädigt, nicht-chemisch oder oxydativ geschädigt*
3. Starke Quellung führt zu vielen Sprüngen und zu Blasenbildung, schließlich zum Zerfall: *Säureschädigung.*

e) Feststellung der Art der Schädigung

Nicht alle aufgeführten Reaktionen sprechen gleichgut auf die verschiedenartigen chemischen Wollschädigungen an. Man gebrauche zum Nachweis von

mechanischen Schädigungen	einfache mikroskopische Prüfung, Diazoreaktion
chemischen Schädigungen	
durch Alkali	Diazoreaktion, Farbreaktionen, Lactophenol
durch Säure	Quellung mit ammoniakalischer Kalilauge
durch Chlor (gechlorte Wolle) ...	einfache mikroskopische Prüfung, Kitonrot G
durch Bewetterung	Silbernitrat, Quellung mit n/10-Natronlauge.

Für die Bestimmung einer Wollschädigung unbekannter Herkunft hat Kornreich[1] aus dem modifizierten Krais-Viertel-Test (ammoniakalische Kalilauge bei 40 °C – siehe d) und den Anfärbereaktionen mit Indigocarmin bzw. Methylenblau nachstehenden Bestimmungsschlüssel (Tab. 35) ausgearbeitet.

Zur Durchführung der Farbstoff-Teste nach Tab. 34 und für den Bestimmungsschlüssel Tab. 35 werden Haare auf einen Objektträger gebracht und mit der Farbstofflösung bedeckt. Zur Färbung mit Methylenblau bzw. Indigocarmin deckt man die trockenen Haare mit dem Deckgläschen zu und läßt die Farbstofflösung von einer Kante zufließen. Der Objektträger wird dann in einen auf 40 °C eingestellten Trockenschrank gebracht und im Fall des Indigocarmin-Testes 5 Min., im Fall des Methylenblau-Testes 3 Min. darin belassen. Hiernach ist das Präparat gründlich mit destilliertem Wasser zu waschen, indem dieses mit Hilfe von an die entgegengesetzte Kante des Deckgläschens angesetztem Filterpapier so lange durchgesaugt wird, bis aller Farbstoffüberschuß entfernt ist.

[1] Kornreich, E.: Textil-Rdsch. **13** (1958), 458—460.

Tabelle 35.
Bestimmungsschlüssel für Wollschädigungen nach Kornreich

Reaktion mit ammoniakalischer Kalilauge bei 40 °C:

- nach Quellung Blasenbildung, dann Zerfall
  - *Säure*
- nur Sprünge in Längsrichtung (wie bei ungeschädigten Haaren)
  - Methylenblau-Test:
    - gefärbt
      - Indigocarmin-Test:
        - gefärbt
          - *Superoxyd, Hypochlorit sauer*
        - ungefärbt
          - *Hypochlorit alkalisch*
    - ungefärbt
      - *nicht chemisch geschädigt*
- Haare glasig und Schuppen hervortretend
  - Indigocarmin-Test:
    - gefärbt
      - *Alkali*
    - ungefärbt
      - *Hitze*

f) Quantitative Bestimmungen

Bezüglich der „Bichromatzahl" nach Krahn[1] oder dem Diazo-Titrationsverfahren nach Gross, von Roll und Schreiber[2] als Möglichkeiten einer quantitativen Schädigungsbestimmung s. die jeweilige Originalliteratur.

Auch durch Bestimmung der „*Wollkonstanten*" können Wollschädigungen nachgewiesen werden. Zu diesen Konstanten gehören

Alkalilöslichkeit[3] Säurelöslichkeit[4] Harnstoff-Bisulfit-Löslichkeit[5] Cystingehalt[6] Tryptophangehalt[7] Farbsäureaufnahme-Geschwindigkeit[8] Schwefelsäure in Wolle[9]	s. Arbeitsvorschriften aus der 2. Fachtagung des Deutschen Wollforschungsinstitutes an der T. H. Aachen[10]

---

1 Siehe Mark, H.: Beiträge zur Kenntnis der Wolle und ihrer Bearbeitung, S. 39. Berlin: Borntraeger 1925.
2 Gross, I. W., E. von Roll und J. Schreiber: Melliand Textilber. **20** (1939), 357—362.
3 Harris, M., und A. L. Smith: Amer. Dyestuff Rep. **25** (1936), 542.
4 Zahn, H., und A. Würz: Textil-Praxis **8** (1953), 971—974.
5 Jones, C. B., und D. K. Mecham: Arch. Biochem. **3** (1943), 193.
6 Zahn, H., und K. Traumann: Melliand Textilber. **35** (1954), 1069—1073.
7 Mazingue, G., Decroix, G., und M. van Overbeke: Bull. Inst. Textile de France Nr. 61 (1956), 37—46.
8 Elöd, E., und H. Reutter: Melliand Textilber. **19** (1938), 67—73.
9 Barrit, J.: J. Textile Inst. **26** (1935), T 87.
10 Methoden der Prüfung von Wolle und ihrer Veränderung (Schädigung). Schriftenreihe der Deutschen Forschungsgemeinschaft Wolle Nr. 22. Deutsches Wollforschungsinstitut an der T. H. Aachen 1959.

3. Nachweis von Schädigungen an Naturseide

a) Mikroskopische Prüfung

Die als Fehler der Entbastung oder der Ausrüstung, z.T. auch des Gebrauches auftretenden „*Blanchissuren*“ sind im mikroskopischen Bild als Scheuerstellen ebenso erkennbar wie die „*Seidenläuse*“[1], welche durch das Zusammenballen von sog. Sekundärfädchen während der Weiterverarbeitung entstehen, die nach dem Abkochen freigeworden sind.

Nach Kornreich[2] sind chemische Schädigungen an Naturseide durch das unterschiedliche Quellungsverhalten in Kupferäthylendiamin (1,5 g Kupfer-II-hydroxyd und 2 g Äthylendiamin im Liter – laufend durch das Präparat durchzusaugen) zu erkennen: Ungeschädigte Naturseide färbt sich purpurn und löst sich binnen kurzem (meist innert 1 Min.) vollständig auf. Durch Hypochlorit oder andere Oxydantien geschädigte Naturseide quillt zwar auf etwa 3fache Breite, löst sich aber nicht; versengte Naturseide bleibt lange Zeit ungequollen und ungelöst, zeigt zunächst nur verbreiterte Enden, erst nach 5 Min. beginnt eine Quellung und später Lösung. Durch Alkali geschädigte Naturseide löst sich wie ungeschädigte auf, färbt sich aber beim Methylenblau-Test (s. oben 2., c) an. Säureschädigungen zeigen keine spezifische Reaktion.

b) Viskositätsmessung

analog der unter 1. erwähnten britischen Methode.

4. Nachweis von Schädigungen an Chemiefaserstoffen

Die Reaktionen für die bei Chemiefaserstoffen auf Cellulosebasis vorkommenden Säure- und Alkalischädigungen entsprechen denen unter 1 mit Ausnahme der „Pilzkopfreaktion“ unter 1. b), die nur bei Baumwolle zutrifft.

Zur Feststellung, ob bei *regenerierten Cellulosefaserstoffen* eine chemische oder eine mechanische Schädigung vorliegt. empfiehlt Kornreich[3] die Quellung mit einer 30%igen Natriumhydroxyd-Lösung.

Man bringe Fasern von der geschädigten Stelle und ungeschädigte Fasern vom gleichen Material getrennt nebeneinander auf einen Objektträger, gebe einen Tropfen der Natronlauge darauf und bedecke mit einem Deckgläschen. Unter dem Mikroskop übe man dann mittels einer Präpariernadel einen gleichmäßigen Druck auf das Deckgläschen aus. Chemisch geschädigte Fasern brechen in der Längsrichtung auf oder zerfallen in Bruchstücke. Chemisch nicht geschädigte Fasern quellen unter dem Druck etwas auf, gehen aber nach Entlasten in den ur-

[1] Wagner, W.: Melliand Textilber. **6** (1925), 43—44, 118—120, 358—359, 771—772; **7** (1926), 929—932, 1016—1020.
[2] Kornreich, E.: J. Textile Inst. **41** (1950), T 321—T 328, s. a. Textil-Rdsch. **13** (1958), 460.
[3] Kornreich, E.: Textil-Rdsch. **13** (1958), 462—464.

psrünglichen Zustand zurück. (Die Untersuchung ist bei Zimmertemperatur vorzunehmen, da bei niedrigerer Temperatur auch ungeschädigte Cellulose gegenüber der Lauge stärker empfindlich ist!)

Bei *Acetatfaserstoffen* verwendet man nach Kornreich[1] als Quellungsreagenz zur Analyse von Schädigungen eine 9%ige Natriumhydroxyd-Lösung. Auch hier sind, wie vorstehend, geschädigte und nicht geschädigte Fasern des gleichen Musters nebeneinander auf einen Objektträger aufzubringen, mit einem Deckgläschen zu bedecken und von der Deckglaskante her durch die Natronlauge überfließen zu lassen. Ungeschädigte Fasern verändern sich nicht gleich, doch schälen sich nach einer bis zwei Minuten einzelne Teile ab. Nach etwa vier Minuten beginnt die Faser sich aufzulösen. Mechanisch geschädigte Fasern verhalten sich gleich. Durch Oxydantien oder Säuren geschädigte Fasern lösen sich schneller, durch Hitze geschädigte langsamer als die ungeschädigten Fasern. Nach alkalischer Hydrolyse lösen sich die Fasern nur teilweise oder gar nicht, quellen aber auf.

Mechanische Schädigungen (Scheuer-, Schmelzschäden) an synthetischen Faserstoffen sind oftmals schon unter der Lupe als solche zu erkennen[2].

[1] Kornreich, E.: Textil-Rdsch. **13** (1958), 462—464.
[2] Bach, H.: Melliand Textilber. **35** (1954), 858—860, 994—995, 1242—1243, 1345—1347.

Buchliteratur

Garner, W.: Textile Laboratory Manual. London, The National Trade Press, Ltd. 2nd Ed. 1957.

Heermann/A. Agster: Färberei- und textilchemische Untersuchungen, 9. Aufl. Berlin/Göttingen/Heidelberg: Springer 1956.

Heermann, P., und Herzog, A.: Mikroskopische und mechanisch-technische Textiluntersuchungen. 3. Aufl. Berlin: Springer 1931. [*Vergriffen*; s. Beitrag P.-A. Koch im Handbuch der Werkstoffprüfung, Bd. V (Springer 1959)].

Herzog, A.: Prüfung der Gespinstfasern. Beitrag in Berl-Lunge: Chemisch-technische Untersuchungsmethoden, 8. Aufl., V. Bd., S. 594–716. Berlin: Springer 1934.

Herzog, A., und P.-A. Koch: Fehler in Textilien, ihre Erkennung und Untersuchung. Heidelberg: Melliand Textilberichte 1938 und 1958. Neuauflage in Vorbereitung.

Herzog, A., und E. Wagner: Physikalisch-technisches Faserstoff-Praktikum. Berlin: Springer 1931.

Koch, P.-A.: Mikroskopische Untersuchung der Faserstoffe. Beitrag im Handbuch der Werkstoffprüfung, 5. Band S. 86–232. Berlin/Göttingen/Heidelberg: Springer 1960.

Koch, P.-A., und E. Wagner: Textile Prüfungen. 7. Aufl. Band IB des Handbuches für Textilingenieure und Textilpraktiker. Wuppertal-Barmen: Dr. Spohr 1959.

Luniak, B.: Die Unterscheidung der Textilfasern. 2. Aufl. Zürich. Leemann 1949.

Mendrzyk, H.: Nachweis von Faserschädigungen. Beitrag im Handbuch der Werkstoffprüfung, 5. Band, S. 672–738. Berlin/Göttingen/Heidelberg: Springer 1960.

Opitz, H.: Faserkunde. Stuttgart: Franckh'sche Verlagshandlung 1940.

Schaeffer, A.: Handbuch der Färberei, Bd. IV: Analytischer Teil. Stuttgart: Konradin-Verlag 1950.

Schwertassek, K.: Erkennung und Trennung von Faserstoffen. Beitrag im Handbuch der Werkstoffprüfung, 5. Band, S. 611–671. Berlin/Göttingen/Heidelberg: Springer 1960.

Sommer, H., und H. Mendrzyk: Mechanisch-technologische Prüfung von Gespinstfasern und Textilien. Beitrag in Chemisch-technische Untersuchungsmethoden, Ergänzungswerk zur 8. Aufl. von J. D'Ans, III. Teil, S. 197–263. Berlin: Springer 1940.

Sommer, H., unter Mitwirkung von Fr. Winkler: Die Prüfung der Textilien. Handbuch der Werkstoffprüfung, 5. Band. Berlin/Göttingen/Heidelberg: Springer 1960.

Tatu, H.: L'analyse chimique dans l'industrie textile. Paris: Editions Textile et Technique 1947.

Textile Institute: Identification of Textile Materials, 3rd Ed. Manchester: The Textile Institute 1951; 4th Ed. 1958.

Trotman, S. R., und E. R. Trotman: Textile Analysis, 2nd Edition. London: Ch. Griffin & Co. 1948.

Ulrich, H. M.: Handbuch der chemischen Untersuchung der Textilfaserstoffe 1. Bd. Wien: Springer 1954; 2. Bd. Wien: Springer 1956.

Genormte Untersuchungsverfahren siehe

Deutsche Normen DIN DVM 3801: Prüfung von Fasern, Gespinsten und Geweben, sowie neue Einzelnormblätter in der Reihe DIN 53800.

Schweizerische Normblätter der SVMT 25-Kommission.

A. S. T. M. Standards on Textile Materials des Committee D-13 der American Society for Testing Materials.

A. A. T. C. C. Test Methods der American Association of Textile Chemists and Colorists (im Technical Manual and Year Book der A. A. T. C. C.).

Autorenverzeichnis

(nur für nach Autoren benannte Reaktionen und Verfahren bzw. Bestimmungsschlüssel und Untersuchungsgänge)

Sachverzeichnis

Kursiv gesetzte Namen sind geschützte Bezeichnungen von Chemiefaserstoffen oder Farbstoffen und Appreturmitteln.
Die in [...] stehenden Buchstaben weisen auf die Gruppen des Buches hin, zu denen das Stichwort gehört

Berichtigungen

S. 21 bei Nitrobenzol:	lies	quantitative Analyse von Mischungen mit Polyester-Faserstoffen
S. 23 bei Pikrolonsäure:	verbessere	die Formel wie folgt:

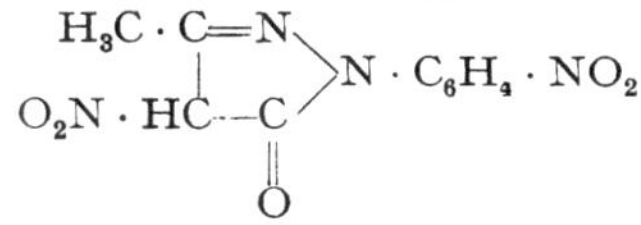

S. 107 in Tab. 18:	lies	(4) Färbung mit Victoriablau 4R (s. o.) statt s. u.
S. 123, Z. 20 v. o.:	lies	*Alizarinsaphirol B* statt Alizarinsaphird B
S. 136, Z. 16 v. o.:	lies	5 g/l Natriumhydroxyd statt 5 g/l
S. 194, Z. 23 v. o.:	lies	2,6-Dibromchinon-chlorimid statt Dibromquinon-

MIX
Papier aus verantwortungsvollen Quellen
Paper from responsible sources
FSC® C105338

If you have any concerns about our products,
you can contact us on
ProductSafety@springernature.com

In case Publisher is established outside the EU,
the EU authorized representative is:
Springer Nature Customer Service Center GmbH
Europaplatz 3, 69115 Heidelberg, Germany

Printed by Libri Plureos GmbH
in Hamburg, Germany